TUOLAJI ZIDONG BIANSUQI
JIEGOU YU KONGZHI JISHU

拖拉机自动变速器结构与控制技术

徐立友 著

中国农业出版社
农村读物出版社
北 京

拖拉机自动变速器是集机、电、液、控于一体的拖拉机核心总成，是能够自动根据拖拉机车速和发动机转速进行自动换挡操纵的变速装置。目前拖拉机自动变速器常见的有四种形式，分别是液压机械无级自动变速器（HMCVT）、双离合器自动变速器（DCT）、电控机械式自动变速器（AMT）和动力换挡自动变速器（PST）。我国是农业大国，耕地面积大，随着我国工业化的不断推进，拖拉机向着大型化、智能化方向发展，自动变速器的设计和控制技术成为拖拉机动力传动装置的关键问题。

全书共12章。第1章为绪论，主要讲述拖拉机自动变速器的发展概述、分类及特点、关键技术及发展趋势等内容；第2章为拖拉机自动变速器的结构与工作原理，主要针对拖拉机自动变速器的液力传动装置、齿轮变速机构、液压控制系统、电子控制系统进行分析；第3章围绕拖拉机自动变速器的液压系统相关内容展开，包括液压系统的基本组成与工作原理、液压系统元件的结构和工作原理、自动变速器液压油等内容；第4章主要对拖拉机自动变速器电子控制系统，从硬件的组成和控制功能、软件的组成和控制功能2方面展开介绍；第5章介绍了拖拉机自动变速器建模方式后，对仿真软件进行简介，并对基于ISO 11783的变速器ECU节点通信设计进行了详细讲解；第6章对液压机械无级自动变速器的传动原理、传动特性进行了介绍；第7章主要对拖拉机双离合器自动变速器进行介绍，详细阐述了拖拉机双离合器自动变速器的结构与工作原理以及结构性能分析，并着重介绍了双离合器自动变速器传动方案；第8章阐述了电控机械式自动变速器的结构与工作原理、结构性能分析，并结合第4章的电子控制系统知识制定控制方案，最后介绍了控制器半实物仿真技术；第9章介绍了动力换挡自动变速器的结构、工作原理、性能指标和传动方案等；第10章为拖拉机PST系统关键参数辨识算法，分别讲解了基于信息融合的滑转率估算法和随机载荷特征在线识别技术；第11章和第12章主要对拖拉机换挡离合器接合规律、换挡过程建模、换挡过程分析、离合器接合规律制定进行阐述。

本书的研究内容是在“十三五”规划国家重点研发计划项目

（2016YFD0701002）的资助下完成的，在此由衷地感谢评审专家和基金委工作人员的信任和支持，感谢项目课题组成员不懈的努力和支持，感谢为此研究提供了无私指导和帮助的同事和学生，感谢中国农业出版社在此书出版过程中做了大量工作的编辑们。

由于作者水平有限，书中难免有纰漏之处，恳请读者提出宝贵意见。

徐立友

2021年11月

目录

136 第 10 章

拖拉机 PST 系统关键参数辨识算法

153 第 11 章

拖拉机 PST 换挡离合器接合规律

169 第 12 章

拖拉机 PST 动力换挡规律

第1章 绪论

1.1 拖拉机自动变速器的发展概述

20世纪50年代，第一拖拉机制造厂制造出了我国第一台真正意义上的履带式拖拉机。随后，拖拉机在我国农业生产中的应用越来越多，极大地减轻了劳动人民在农业生产中的劳动量。拖拉机主要在田间进行犁耕等作业，而田间路面条件复杂，坑洼不平，地表土壤松软，此时附着力不足导致驱动轮产生滑转，不仅使拖拉机的动力性能变差，对拖拉机的作业效率也有很大的影响。因此，为了适应道路条件的变化，提高拖拉机的工作效率，驾驶员需要经常操作换挡杆进行换挡，使拖拉机以适合当前工况的挡位工作，提高动力性和作业效率。目前大部分拖拉机依然装载手动变速器。这种类型的拖拉机在换挡时，驾驶员需要同时操纵油门踏板、离合器踏板和换挡杆，同时还要结合当前运行工况合理地判断换挡时机。这样的反复操作容易使驾驶员产生疲劳感，影响工作效率。因此，对拖拉机自动变速器的研究不但具有深远的理论意义，而且对促进我国农机行业的技术发展水平、提高农机具的作业效率具有重大的现实意义和实用价值。

变速器通常安装在发动机和驱动轴之间，也可以制成单独的变速机构或与传动机构合装在同一壳体内。变速器大多是普通齿轮传动，也有变速器采用行星齿轮传动。普通齿轮传动变速机构一般用滑移齿轮和离合器等。滑移齿轮有多联滑移齿轮和变位滑移齿轮之分。用多联滑移齿轮变速，轴向尺寸大；用变位滑移齿轮变速，结构紧凑，但传动比变化小。离合器有啮合式和摩擦式之分。啮合式离合器通常在停车或转速差很小时进行变速。摩擦式离合器可在运转中的任意转速差时进行变速，不过该类型离合器的承载能力和摩擦片的特性与散热系统有关，且在变速过程中不能保证两轴严格同步。结合啮合式和摩擦式离合器的工作特点，在啮合式离合器上装上摩擦片，变速时先靠摩擦片把从动轮带到同步转速后再进行接合，从而解决了两轴的同步问题。

最早在1904年出现了离合器和制动器等摩擦元件操纵变速的行星齿轮机构。该机构首先用于英国Wilson Picher车辆上。1907年，福特车上大量使用行星齿轮变速器。它的出现实现了不切断动力就可进行“动力换挡”，并避免了固定轴式变速器中的“同步问题”。而液力偶合器的出现为自动操纵的实现提供了可能，1938—1941年美国GM和Chrysler公司采用液力偶合器代替离合器，省去了驾驶时的离合器踏板操作。随后出现了液力自动变速器的前身，开始进入了根据车速和油门开度2个参数信号，用液压逻辑油路控制的液力自动变速时代。

液力自动变速器由液力变矩器和行星齿轮变速器组成。控制系统主要是通过液压系统来实现的。液力自动变速器的控制信号主要是通过反映油门开度大小的节气门和反映车速高低的速度控制阀来产生的，其控制系统是由液压阀和油路构成的复杂的逻辑控制系统，按照设定的换挡规律，控制换挡执行机构的动作，从而实现自动换挡。但液压系统的控制精度较低，对复杂多变的田间工况适应性较差，无法按使用者的愿望实现精确的换挡品质和效率控制。

1969 年法国的雷诺 R16TA 轿车首先使用了电子控制自动变速器。拖拉机步入自动变速器电控自动变速阶段较晚一些。电子控制自动变速器与全液压的区别在于自动换挡的控制系统是由计算机来实现的，因此，电子技术的发展对该类型变速器具有较大的影响。自动变速器的控制系统包括电控和液控 2 部分。电子控制系统由控制器、各种传感器、执行机构（电磁阀）及控制电路等组成。控制器采集传感器信号（如车速和油门开度等）并对之进行处理，将换挡指令作用于换挡电磁阀，从而利用液压换挡执行机构实现自动换挡。由于控制器能存储和处理多种换挡规律，在换挡品质控制方面有明显的优越性，并且与整车其他控制系统的兼容性好，最终可以实现车辆电子控制系统的一体化。

随着车辆技术和自动变速技术的发展，对变速器的研究不再是简单的功能实现，而是追求效率与精确度的同时实现。车辆自动变速技术即将进入智能化阶段，控制策略的不断改进成为自动变速技术的特点。例如，日产的 E4N71B 自动变速器采用模糊推理对高速公路坡道进行识别，采取禁止升挡的措施消除循环换挡；三菱新型 4 挡自动变速器将各种输入信息和驾驶人的换挡通过神经网络建立联系，利用神经网络的学习功能，使得车辆能够按照驾驶人的意图自动换挡。

在集成控制阶段，整个车辆的电子控制系统一体化，发动机控制与变速器控制、巡航控制、牵引力控制、制动控制、转向控制、稳定性控制等电子控制系统联合在一起进行综合控制，是控制技术发展的一个方向，也是目前研究的热点。

在我国，自动变速器主要应用在车辆领域，拖拉机自动变速器相关技术的研究主要由高等院校、科研机构和一些企业的研究所完成。在全球自动变速器技术快速发展的情况下，我国半自动变速器的研究只经历了非常短暂的时期，就进入了全自动变速器的研制时期。尽管自动变速器在车辆上的应用已经比较成熟，但对于拖拉机而言，其使用性能和匹配还存在着一定的问题，尤其在动力参数的合理设计、传动系的高效匹配、拖拉机作业特点的适应性、控制系统的相关功能等方面还有较大的优化空间。

1.2 拖拉机自动变速器的分类及特点

传统的机械式变速器需驾驶员手动换挡。在田间工作时，随着悬挂农机具的增加，外界负荷不断波动，驾驶员需要频繁换挡以满足整机的动力性要求。频繁换挡加重了驾驶员的劳动强度，影响驾驶安全；并且驾驶员驾驶技术的好坏，对拖拉机的燃油经济性、动力性和乘坐舒适性具有较大的影响。而自动变速器主要通过程序对运行工况进行判断从而自动换挡。因此，在拖拉机上采用自动变速器，适时变更转速和转矩来适应负荷和外界阻力的不断变化以实现自动换挡，不仅可以克服传统机械式变速器的不足，还可以提高工作效率及作业质量，保证拖拉机的动力性和燃油经济性，具有较大的实用价值。因此，对拖拉机自动变速器的研究，不仅对推动我国拖拉机新产品的开发研制、提高我国拖拉机产品的质量和性能具有重要意义，同时也是提高我国农业耕作质量的有效途径。按所采取的传动形式，拖拉机自动变速器可分为动力换挡自动变速器、电控机械式自动变速器、液力自动变速器、双离合器自动变速器和机械式无级自动变速器5种类型。

1.2.1 动力换挡自动变速器

动力换挡自动变速器通过液压控制系统对多对湿式离合器同时进行控制，实现了换挡换向过程中动力的连续传递。动力换挡也称为负载换挡，通过换挡换向过程中动力的连续传递，可以有效提高作业效率、减小燃油的消耗量。如中国一拖集团有限公司生产的重型动力换挡拖拉机，通过将动力换挡技术、高压共轨技术等先进技术引入所生产的拖拉机中，使生产效率和节能效果相比国内同型号其他机型分别提升40%和30%。同时，采用电液压操作的动力换挡，可以通过对操纵系统的改造，利用车载微机系统实现对挡位的自动化、智能化控制，让换挡变得省力省时，并且提高行驶的安全性和舒适性。动力换挡可分为全动力换挡和部分动力换挡两大类。全动力换挡自动变速器的所有挡位均可实现不中断动力传递而迅速换挡，主要运用在周转轮系变速器上。近年来，国外采用全动力换挡技术的机型有奥地利斯太尔公司的81系列，美国卡特彼勒公司的Callenger65系列，德国约翰·迪尔公司的1654、1854、2204、2504、2804系列，美国福特公司的30系列拖拉机等。部分动力换挡自动变速器是相当于把拖拉机的全部挡位分为若干个区段，在区段内可以实现动力的不间断传递，在区段间换挡时动力则会发生中断。分段的方式和多少可以根据实际作业需求来划分，通常可分为倒挡段、低速爬行段、中速高效段、高速货运段等。近年来，国外大型拖拉机生产企业采用部分动力换挡机构的有意大利兰蒂尼（Landini）公司的Legend系列，美国纽荷兰公司的T1404、1504、1804、2104系列，法国雷诺公司的175-74T2系列，美国爱科集团（AGCO）的MF1804、F1004-C，德国约翰·迪尔（John Deere）公司的6000/7000系列等。

图1-1所示为一种动力换挡自动变速器的工作原理图。n_1 为输入轴转速，n_0 为输出轴转速。当通过电液控制装置使换挡离合器L1接合、L2分开时，动力由左边齿轮副Z1、Z3传递，实现低挡；当离合器L2接合、L1分开时，动力由右边齿轮副Z2、Z4传递，实现高挡；当离合器L1和L2都分开时，齿轮空转，不传递动力。通过电液控制系统使离合器L1和L2协调工作，使得两齿轮副传递的动力有一定的重叠，可以实现拖拉机在换挡过程中动力不中断。在换挡过程中，动力换挡自动变速器可以通过传感器采集换挡参数信号，将相关参数信号转化为电信

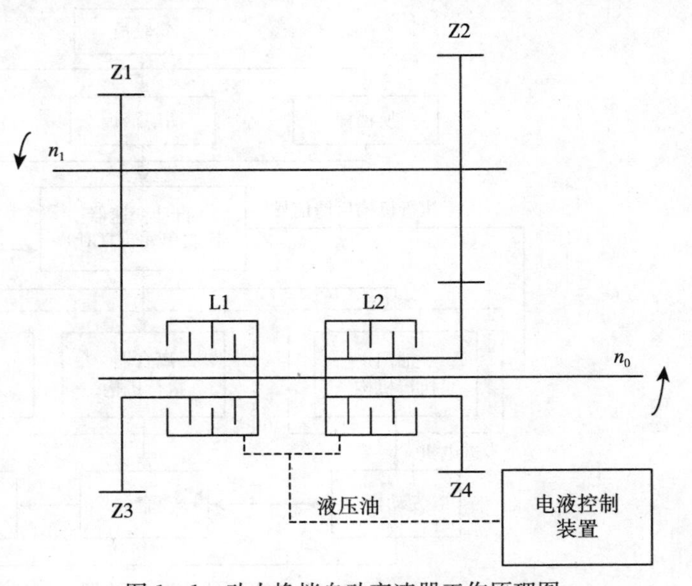

图1-1 动力换挡自动变速器工作原理图

号输入微机中，与存储在ECU（电子控制单元）中的换挡规律进行比较、处理，然后发出电信号驱动换挡电磁阀，由电磁阀驱动液压执行机构，达到自动换挡变速的目的。

1.2.2 电控机械式自动变速器

电控机械式自动变速器是在手动变速器的基础上，通过电子技术、计算机控制技术、传感器技术及信息处理技术等加装了变速器控制单元、换挡执行机构、离合器执行机构和若干传感器，通过电控设备简化复杂的手工操作，自动地完成离合器的接合与分离、摘挡与挂挡及油门踏板的开度大小调节等操作，实现选换挡操作自动化。电控机械式自动变速器的换挡操纵系统有3种形式：电控液动、电控气动和电控电动。目前，应用最多的是电控液动操纵系统。该系统的电磁阀有直径各不相同的气流孔来满足最大结合速度的需要；通过电子换挡控制器对脉宽的有效调节，可以保证速度不会超过最大结合速度。离合器有分离、保持分离、接合以及保持接合4种工作模式。这种执行机构既可以满足高扭矩范围的要求，又能实现快速换挡，还能高效地配合其他液压系统完成换挡。电控机械式自动变速器结构比较简单，与手动变速器的技术衔接性好，生产继承性好，传动效率高。但是，该变速器在换挡时有动力中断，影响了乘坐舒适性。

电控机械式自动变速器控制系统的工作原理如图1-2所示。自动变速器控制单元（TCU）通过传感器实时采集换挡杆位置信号、油门踏板（加速踏板）位置信号和制动踏板位置信号来获得驾驶员的驾驶意图，从发动机、离合器和变速器处采集转速信号以获得车辆的运行状态，结合油门执行机构、离合器执行机构和变速器执行机构的反馈信号，利用自动变速器控制单元中存储的起步、换挡过程控制策略，分别对相应的各个执行机构进行控制，从而自动完成车辆起步、换挡过程的各项操作。其主要实现两项基本功能，即根据当前拖拉机运行状况、路况和驾驶员意图自动选择传动比的挡位决策功能，控制发动机、离合器以及变速器完成起步换挡的自动操作功能。

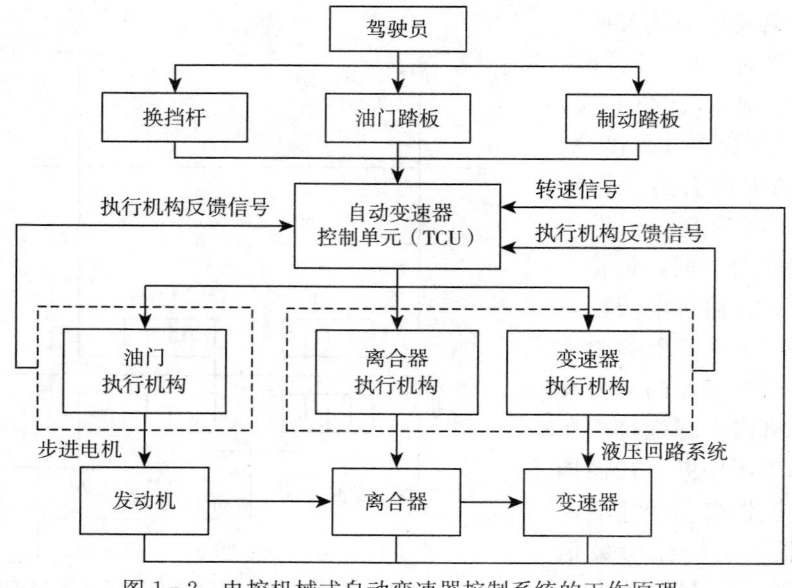

图1-2 电控机械式自动变速器控制系统的工作原理

1.2.3 液力自动变速器

液力自动变速器是由液力变矩器与动力换挡辅助变速装置组成的。其中，液力变矩器安装在发动机和变速器之间，以液压油为工作介质，主要功用是传递转矩、变矩、变速及进行离合。液力变矩器可在一定的范围内实现自动无级地改变转矩比和传动比，从而可以较好地适应行驶阻力的变化。但是，由于液力变矩器变矩系数小，不能完全满足拖拉机在工作过程中的使用要求，所以，它必须与齿轮变速器组合使用，扩大传动比的变化范围。

液压机械式变速器是一种液压传动装置与机械式变速器并联的传动装置，通过差动机构功率合流或分流，使发动机的功率仅部分通过液压传动装置，必要时又能将液压传动闭锁变为纯机械传动。因此，其总传动效率大大提高了，而且在低速区域可使机械传动输出为0，变为纯液压传动，有利于拖拉机的平稳起步。与液力机械式变速器相比，其传动效率高，且高效区宽。液压机械式变速器通过电子自动控制系统实现自动换挡，保持发动机始终工作在最大功率点，且不受负载变化的影响，从而提高了拖拉机的自动化程度和作业效率，降低了燃油消耗率，减轻了操作人员的劳动强度和技术要求，是当前一种理想的无级变速传动装置。

液力机械式变速器主要是利用液力变矩器或液力偶合器与机械式变速器进行串联的自动变速器形式。其控制系统经历了液压控制、电子控制、智能控制三大阶段，并且随着电子技术的不断发展，智能化水平还在不断提升，有效提高了车辆的平顺性和安全性。液力变矩器的传动装置为液力偶合器或液力变矩器，是通过液体动量矩的变化来改变转矩的传动元件，对外部负载有很好的自动调节和适应能力，这种结构能保证拖拉机起步平稳，有效防止传动系过载。液力机械式变速器能够实现拖拉机在单独的机械排挡内的无级变速要求，但是液力变矩器本身的传动效率比较低，而液力偶合器在发动机正常功率下能发挥较高的效率，但在低速运转时效率仍较低，且不能改变所传递的扭矩，不能精确地控制传动比。这不利于拖拉机耕整地或播种作业等慢速作业的效率要求，导致液力机械式变速器在实际的生产应用中所占比例不高，仅有少数机型采用。

1.2.4 双离合器自动变速器

双离合器自动变速器主要由双离合器模块、齿轮轴系和液压控制系统组成。通过2个离合器联结2根独立的动力输出轴，分别将奇数挡和偶数挡布置在动力输出轴上。通过控制2个离合器交替接合，能够完成持续动力传递，换挡时间大大减少，从而提高了换挡品质。其优点是结构紧凑，换挡平稳，换挡时动力不中断等。

随着现代科学技术的进步，电子技术得到了迅速发展。2003年，德国大众公司与博瓦纳公司合作，共同研制出一款双离合器自动变速器系统。因为双离合器自动变速器是在手动变速器的基础上开发设计的，所以双离合器自动变速器成了现存唯一一款能同时匹配汽油机、柴油机和标准发动机的变速器。投入量产之后，双离合器自动变速器迅速占领市场份额，发展成为变速器市场上的主流产品。在西方尤其是欧洲市场，双离合器自动变速器已经开始大批量生产制造。同具有悠久历史的传统手动变速器和自动变速器相比，双离合器自动变速器已经具有明显的竞争性。双离合器自动变速器中的双离合器系统能够消除车辆在换挡时出现的动力中断现象，同时大大改善了车辆的燃油经济性。通过比较发现，在设定相同载荷、速度的试验条件下，双离合器自动变速器加速性能好，换挡平稳用时少，百公里的燃油消耗量较手动变速器更少。

拖拉机在农业生产中的工况比较复杂，而且工作强度较大，长时间在这种环境下工作会使驾驶员产生疲劳感，可能出现误操作致使作业效率下降，所以人们对拖拉机的驾驶舒适性要求也在不断提高。除此之外，还对拖拉机的环保性提出了要求。双离合器自动变速器是基于手动变速器发展而来，不仅保留了手动变速器传动效率高、结构简单的特点，实现了变速器的操作自动化，同时还消除了手动变速器动力中断的缺点，换挡迅速平稳，提升了操作的舒适性。而且相关试验结果表明，双离合器自动变速器的换挡时间非常少，在 0.2s 内即可完成换挡，在实际使用中几乎感觉不到动力中断。这对拖拉机在实际农业耕作中有较大的意义，动力损耗较少，并且提高了生产效率。双离合器自动变速器的成本较液力机械式自动变速器低，但传递效率和经济性都比较好，适应了变速器发展的要求，因此具有较大的发展潜力。

1.2.5 机械式无级自动变速器

机械式无级自动变速器种类很多，有实用价值的仅有 V 形金属带式。金属带式无级自动变速器属于摩擦式无级自动变速器，其传动与变速的关键件是具有 V 形槽的主动锥轮、从动锥轮和金属带。金属带安装在主动锥轮和从动锥轮的 V 形槽内。每个锥轮由 1 个固定锥盘和 1 个能沿轴向移动的可动锥盘组成。来自液压系统的压力分别作用到主、从动锥轮的可动锥盘上，通过改变作用到主、从动锥轮可动锥盘上液压力的大小，便可使主、从动锥轮传递转矩的节圆半径连续发生变化，从而达到无级改变传动比的目的。

机械式无级自动变速器传动比连续，传递动力平稳，操纵方便，同时由于加速时无需切断动力，车辆乘坐舒适，超车加速性能好。特别值得一提的是，其可使发动机始终在其经济转速区域内运行，从而大大改善了燃油经济性。但与齿轮传动相比，传动效率并不高，制造困难，价格也较高。

1.2.6 自动变速器的主要特点

（1）*驾驶性能优良* 车辆驾驶性能的好坏，除与车辆本身的结构有关外，还取决于是否是正确的控制和操纵。自动变速器可以按照预先设定的最佳换挡规律自动变换挡位，让车辆在不同的运行条件下都能同时兼顾发动机的最低油耗和变速器的最高效率，因而特别适合非职业驾驶。

（2）*自适应能力强* 自动变速装置的挡位变换不但快，而且平稳，提高了车辆的乘坐舒适性。通过液体传动或微机控制换挡，可以在一定范围内实现无级变速，大大减少行驶过程中的换挡次数，还可以消除或降低动力传动系中的冲击。试验结果表明，在坏路段行驶时，自动变速的车辆传动轴上，最大负载转矩只有手动变速器的 20%～40%，原地起步时最大负载转矩的峰值只有手动变速器的 50%～70%，从而延长了发动机和传动系零部件的寿命。

（3）*行车安全性高* 在车辆行驶过程中，驾驶员必须根据道路、交通条件的变化，对车辆的行驶方向和速度进行调节。以城市大客车为例，平均每分钟换挡 3～5 次，而每次换挡有4～6个手脚协同动作。正是由于这种连续不断的频繁操作，驾驶员的注意力被分散，而且易产生疲劳，造成交通事故增加。装用自动变速器的车辆，取消了离合器踏板，只要控制油门踏板，就能自动变速，从而降低了驾驶员的劳动强度，使行车事故率降低，平均车速提高。

（4）废气排放少 手动变速器由于经常换挡，需要切断动力，使发动机的转速变化较大，油门开度变化急剧，工作不稳定，从而导致排放中的污染物多。而自动变速器的应用，可使发动机经常在经济转速区域内运转，也就是在较小污染排放的转速范围内工作，从而降低了排气污染。

（5）经济性较好 自动变速器能自动适应行驶阻力的变化，选择最佳的换挡时刻，从而提高了车辆的动力性和经济性。通过试验可知，装备4挡自动变速器时，城市行驶的百公里油耗小于同车装备5挡手动变速器。

当然，与手动变速器相比，自动变速器结构复杂，零部件加工难度较大，生产成本较高。此外，自动变速器的维护和修理也比较麻烦。

1.3 拖拉机自动变速器关键技术及发展趋势

1.3.1 拖拉机自动变速器关键技术

（1）离合器控制技术 在车辆运行过程中，不管是起步还是换挡都要对离合器进行操作，如果操作不当，就会造成发动机意外熄火或者离合器严重磨损。而自动变速器车辆取消了离合器踏板，需要利用自动变速器控制单元对离合器的分离和接合进行控制，因此，离合器控制技术成为自动变速器系统的关键技术之一。由于车辆本身是一个非线性的复杂系统，对不同的负载、道路条件以及驾驶意图有不同的离合器控制结果，这些综合因素会给离合器最佳接合规律的制定造成很大的困难。这些困难主要在于离合器起步过程的接合控制和换挡过程的接合控制。起步和换挡过程的不同在于变速器输入轴转速的差别。为了使车辆运行平稳，减小离合器的摩擦损失，需要对两种情况制定不同的离合器控制策略。

为了解决离合器自动控制的难题，国内外学者进行了长期研究。1983年，Esenovsky-Lashkov对油门开度与发动机转速的关系以及离合器行程与其传递转矩的关系进行了分析，并建议使用油门开度或者发动机转速作为离合器接合控制的主要控制参数，这种控制思想在1984年日本五十铃公司投放到市场的NAVI-5上得到了应用。由于这种接合规律没有考虑到车辆的舒适性，Karihara、Sugimura等把油门开度、发动机转速、变速器输入轴转速和离合器行程同时作为控制参数，制定出离合器闭环控制策略，这种控制策略至今仍是应用最普遍的。近年来，国内针对自动变速器离合器控制策略也进行了大量研究，模糊控制等一些智能控制策略也被应用到离合器的自动控制中，使离合器自动控制性能得到了提升。

（2）换挡控制技术 实现拖拉机自动变速换挡一直是人们追求的目标，而换挡规律的研究是拖拉机自动变速器的核心问题。所谓拖拉机换挡规律，是指根据拖拉机运行工况确定变速器应处于的挡位，即应升挡、降挡还是保持当前挡位，也就是挡位随控制参数变化的规律。最早使用单参数换挡规律，即以车速作为换挡决策的依据。由于不考虑油门开度，无法满足驾驶员的主观要求，目前应用较少。当前广泛采用的是以车速和油门开度作为控制参数的两参数换挡规律。其与单参数相比，整车的动力性、经济性和换挡品质都有了较大的提高。换挡规律设计的目标是获得一种操纵灵活、安全可靠、动力性能佳和经济性能好的换挡规律，但这些指标往往互相冲突，如何在各个性能之间取得较好的平衡，就成为控制策略研究中的难点。

换挡控制的主要内容是换挡规律制定以及对执行机构的精确控制。在车辆作业过程中，为了获得良好的经济性和动力性，需要在车辆行驶过程中实时切换不同的挡位，使发动机始终工作在高效率、低油耗的转速区域。对于装配手动变速器的车辆，这些过程需要驾驶员手动操作完成，而自动变速器车辆需要模仿驾驶技术熟练的驾驶员判断合适的换挡时机，并完成自动换挡操作。为此，对于不同的工况和驾驶意图，换挡时机的把握就尤为重要，换挡控制策略能否符合车辆运行的要求成为车辆自动变速器技术的关键。由于拖拉机构造与普通车辆不同，并且工作环境恶劣、工况复杂多变、拥有多种不同作业方式，不能简单地将车辆换挡规律应用于拖拉机上，需要针对拖拉机自身特点，设计出适合自身实际需求的换挡规律。考虑到拖拉机工况复杂多变，基于传统换挡理论求解换挡规律无法满足各特殊工况需求，将模糊控制、神经网络控制等现代智能控制办法应用于传统换挡规律的制定与修正中，来改善拖拉机挡位的控制效果。

（3）电子控制技术　电子控制技术主要包含抗干扰技术、稳定性技术、容错技术、诊断技术等。电子控制技术是自动换挡技术实现的前提和保障，也是实现商品化的基础性要求。拖拉机自动变速器电子控制系统的设计主要包括 2 部分：拖拉机自动变速器控制器设计和控制策略制定。拖拉机自动变速器控制器为自动变速器的自动控制提供了硬件基础，性能的好坏直接影响拖拉机自动变速器电子控制系统的优劣。控制策略则为拖拉机自动变速器电子控制系统实现其功能提供了软件基础。根据拖拉机自动变速器的功能要求，制定合适的控制策略，然后将控制策略存储到控制器中。这样，当拖拉机工作时，控制器实时采集拖拉机的运行工况参数，并按照所存储的控制策略做出判断，发出控制指令，驱动执行机构动作，实现自动变速器的自动换挡功能。

（4）传动系参数优化匹配　车辆的动力性和燃油经济性是车辆性能的重要指标。动力装置性能和传动装置性能直接影响着车辆的动力性和燃油经济性，但采用顶级的动力装置和顶级的传动装置并不一定能够获得性能优良的车辆，关键还是两者之间合理高效的匹配。目前，在拖拉机设计工作中，传动系匹配一般选取现有可用的变速器，很少针对特定发动机专门进行变速器的传动比设计。以燃油经济性或动力性为目标的传动比优化在车辆设计上已有了较为深入的研究，但拖拉机由于作业条件多变，这方面的研究还不是很多。

（5）发动机转速控制　在拖拉机起步过程中，刚开始车辆处于静止状态，变速器输入轴转速为零，此时离合器主、从动盘转速差最大，极易造成巨大冲击或滑摩时间过长等现象。为了使拖拉机获得较好的起步性能，需要控制发动机转速，使其与离合器有效配合，尽快减少离合器主、从动盘转速差，协调车辆冲击和离合器磨损；在拖拉机换挡过程中，由于换挡前后转速比不同，离合器断开后重新接合时主、从动盘转速差也较大，也将产生冲击。为使换挡平稳，发动机转速控制显得十分必要。因此，发动机转速控制是提高自动变速器车辆换挡品质、改善车辆起步、保证行驶平稳性和延长离合器使用寿命的关键，也是自动变速器控制系统的核心技术。

1.3.2 关键技术的发展趋势

目前，动力换挡自动变速器、液力机械式自动变速器、电控机械式自动变速器、液压机械式无级自动变速器和静液压无级自动变速器都得到了一定的应用，但其性能具有较大的差异。有级自动变速器的结构比较简单、油耗低，而无级自动变速器的换挡平顺性和乘坐舒适性优于有级自动变速器。但是，在关键技术的发展上总体趋向于智能化、无级变速和双离合。

（1）智能型电子控制自动变速器　智能型电子控制自动变速器的电子系统可以在车辆行驶过程中对运行参数进行控制，合理选择换挡点，而且可以在换挡过程中对不稳定的参数（摩擦片的摩擦系数、油的黏度、车辆的负荷变化等）进行修正。同时具有自诊断系统，可将车辆运行中的故障记录下来，便于维护。利用微机控制变速器，不但使换挡程序更符合驾驶者的意愿，而且能利用模糊控制理论解决特殊情况下变速程序的复杂问题，使自动变速器的控制能力及可靠性大幅度提高。

（2）电子控制无级变速器（ECVT）　液压机械式无级自动变速器存在体积大、笨重和传动效率低的问题，而且缺少解决耐久性问题的相应措施。随着电子技术的应用，电子控制的V形金属带式无级自动变速器在西欧及日本得到重视。目前，日本富士重工公司、荷兰VDT公司等正着手研制开发并在微型轿车上采用此类变速器。当今世界各大车辆公司对无级自动变速器的研制十分活跃。在不久的将来，电子控制无级变速器有望得到广泛应用和发展。

（3）双离合器自动变速器（DCT）　现阶段的拖拉机双离合器自动变速器在技术上取得了一定的成绩，但相对于技术成熟的要求而言，仍存在较大的距离，仍需根据农业生产的相关要求进行优化。一方面，其换挡过程控制难度大；另一方面，两组离合器的切换时机不易标定等。同时，干、湿式双离合器哪一种结构形式更好，现在还无正式定论。人们通过大量的试验数据对比后得出：湿式离合器较干式离合器具有更好的控制性能，由于其离合器片处在一个密封的液压油环境中，工作温度能保持在一个合理的范围内，从而延长了双离合器的使用寿命。但是，因为湿式离合器相比干式离合器增加了一套液压系统，所以其结构复杂，整体尺寸也有所增加，制造和使用成本都会增加。干式离合器结构虽然简单，但热容量远远低于湿式离合器，在大转速大转矩的工作情况下，很容易达到热容极限，导致其寿命降低，严重情况下离合器零部件还可能会损坏。目前拖拉机双离合器自动变速器技术还不成熟，研究过程缺乏实践支持，要设计一个性能优良且成本低的拖拉机双离合器自动变速器换挡执行机构还需要大量的研究工作。

目前，关于换挡规律的研究主要集中于车辆和工程机械方面，而关于拖拉机换挡规律的研究较少，并且仍不成熟。自动变速器的发展应重视以下几个方面。一是重视与高新技术的紧密结合，尝试与网络技术、自动检测技术和先进控制技术进行有机结合，通过先进的电子技术及可控制元件来突破机械结构中存在的困难，并提升自动变速器的科技含量。二是为满足田间作业的功能需求，应适当增加自动变速器的挡位数，这不仅能够提升拖拉机作业的平顺程度，还能显著降低燃油消耗，在田间作业时能保证拖拉机有更广的速比分配模式。三是实现工作模式的分类选择，除正常的农业生产作业外，为提高拖拉机运输作业的生产率和燃油经济性，可根据需求增加运输挡；为适应拖拉机的开沟、爬坡等低速作业项目，可增加专用的爬行挡。工作模式的增加显著减低了拖拉机自动换挡的复杂性，增加了拖拉机的工作适应能力。

第2章 拖拉机自动变速器的结构与工作原理

2.1 液力传动装置

液力传动装置是以液体为工作介质，通过液体的动能来实现能量传递的装置，常见的有液力偶合器、液力变矩器和液力机械元件。液力传动装置主要由3个关键部件组成，即泵轮、涡轮、导轮。液力偶合器曾应用于早期的车辆半自动变速器及自动变速器中，目前车辆自动变速器中基本不再使用，而主要采用带有锁止离合器的综合式液力变矩器。

2.1.1 液力传动的基本原理

所有机械一般都由原动机、传动机构和工作机3部分组成。原动机一般为电动机、内燃机（汽油机、柴油机）、蒸汽机等。它们的功能是将电能、热能等转变为机械能。当原动机的动力特性不能满足工作机的要求时，就需要用传动机构来实现原动机与工作机之间的合理匹配。传动机构有电气传动、机械传动及流体传动，而流体传动又可分为气压传动、液压传动及液力传动3种。气压传动及液压传动主要靠工作流体（空气或油液）的压力能来传递能量；而液力传动则主要以液体为工作介质，利用液体的动能来传递能量，所以液力传动必然有带叶片的工作轮，如泵轮、涡轮等。

泵轮与原动机相连，其功能是把原动机的机械能传递给工作液体。其作用类似于水泵的叶轮。流体流经泵轮以后能量增加。涡轮则与工作机相连，使工作液体的能量转变为机械能输出，经过涡轮以后工作液体的能量减少。涡轮类似于水轮机的工作轮。如果工作机的转矩变化较大，为增加涡轮的转矩，往往采用液力变矩器，有的在涡轮轴之后增加变速机构。而在液力变矩器中，除了有泵轮、涡轮外，还有与机座固定的导轮。导轮的作用是改变泵轮进口处流体的动量矩，类似于水轮机的导向轮。

2.1.2 液力传动装置的功用

液力变矩器安装于发动机和机械变速器之间，以自动变速器油（液）为工作介质，主要完成以下功用：

（1）传递转矩　发动机的转矩通过液力变矩器的主动元件，再通过自动变速器油（液）传给液力变矩器的从动元件，最后传给变速器。

（2）无级变速　根据工况的不同，液力变矩器可以在一定范围内实现转速和转矩的无级变化。

（3）自动离合　液力变矩器由于采用自动变速器油（液）传递动力，当踩下制动踏板时，发动机也不会熄火，此时相当于离合器分离；当抬起制动踏板时，车辆可以起步，此时相当于离合器接合。自动变速器车辆取消了传统的离合器，从而大大降低了驾驶人员的劳动强度。

（4）驱动油泵　自动变速器油（液）在工作的时候需要油泵提供一定的压力，而油泵一般是由液力变矩器壳体驱动的。

（5）过载保护　由于采用自动变速器油（液）传递动力，液力变矩器的动力传递柔和。在车辆行驶工况突然变化而出现过载时，液力变矩器可以对发动机起到保护作用，能防止传动系过载。

（6）起到传统飞轮的作用　内部充满自动变速器油（液）的液力变矩器具有较大的转动质量，完全可以起到传统飞轮的作用，使发动机运转平稳，因此配置液力变矩器的发动机的飞轮质量可以较小，只满足启动发动机的需要即可。

（7）减振隔振　液力变矩器工作时依靠液力作用到耦合传动装置上，主、从动件之间无刚性连接（锁止离合器分离时），所以能通过自动变速器油（液）的阻尼作用，消减发动机的扭振，并隔离这种扭振向传动系的传递，从而提高发动机和底盘传动系的使用寿命。

（8）实现机械连接　需要时可以实现机械连接（锁止离合器锁止时），把来自发动机的动力直接传递给变速器，从而提高燃油经济性。

2.1.3　液力传动的特点

所有的传动机构只是起到能量传递的作用，本身不能给动力系统提供任何形式的能量，也不能存储能量。液力传动也与所有的传动机构一样，其基本特点就是输入能量应等于输出能量与液力元件（或液力机械）中损失的能量之和（所损失的机械能一般转变为热能、声能等而散失掉）。

液力传动与其他形式的传动机构相比，有以下独特之处：

①能容大、比功率（即功率重量比）小。由于液力传动元件属叶片式流体机械，其传输的功率是与叶轮直径的五次方、转速的3次方成正比，因此在大功率、高转速的传动中要优于其他传动方式。

②寿命高。由于液力传动元件中各个工作轮之间不存在刚性摩擦副，并且轮与轮、工作轮与壳体的间隙较大，而且间隙中充满了润滑性能良好的工作油液，从而提高了液力元件的使用寿命和可靠性。一般液力元件的寿命取决于轴承和油封的寿命。

③由于泵轮和涡轮之间没有刚性连接，二者的转差率可随负载转矩的变化而随时变化，因此可以实现无级变速。对液力变矩器来说，具有很强的自适应性，即当负载转矩突然变化时，液力变矩器能自动地改变涡轮的转速，从而使涡轮转矩随负载转矩变化而变化。

④由于没有刚性连接，它可以起到隔离和降低扭振的作用。这对车辆传动来说，可以增加其舒适性。

⑤由于在制动工况下，原动机正常运转而负载不转动，这时涡轮轴的输出转矩是一定值，输入功率全部转变成工作液体的热量。如果冷却系统设计得当，就可以使液力元件具有很好的过载保护功能。这用在以内燃机作为原动机的各种机械上更可凸显其优越性，它可以

防止在负载突然增大时因内燃机转速过低而熄火。

⑥液力传动中液力元件的泵轮一般是原动机的负载，而叶片式流体机械属于抛物线型负载，即转矩与转速的平方成正比。该负载抛物线与原动机特性的交点为工况点，而这些工况点都是稳定的工况点。如果原动机是交流异步电动机，则可以充分利用电动机的最大转矩来启动大惯性负载，这样就避免了电动机直接带动负载时由于启动扭矩低于其最大扭矩，往往要提高电动机的功率等级，以启动静摩擦力较大的大惯性负载，形成“大马拉小车”的现象。特别是采用液力传动后，由于液力元件的泵轮是原动机的直接负载，可以大大缩小电动机的启动时间，防止大功率电动机由于启动时间过长、电流过大造成对电网的冲击或烧毁电机的事故发生。

⑦对工况经常需要改变的风机、水泵等抛物线型负载，采用调速型液力偶合器进行调速运行，具有十分显著的节能效果。

液力传动的主要缺点是采用液力偶合器启动大惯性负载时，虽然可以大大地改善启动性能，但在正常运行以后，总是存在3%左右的功率损失，这一损失恰好等于涡轮产生的滑差。即采用液力偶合器传动后，工作机的转速要比原动机转速低3%左右。从结构布置上看，液力元件只能在原动力机及工作机之间轴向连接。传递大功率的液力元件需要一些辅助装置，如油液的循环冷却装置、润滑装置等。这些装置的增加不利于系统可靠性的提高，而且功率越大，转速越高，其制造精度要求越高，还要考虑动平衡问题。

2.2 齿轮变速机构

在目前应用的4种类型的自动变速器［液力机械式自动变速器（AT）、电控机械式无级自动变速器（CVT）、电控机械式自动变速器（AMT）、双离合器自动变速器（DCT）］结构中，齿轮变速结构是基础。齿轮变速结构通过齿轮内外啮合来改变方向，通过改变从动齿轮的转速与齿数调整传动比，通过增加中间齿轮实现主、从动齿轮方向一致。液力变矩器虽能在一定范围内自动地、无级地改变转矩比和转速比，以适应车辆行驶阻力的变化，可以说，它本就是1个无级变速器，但是，由于它存在变矩能力与传动效率之间的矛盾，且变矩范围只能达2～3倍，难以满足车辆实际使用的需要，故在车辆上多采用由液力变矩器与齿轮式变速器串联组成的液力机械式自动变速器。

2.2.1 齿轮变速系统

液力机械式自动变速器行星齿轮机构的基本组成单元是单排行星齿轮机构。常见的单排行星齿轮机构有单排单级和单排双级2种。根据齿轮轴心位置是否固定，可将自动变速器划分为定轴式齿轮机构和行星齿轮式齿轮机构。如果在定轴传动中各齿轮副的轴线均相互平行，则称之为平行轴传动；在齿轮系中，如果含有1个（及以上）相交轴齿轮副，则称之为空间齿轮传动。目前，液力变矩器配合使用的齿轮变速系统多数是行星齿轮变速器，也有少数是采用平行轴式齿轮变速器。平行轴式齿轮变速器具有结构加工简单、成本相对低的优点。

平行轴式齿轮变速系统是在平行轴上装设有相对应的几组齿数不同的齿轮系，分别将其与轴连接起来，能得到所要求的各不相同的几组传动比（即不同挡位）。平行轴式齿轮变速系统按轴数不同可分为双平行轴式和三平行轴式两种。双平行轴式由输入轴和输出轴构成；

三平行轴式则由输入轴、中间轴和输出轴构成。齿轮与轴的连接依靠换挡执行元件实现。换挡执行元件有爪形离合器、片式离合器、单向离合器、同步器及啮合套等。

当齿轮系运转时，组成该齿轮系的齿轮中至少有一个齿轮的几何轴线位置不固定，而绕着其他齿轮的几何轴线旋转，即在该齿轮系中，至少具有一个做行星运动的齿轮，这样的齿轮传动称为行星传动。相较于定轴传动，行星传动具有输入轴与输出轴保持在同一轴线的特点，并且可以实现功率分流。因此，行星齿轮变速器被广泛应用于各类变速装置中。

2.2.2 齿轮传动的特点

行星传动的主要特点是体积小，承载能力大，工作平稳；但大功率高速行星传动结构较复杂，要求制造精度高。行星传动中有些类型效率高，但传动比不大；另一些类型则传动比可以很大，但效率较低，用它们作为减速器时，其效率随传动比的增大而减小，作为增速器时则有可能产生自锁。行星传动应用广泛，并可与无级变速器、液力偶合器和液力变矩器等联合使用，进一步扩大使用范围。其主要优点有：

（1）结构紧凑、体积小、质量轻　行星传动具有行星运动和功率分流的传动特性，若可以合理地应用内啮合齿轮副，还可以充分利用内啮齿承载能力大的特点和内齿圈全部的可容空间，使变速器具有结构紧凑、外廓尺寸小、质量轻等优点。通常情况下，传递的功率和传动比相同时，行星齿轮减速电机的体积和质量为普通齿轮传动的1/6～1/2。

（2）传动比大，可实现运动的合成与分解　行星传动的类型很多，如渐开线行星传动、摆线针轮行星传动、谐波行星传动及活齿行星传动等，一般都具有大传动比的特点。用于传递运动时，其最大的传动比可达几万或数十万；作为动力传动时，其最大传动比可达几十或数百。采用差动电机的行星传动，可实现两个运动的合成和一个动作的分解。在某些情况下，适当选择行星齿轮减速电机的类型，可实现各种变速的复杂运动。

（3）效率高、功率损失小　行星传动是将数个行星轮均匀分布在内、外中心轮之间，可平衡作用于中心轮和行星架轴承上的惯性力。采用这种对称结构，有利于提高传动系的效率。适当选择传动类型，布置合理的结构，可使行星齿轮减速电机的效率达到0.97～0.99。

（4）传动平衡，抗冲击、振动能力强　令数个行星轮均匀分布在两个中心轮之间，同时用均载装置保持各行星轮间载荷均匀分布和功率均匀分流，不但可平衡各行星轮和转臂的惯性力，而且可显著提高行星齿轮减速电机的平稳性以及抗冲击、振动的能力。

目前，行星传动技术已成为世界各国机械传动技术的重要发展方向，主要表现在广泛采用硬齿面、高精度、高转速、大功率、大转矩、大规格，而且向多种品种、标准化的方向发展。已普遍采用行星齿轮减速电机作为减速、增速、差速、变速或控制装置。

2.3 液压控制系统

液压控制系统的功用是根据ECU的指令控制电磁阀，使执行机构自动完成离合器分离、接合及变速器选、换挡等动作。液压驱动式是目前广泛采用的一种形式。在拖拉机变速器上应用液压驱动式，因为整机液压系统的油泵可以为其提供液压源，所以可以节约成本，具有明显的优势。

2.3.1 液压控制系统的优缺点及其应用

液压控制系统与其他类型的控制系统相比，具有许多特点。这些特点十分重要，因而使它获得广泛的应用。液压控制系统最突出的优点是体积小、质量轻、惯性小。这是因为液压控制装置充分发挥了材料的强度性能，且液压油液能很方便地将系统内部损耗所产生的热量带到热交换器中去散发。所有这些因素都使得液压控制系统的比功率大为提高。现在，液压泵与液压马达的比功率已经达到3.3kW/kg以上。液压控制系统有着大的比功率，就使得它的体积紧凑、惯性小。例如，液压马达总共才占相同功率的电动机体积的12%～13%。实践还证明：一般情况下，电动机的转动惯量占被其传动的整个系统惯量的50%左右；而液压马达则只占5%左右。由于液压控制系统运动部分的惯性小，整个系统的快速作用性、动态特性和工作精度都大为提高。

尽管液压控制系统存在一些缺点，如温度变化会使执行机构中液压油的黏度发生变化，液压元件对加工精度要求非常高，成本大等，但响应速度快、比功率大，更能显示出液压控制系统的优越性，因而在车辆、船舶、机床、工程机械、无线电设备，特别是在各种武器控制系统中，诸如火炮、雷达、飞机、导弹等方面得到了广泛的应用。

2.3.2 液压控制阀

当观察一个液压控制系统时，会看到其中装有各种各样的阀类。这些阀统称为液压控制阀，简称液压阀。它们的功用是控制和调节液体的压力、流量及流动方向。液压阀对系统工作的平稳性、可靠性、协调性起着重要的保证作用。

液压阀可根据其在闭环控制系统中的位置和作用分为两大类。第一类液压阀是在控制系统的闭环回路之内，直接用来控制液流的流量、压力和方向。这些阀是闭环控制系统的主要元件之一。这一类阀称为液压放大器，有的文献也称之为液压伺服阀。第二类液压阀是在控制系统的闭环回路之外，它们对液压动力的产生和利用是必需的，例如和液压泵组成液压油源等。这类阀在闭环控制系统中只起辅助作用；但是在一些可移动的机械和工业设备（例如切削机床）的液压油路中，这类阀对开环控制中的执行机构则可能起主要作用。根据其在闭环回路之外所起的作用不同，它们有着不同的名称，例如，控制液体压力的阀类统称为压力阀，控制液体流量的阀类统称为流量阀，控制液体流动方向的阀类统称为方向阀等。

虽然两大类液压阀的作用和结构各不相同，但无论哪一类阀都是由阀体（阀座）、阀芯及阀的操纵机构（手动、机动、电动、液动和电液联合动等）3个部分组成。从工作原理上看，各类阀都是通过阀芯在阀体内的相对运动来控制阀口的通断及开口的大小，以实现压力、流量和方向控制。

2.3.3 液压控制的换挡执行机构

上文已经介绍了液压控制系统的组成及液压阀，接下来将结合液压控制的换挡执行机构对液压控制系统进行更详细的介绍。该换挡机构可分为两种类型：一类是平行式结构，每1根拨叉轴都单独由1个换挡油缸来控制；另一类是正交式结构，选挡和换挡液压缸在空间相互正交布置，通过1套联动机构相连，故称 $X-Y$ 换挡器。

(1) 正交式结构　正交式换挡执行机构液压系统原理图如图 2-1 所示。选挡液压缸 4 和换挡液压缸 6 在空间呈 $X-Y$ 布置，共同控制主变速杆。换挡过程由选挡和换挡两部分组成。离合器执行器 5 控制离合器的分离叉。电磁阀 M_{v4}、M_{v5}、M_{v6} 与节流阀 R_{v1}、R_{v2}、R_{v3} 组成离合器的控制阀组，控制离合器执行器 5 的动作；电磁阀 M_{v7}、M_{v8} 组成选、换挡控制阀组，分别控制换挡液压缸 6 和选挡液压缸 4；离合器和选、换挡控制阀组可以分别集成为 2 个阀块，具有油管少、结构紧凑、质量小、体积小、安装维修方便的优点。由于有选挡动作，换挡时间长于平行式。

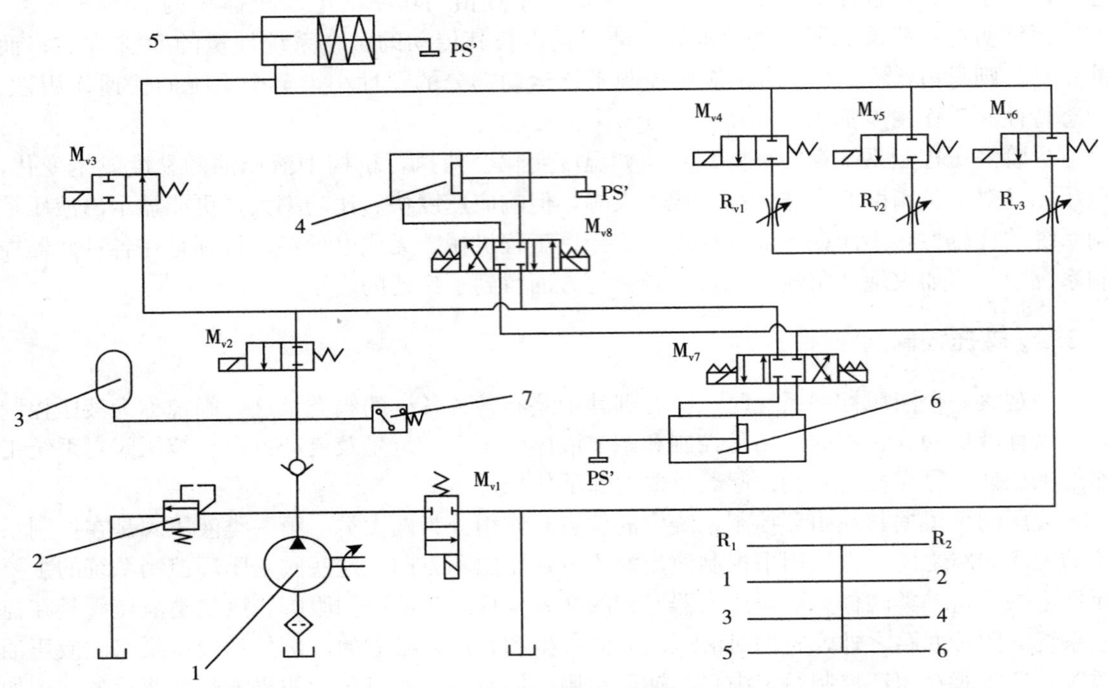

图 2-1　正交式换挡执行机构液压系统原理图

1. 液压泵　2. 溢流阀　3. 蓄能器　4. 选挡液压缸　5. 离合器执行器　6. 换挡液压缸　7. 压力继电器

(2) 平行式结构　图 2-2 所示为平行式换挡执行机构液压系统原理图。由溢流阀控制系统的压力。液压回路由进油支路和回油支路构成。进油支路从液压泵开始，经 M_{v2} 分成 2 条支路：一条经 M_{v3} 流向离合器的控制阀组；另一条流向换挡控制阀组。流出的液压油经回油支路返回油箱。M_{v2} 和 M_{v3} 常闭合，在发动机怠速运转时，ECU 控制 M_{v1} 打开，油液经 M_{v1} 流回油箱。当需进行换挡操作时，ECU 控制 M_{v1} 关闭，M_{v2} 和 M_{v3} 打开，一路油液经 M_{v2} 和 M_{v3} 流向离合器，离合器分离。离合器位置传感器能检测离合器的位置。当离合器彻底分离后，反馈给 ECU 信号。ECU 通过控制 M_{v7}、M_{v8}、M_{v9}、M_{v10} 不同的开关组合，控制液压缸实现挡位的变换。位置传感器能实时检测换挡液压缸活塞的位置，并反馈给 ECU。当完成换挡后，油液通过回油支路开始回油。当离合器完全接合后，位置传感器反馈给 ECU 信号，控制 M_{v2}、M_{v3}、M_{v7}、M_{v8}、M_{v9}、M_{v10} 关闭，M_{v1} 打开，液压系统停止工作。

平行式布置结构的每个拨叉杆都单独由 1 个换挡油缸来控制，由电磁阀来控制液压缸，

无选挡过程，直接进行挂/摘挡操作，各挡位的换挡动作相互之间无关联。由于没有选挡过程，换挡执行机构不存在选挡机构和换挡机构的运动学干涉，整个自动变速器执行机构简单紧凑，可靠性高，大大缩短了换挡时间。

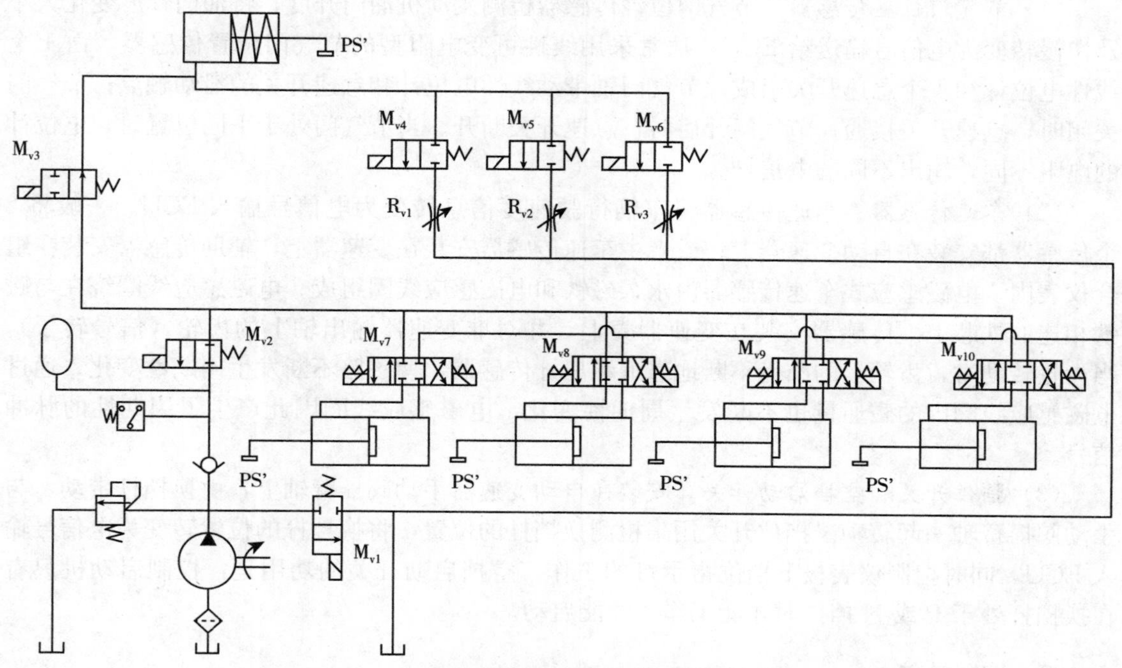

图 2 - 2　平行式换挡执行机构液压系统原理图

2.4 电子控制系统

电子控制装置能够接收传感器传递的多种信号，如车速、油门开度、挡位信号和发动机转速等。通过对这些信号进行判断，变速器可以自动决定是否换挡。电子控制的优点是控制过程更准确，并且还能根据其他传感器输入的信号，综合考虑各影响因素，从而更好、更精确地控制自动变速器换挡时刻和变矩器锁止时刻，使换挡过程和变矩器的锁止过程更平顺，使车辆能获得更好的经济性和动力性。若控制系统判断变速器需要进行换挡操作，则电子控制装置移动相应的电磁阀，驱动相关机构进行换挡操作。整个换挡过程中，相关传感器会进行监控并反馈相应的数据。电控电动执行机构的优点是易于控制、成本低，可以利用车辆电源；缺点是驱动力小，需要加装降速增扭机构。电控液动执行机构的优点是动作平稳，驱动力大，控制精度高，可靠性好；缺点是成本高，控制系统复杂。电控气动执行机构的优点是可利用充足的气源；缺点是驱动力小，控制精度低。

拖拉机自动变速器电子控制系统是在传统手动机械式变速器的基础上，加装了传感器、自动变速器控制单元和执行机构。在拖拉机起步和换挡过程中，传感器实时采集拖拉机的工况参数，将采集到的信号送入自动变速器控制单元进行处理，与自动变速器控制单元中存储的控制策略进行比较分析，做出判断，自动变速器控制单元发出控制指令，驱动执行机构进行动作。

2.4.1 传感器

(1) 节气门位置传感器　节气门位置传感器检测发动机油门开度，将油门开度变化大小及快慢转变为电信号输送给 ECU。通常采用线性可变电阻型的节气门位置传感器，由 1 个线性电位计和 1 个怠速开关组成。节气门轴带动线性电位计和怠速开关的滑动触点；节气门关闭时，怠速开关接通；节气门开启时，怠速开关断开。当节气门处于不同位置时，电位计的电阻不同，输出不同的电信号。

(2) 车速传感器　车速传感器将车辆行驶速度信息转变为电信号输入 ECU。一般将 2 个传感器都安装在自动变速器上；或者主车速传感器安装在变速器上，辅助传感器安装在组合仪表内。电磁感应式车速传感器由永久磁铁和电磁感应线圈组成。电磁感应线圈绕在与磁铁相连的铁芯上。传感器安装在变速器壳上，并对准变速器输出轴上的齿轮（信号转子）。当齿轮转动时，齿轮上的凸齿不断地靠近和离开传感器，使磁路不断发生周期性变化，通过电磁感应线圈内的磁通量也不断发生周期性变化，电磁感应线圈因此产生了周期性的脉冲信号。

(3) 挡位开关和空挡启动开关　安装在自动变速器手动阀摇臂轴上，由换挡杆带动，与手动阀摇臂轴一起转动。挡位开关用来检测换挡杆的位置，将换挡杆的位置转变为电信号输入 ECU，同时控制仪表板上挡位指示灯的工作。空挡启动开关的功用是：控制启动机只有在换挡杆处于 P 或 N 挡位时才能工作、才能启动。

2.4.2 控制功能

(1) 换挡时机的控制　自动变速器的换挡时刻（即换挡车速，包括升挡车速和降挡车速）对车辆的动力性和燃油经济性有很大影响。对于车辆的某一特定行驶工况来说，有 1 个与之相对应的最佳换挡时机或换挡车速。电子控制系统可以使自动变速器在车辆的任何行驶条件下都按最佳换挡时刻进行换挡，从而使车辆的动力性和燃油经济性等各项指标达到最优。

(2) 发动机转矩的控制　ECU 在控制自动变速器换挡的同时，也控制推迟发动机的点火时刻或减小喷油量，减小发动机输出转矩，这样可减小换挡冲击。换挡结束后，ECU 又控制恢复点火或喷油量。

(3) 超速挡的控制　当换挡杆位于 D 挡位或超速主开关位于 OFF（超速主开关接通）时，ECU 控制自动变速器不能升入高挡；当换挡杆位于 D 挡位或超速主开关位于 ON（超速主开关断开）时，ECU 控制自动变速器可以升入高挡。在以下情况下自动变速器不能升入超速挡工作（即便超速主开关断开）：①冷却液温度低于 60℃时；②车辆使用定速巡航系统（CCS）在超速挡行驶且其实际车速低于设定车速约 4km/h 时，CCS 控制单元向自动变速器控制单元输出指令，解除超速行驶。

(4) 故障自诊断　当 ECU 接收到来自传感器或执行器的不正常信号时，ECU 便认为此处有故障，于是点亮 O/D OFF 故障指示灯，以故障代码的形式把故障信息存储起来，启动失效保护功能。

(5) 失效保护功能　自动变速器ECU检测到某传感器、执行器及其工作电路出现故障时，ECU控制自动变速器按预先存储的程序继续工作。

主油路压力控制：ECU根据节气门位置传感器信号控制主油压电磁阀，进而控制节气门油压。节气门油压控制主调压阀。油压电磁阀是一种脉冲线性式电磁阀，计算机根据节气门位置传感器测得的油门开度，计算并控制送往油压电磁阀的脉冲信号的占空比，以改变油压电磁阀排油孔的开度，产生随油门开度变化的油压（即节气门油压）。油门开度越大，脉冲电信号的占空比越小，油压电磁阀的排油孔开度越小，节气门油压越大。

2.4.3　电子控制系统的控制过程

(1) 换挡控制过程　换挡电磁阀控制着换挡阀左端的主油路。当换挡电磁阀打开其泄油口时，换挡阀左端无主油路油压，在弹簧力作用下换挡阀位于左端，由主油路到换挡执行元件的油路是接通的，换挡执行元件工作。

(2) 电液比例控制系统　本章2.3介绍了液压控制系统，本节主要对电子控制系统进行介绍。故此处对动力换挡自动变速器的电液比例控制系统进行简单阐述。

动力换挡自动变速器电液比例控制系统原理如图2-3所示。电液比例阀7和快速充液阀8控制整个液压回路的流量，电磁阀9、10控制离合器液压缸的冲、放油过程。拖拉机在起步或换挡过程中，传感器会读取车辆在对应时刻的运行状态参数（包括油温、油压、离合器位置等），然后通过CAN（控制器局域网络）总线获取发动机和悬挂系统的反馈信号，经过自动变速器控制单元的分析运算，做出最佳的判断，选择储存在EEPROM中的适当的换

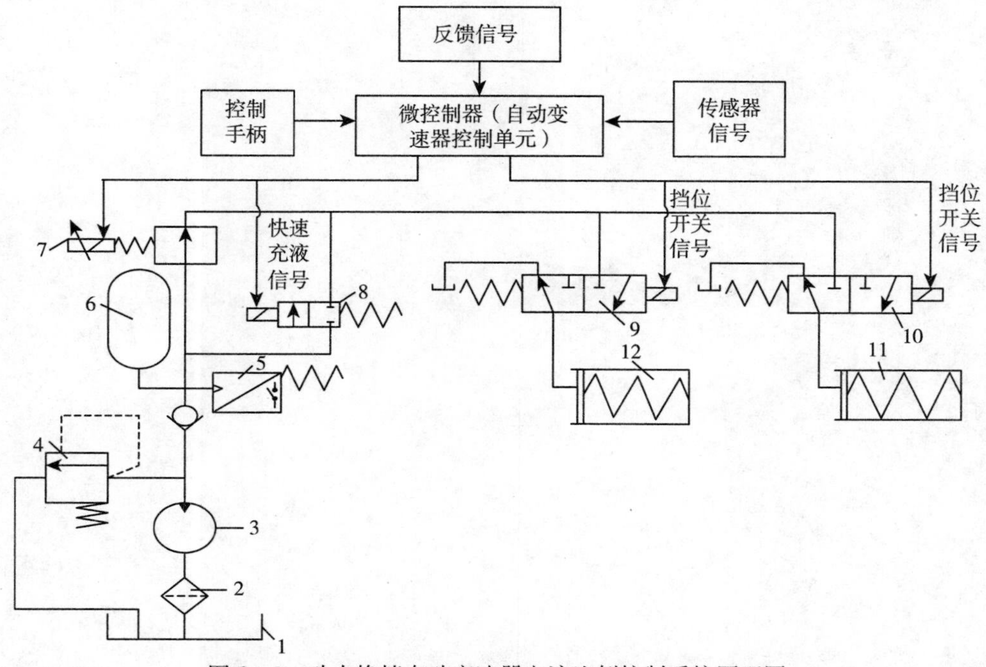

图2-3　动力换挡自动变速器电液比例控制系统原理图

1. 油缸　2. 过滤器　3. 液压马达　4. 溢流阀　5. 压力继电器　6. 蓄能器
7. 电液比例阀　8. 快速充液阀　9、10. 电磁阀　11、12. 弹簧腔

挡曲线和离合器压力特性曲线（换挡曲线中包含2位三通电磁阀的开关控制信息，离合器压力特性曲线包含电液比例阀的开度控制信息以及控制所需要的时间信息），并通过驱动输出模块控制电磁阀和比例阀，进而控制离合器的接合和分离，最终实现平顺的换挡操作。

2.5 本章小结

本章在第1章1.3的基础上，对拖拉机自动变速器的液力传动装置、齿轮变速机构、液压控制系统、电子控制系统4部分的组成及功用进一步展开介绍。其中，液力传动装置主要由3个关键部件组成，即泵轮、涡轮、导轮；齿轮变速机构可以根据齿轮轴心位置是否固定分为定轴式齿轮机构和行星齿轮式齿轮机构；液压控制系统根据ECU的指令控制电磁阀，使执行机构自动地完成离合器分离、接合及变速器选、换挡等动作；电子控制系统能够接收、传递信号并且进行判断，从而控制变速器是否进行换挡操作。电子控制的优点是控制过程更精确，并且还能根据其他传感器输入的信号，综合考虑各影响因素，使车辆能获得更好的经济性和动力性。

第3章 拖拉机自动变速器液压系统

3.1 液压系统的基本组成与工作原理

液压系统原理图如图 3-1 所示。其主要由以下 5 部分组成：

（1）能源装置　能源装置本质上是将机械能转化为压力能，液压泵 3 为整个系统提供能量，低压油液经泵的作用变成高压油液流到各个换挡液压缸。

（2）执行元件　执行元件本质上是将液体压力能转换成机械能。图 3-1 中所示的 4 个离合器液压缸为本系统的执行元件。液压缸内为高压油液，缸内活塞在高压油液的驱动下做直线行动，活塞末端通过换挡指与换挡拨叉进行动力传递，从而完成换挡操作。

（3）控制元件　控制元件用于对液压系统的压力、流量、液流方向等因素进行控制。本系统中的控制元件为单向阀 5、溢流阀 4 和高速开关两位三通电磁阀。换挡过程中，负载突变会产生液压冲击从而影响到泵的正常工作，单向阀可以防止此情况的发生，同时其能防止系统油液倒流。溢流阀用于防止出现系统难以承受的过高压力，即以免系统过载。两位三通电磁阀则用于对液压缸支路的接通、断开进行控制。

（4）辅助元件　除上述 3 种装置以外，其余用于保证系统正常工作的装置为辅助元件，例如图 3-1 中的过滤器 2、蓄能器 6、管件和油箱 1 等。过滤器能够净化进入液压系统的油液，避免油箱中的杂质进入液压系统。蓄能器能够吸收液压冲击、稳定系统压力。

（5）工作介质　工作介质是用于能量传递的媒介。部分液压系统的工作介质为矿物油型液压油。

由于齿轮直接固接在换挡离合器上，通过控制换挡离合器的分离和接合来进行换挡操作；高速开关电磁阀 7、8、9、10 则分别控制 A、B、C、D 这 4 个换挡离合器的接合与分离。

以Ⅰ挡换Ⅱ挡为例分析液压系统工作原理。车辆在Ⅰ挡运行时，离合器 A、B 处于接合状态，离合器 C、D 处于分离状态。当达到升挡条件时，ECU 控制电磁阀 8 失电，阀芯左移、进油路断开、回油路接通，离合器 B 的液压油进入回油箱；与此同时，ECU 发出指令，电磁阀 9 得电，阀芯右移、进油路接通，液压油进入离合器 C 的油腔，克服回位弹簧的弹簧力，推动活塞运动，使离合器 C 的主、从动片接合。主、从动片刚接触时，充油过程结束，离合器 C 进入升压阶段。当离合器 B 放油结束、完全分离，离合器 C 充油结束、完全接合时，表示动力换挡完成。

从上述液压系统的工作原理可知，高速开关电磁阀在整个液压系统中起着关键的作用，其动态响应的快慢直接影响到换挡品质的优劣。

电子控制装置能够接收传感器传递的多种信号，如车速、油门开度、挡位信号和发动机

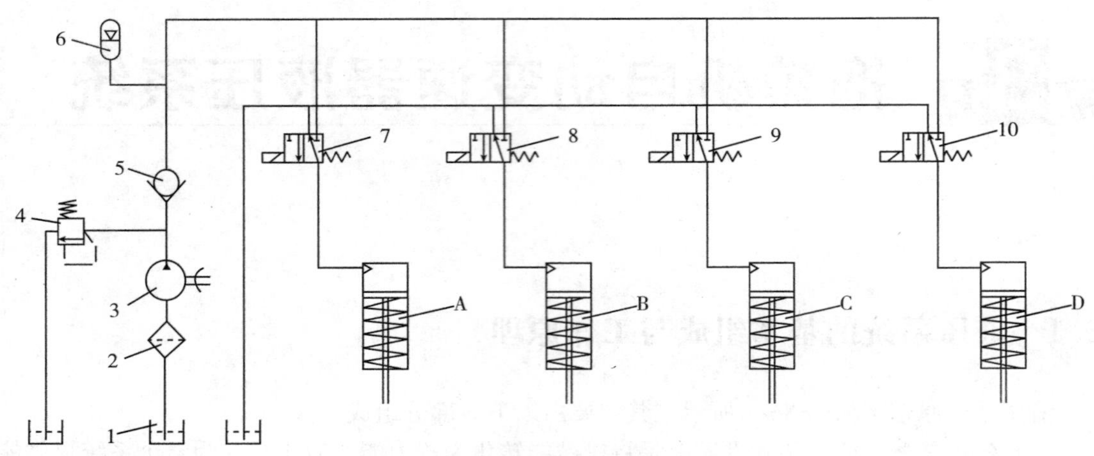

图 3-1 液压系统原理图

1. 油箱 2. 过滤器 3. 液压泵 4. 溢流阀 5. 单向阀 6. 蓄能器 7、8、9、10. 电磁阀

转速等。通过对这些信号进行判断，变速器可以自动决定是否换挡。若控制系统判断变速器需要进行换挡操作，电子控制装置移动相应的电磁阀，驱动相关机构进行换挡操作。整个换挡过程中，相关传感器会进行监控并反馈相应的数据。

动力换挡液压执行机构是变速器操纵系统的重要组成部分，机构性能对变速器的整体性能有决定性的作用。液压系统作为换挡操纵系统的一个重要组成部分，其整体性能的优劣会对换挡操纵系统的各个性能产生重大的影响，液压系统设计的重要性不言而喻。

3.2 主变速器液压执行机构分析

3.2.1 液压系统设计要求

对于搭载动力换挡自动变速器的拖拉机，其在换挡时要做到平稳、快速、无冲击。因此，在进行换挡执行机构液压系统设计时，要考虑满足以下几方面的需求：

（1）*液压缸行程* 根据各零部件尺寸的公差以及相关尺寸链，可以计算出换挡执行机构液压缸行程的取值。

（2）*换挡速度* 换挡速度的大小会直接影响到换挡的冲击程度及换挡的时间长短，这些都在很大程度上影响到变速器的换挡品质。若是换挡速度过快，换挡时将会产生较大的冲击；若是换挡速度过慢，则会相应增加换挡时间，车辆的动力性会因此受到较大的影响。因此，必须选取合适的换挡速度。根据经验判断，动力换挡过程所耗时间尽量在 400ms 以内。

（3）*液压缸负载力* 液压缸负载力的大小会直接影响到换挡的冲击度和换挡的可靠性。在负载力过大时，换挡过程中会产生很大的换挡冲击力，影响舒适性。在负载力过小时，可能会出现挂挡失败的情况。通过对换挡力的分析可知，挡位不同，所需的换挡力也不相同。在低挡位时需要较大的换挡力，在高挡位时需要较小的换挡力。鉴于挡位速度对换挡力的影响，一般情况下，动态换挡力相对较大，静态换挡力相对较小。因此，应根据动态换挡力进行液压缸负载力的设计。对于各挡位的动态换挡力取值，应在动态条件下以最大的换挡速度进行测量。

（4）内泄漏　活塞与缸孔、活塞与滑套、滑套与缸孔之间的配合均会存在一定的间隙，这些配合间隙将会导致内泄漏。内泄漏量必须进行控制。若内泄漏量过大，内泄漏的损失相应地转化为热量，油液温度逐渐升高，液压系统的工作性能也受到很大影响，且液压缸速度减小，从而增加了挂挡时间。根据相关经验，各个配合间隙应保证不大于0.05mm。

（5）各元件响应速度的控制　液压系统包含各类不同控制目标的阀类元件、辅助元件。这些结构复杂的元件有不同的响应速度及延迟时间，这些均会直接影响换挡过程所耗费的时间。因此，在液压系统的设计过程中，要考虑这些因素的影响。

3.2.2 离合器的工作过程

换挡离合器是一种自动离合器，不需要离合器踏板。换挡离合器的分离、接合动作通过接收电子装置传来的电子信号进行控制，电子信号由操作机构相应的动作激发。换挡离合器执行机构的性能很大程度上决定着离合器的工作品质，进而影响着拖拉机的整机性能。

根据工作环境的不同，离合器可分为干式离合器和湿式离合器两大类。对于干式离合器，其工作环境是空气，主要通过摩擦片在压力下直接接触传递动力。对于湿式离合器，其工作环境是油液，在压力作用下两摩擦片并不直接接触，中间有1层很薄的油膜（大约0.1mm厚）。

干式离合器结构较为简单，工作效率高，从动部分转动惯量相对较小，装机后便于调整，工作过程中分离比较彻底，成本较低，转矩过载后会断开接触以保护变速器。干式离合器工作过程中产生的大部分热量由压盘和飞轮吸收，热量可以实现很快速的传递，但传递至压盘和飞轮的热量难以快速散发到空气中，因此工作过程中离合器所能承受的总热量是有限制的，干式离合器不宜用于大扭矩的工况，不宜进行长时间的滑摩。

与干式离合器不同，湿式离合器两摩擦片之间有1层油膜，工作过程中离合器磨损较小，使用寿命大大增加。据统计，湿式离合器寿命可以达到干式离合器的5～6倍。由于摩擦片间油膜的存在，摩擦副在较大的正压力下依然可以拥有稳定的摩擦系数，但是摩擦系数相对较小，为0.07～0.09。

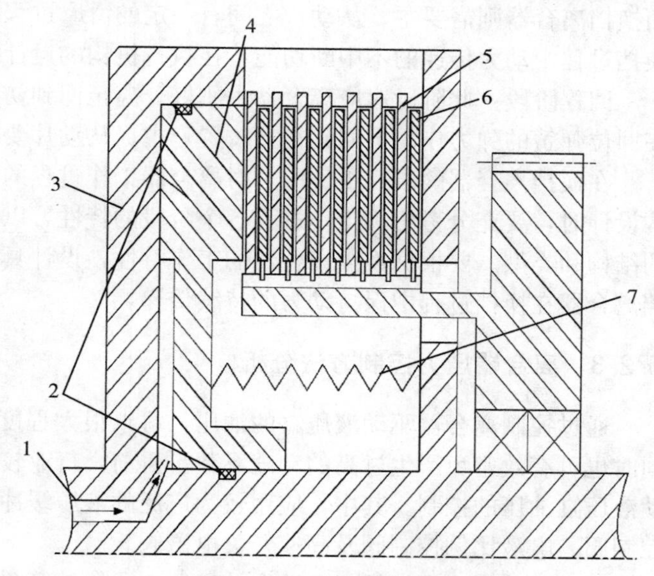

图3-2　湿式离合器结构简图

1. 油道　2. 密封环　3. 油缸　4. 活塞
5. 钢片　6. 摩擦片　7. 回位弹簧

拖拉机动力换挡离合器采用多片湿式离合器。图3-2所示为湿式离合器的结构简图。湿式离合器的主要组成部件为主动片、从动片、油缸、密封环、活塞及回位弹簧。ECU 对液压系统的油压进行控制，在油压的作用下离合器实现接合和分离。若离合器需要进行接合动作，液压油经过轴上所开的油道进入离合器的工作油缸，随着缸内油压的逐渐升高，活塞受到的力也越来越大，在克服回位弹簧的弹力后活塞继续进行轴向移动，进而压紧主、从动片，消除摩擦片之间的间隙。然后在液压油的继续作用下，活塞继续压紧摩擦片，主、从动片在压力作用下逐渐同步并接合，因此动力可以由驱动齿轮传递至传动齿轮。若离合器需要进行分离动作，液压系统在电液控制阀的控制下降低系统油压，液压油通过油道流出离合器的工作油缸，活塞在回位弹簧的弹力推动下移动到初始位置，从而实现离合器主、从动片的彻底分离。与此同时，换挡电磁阀进行相应的动作，完成油路切换，使相应挡位的离合器油缸充油，离合器完成接合动作。

换挡离合器的工作过程大致可以分为 4 个阶段，分别为充油阶段、升压阶段、降压阶段、回程阶段。

充油阶段：这个阶段用时较短，离合器的主、从动片在油压的作用下迅速缩小间隙。在此过程中，离合器始终处于完全分离状态，不会传递扭矩。在此过程中，液压油的油压不能过大。若压力过大，则主、从动片刚接触就会受到较大的正压力，从而会产生过大的冲击，造成车辆明显的抖动，严重情况下会导致发动机熄火。

升压阶段：在这个阶段，随着油压的升高，离合器主从动盘逐渐接合并传递扭矩，直至主、从动片不再有滑摩动作。发动机的输出扭矩经传动系传递至车轮，从而驱动车辆运动。在整个过程中，油液的压力均由电液比例减压阀进行调节控制。

降压阶段：此阶段对应离合器由初始分离至主、从动片刚好分离的过程。在此过程中，换挡离合器与普通离合器有很大的不同。普通离合器要求主、从动片在此过程中快速分离，而换挡离合器则需要主、从动片之间有一定的滑摩过程，这段滑摩过程保证了换挡离合器在换挡过程中动力传递的不中断功能，在执行机构的设计中尤其要考虑到这一点。

回程阶段：此阶段对应离合器由刚好分离至回到初始位置的过程。在此过程中，从动片在回位弹簧的弹力作用下回到初始位置，主、从动片要求彻底分离。

在换挡离合器的研究工作中，对离合器工作过程的研究是一个很重要的组成部分。在结构设计时，要充分考虑其工作过程各个阶段的特性，以此来确定压紧机构及回位弹簧等零件的结构和类型。要根据换挡离合器的工作特性，设计具有可控升压行程的操纵机构，确保换挡离合器在换挡过程中保持动力的持续传递。

3.2.3 离合器压力控制方法分析

通过控制离合器驱动液压缸的油压，可以很大程度上避免离合器传递力矩的不稳定性，同时也可有效避免产生过高的动载系数。目前，行业较多地应用液压缓冲装置进行离合器驱动液压缸油压的控制。其中，应用较为广泛的液压缓冲装置为压力缓冲阀、步进电机式数字控制阀、电液比例控制阀及高速开关电磁阀。

压力缓冲阀成本较低，所采取的控制方式比较简单，但其在控制主、从动接合元件的工作压力时，灵活度较差，同时容易产生很大的冲击度，会对车辆的换挡品质造成一定的影响。相较于压力缓冲阀，电液比例控制阀能很灵活地控制液压系统，控制精度也相对较高，且电液比例控制阀便于自动化控制，具有良好的抗干扰性能，但是其控制系统成本要求较高，所需控制实现方法较为复杂。步进电机式数字控制阀中的步进电机可当作比例控制单元，ECU信号能直接对其进行控制。步进电机式数字控制阀能在较低的成本下保持很好的可靠性与抗污能力。数字控制阀的滞环误差保持在0.45%之内，但是步进电机中的机械部件在启动时具有较大的惯量，在控制阀接收到控制信号时其反应时间有一定的延迟，控制响应速度受到一定的影响。相比前几种控制阀，高速开关电磁阀控制灵活性较高，抗污性能好，结构简单，成本较低，响应速度较快，同时ECU信号能直接对其进行控制，复杂工况下这类阀依然能保持稳定的工作性能。鉴于此，高速开关电磁阀被大量应用于液压系统中，其也是离合器压力调节的重要部件。

3.3 液压系统元件的结构和工作原理

3.3.1 执行元件

液压执行元件分为液压缸和液压马达两大类。这2类液压执行元件均可用泵和阀来控制，从而组成2种基本的系统，即泵控液压系统和阀控液压系统，分别简称为泵控系统和阀控系统。泵控液压执行元件又可分为泵控液压马达和泵控液压缸；阀控液压执行元件分为阀控液压马达和阀控液压缸。它们是各种液压系统中主要的液压执行元件。

泵控系统和阀控系统是控制流体动力的2种基本方法。泵控系统又称容积式控制系统。这种系统是用变量泵供油给执行元件，通过改变变量泵的排量来控制液体的流量，从而改变执行元件的运动速度。泵控系统的实质是使变量泵单位时间内产生的流量与传递给负载的液体总量发生变化。在一般情况下都难以将泵和执行元件紧密地安装在一起，这就使泵控系统所包容的体积加大，响应变慢。阀控系统又称节流式控制系统。它是由伺服阀来控制油源流入执行元件的流量。阀控系统所采用的油源通常都是定压式油源。阀控系统的实质是使液压油源供给的液体总能对转变为驱动负载做功的有用能量的比率发生变化。阀控系统因为节流总要消耗一部分能量，所以效率较泵控系统低。

3.3.2 控制元件

在液压传动中，液流的压力是最基本的参数之一。为了使液压系统适应各种需要，就要求对液流的压力进行控制，这样就产生各种压力控制阀，如溢流阀、减压阀、顺序阀、压力继电器等。从工作原理来看，所有压力控制阀都是利用液体压力对阀芯产生的推力与弹簧力平衡在不同位置上以控制阀口开度，从而实现压力控制。压力控制阀根据其动作原理，可分为直动式和先导式两种。

溢流阀：借助溢去一定量油液来保证液压系统中的压力为一定值，并防止过载。

减压阀：用来降低系统中某部分的压力，以获得比液压泵的供油压力低且稳定的工作压力。

顺序阀：用来控制液压系统中各执行元件的先后顺序动作。根据控制油路的不同，顺序阀可分为直控顺序阀和液控顺序阀。

高速开关阀：一种脉宽调制式数字阀。其控制信号幅值相等，但是每一周期内的有效脉宽却不相同。控制信号有开、关2种状态，通过控制阀体的开启时间实现对压力的控制。

3.3.3 辅助元件

液压系统中的一些辅助装置虽不像液压泵那么重要，但亦应妥善解决。如若不注意，在某些具体情况下也可能转变成妨害系统正常工作的主要矛盾。该部分将分别介绍油箱、油管、蓄能器和密封件等几种主要的辅助装置。

(1) 油箱　油箱的用途主要是储油，此外，还起着散发油中的热量和分离出油中的杂质的作用。其中，油箱的散热是决定油箱容量和结构的主要因素。油箱中油的热量是经过油与油、油与金属、金属与空气的接触而传导到低温的大气中去的。在散热过程中，油与油之间的导热性最差，是散热的主要矛盾。

(2) 油管　液压传动装置所用的油管通常有无缝钢管、铝管、紫铜管和耐油橡胶软管。在个别部位，也可采用耐油塑料管和尼龙管。油管的选择可依据液压系统各部位的压力、流量，液压系统工作的环境，以及各部件之间的位置关系等因素确定。液压系统的高压部位、液压缸与控制阀之间的油管采用钢管较好，一般不采用软管，因为软管变形大，容易引起运动部件的“爬行”。两个具有相对运动的部件之间的油管，应采用软管；压力较低的回油或泄油管路，可采用耐油塑料管等。

(3) 蓄能器　在液压系统中采用蓄能器是为了使液流稳定，减少流量及压力脉动，保护液压系统免受冲击。它的作用和电容器在电路中的滤波作用类似。某些系统需油量不均匀，某一段时间内需要输入大量的油，装有蓄能器后，采用一个小液压泵，平时将油储于蓄能器中，需油量增大时即可由蓄能器补充供油；同时还可补偿系统中的泄露以维持系统中的压力。

图3－3所示为蓄能器工作原理。油液从电磁阀流到蓄能器，当这些油液产生的压力 P 大于蓄能器内弹簧的预紧力时，活塞会向右移动。经过蓄能器的充油过程，离合器的进油波动得到了很大的减缓，同时，当由电磁阀输入的油液油压大于离合器所需的接合压力时，蓄能器则自动打开泄油口，从而大大减小了换挡时的冲击。

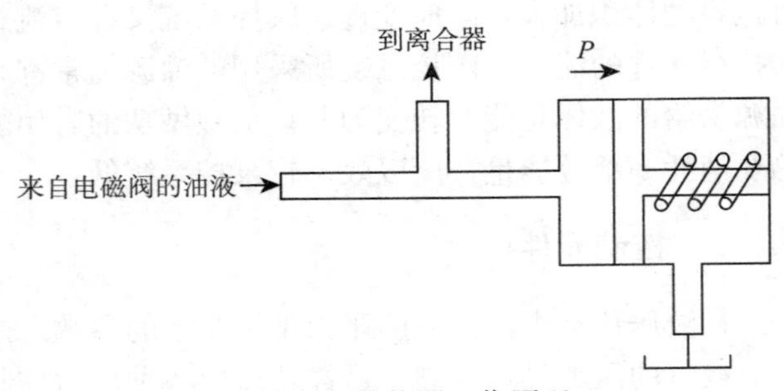

图3－3　蓄能器工作原理

(4) 密封件　漏油是液压系统常出现的问题之一，密封是防止漏油的最有效和最主要的方法。密封效果的优劣，对液压系统和元件的工作好坏有直接影响。密封不好会使内漏（指元件内部各油腔之间的泄漏）增加，从而降低系统的容积效率，内漏严重时系统会因建立不起压力而无法工作。如果发生外漏（指油液泄漏至元件的外部），会弄脏周围物件，污染环境。外漏一般是不允许的。密封过紧时，虽然能防止漏油，但对于动密封却会引起很大的摩擦损失，降低机械效率。同时，因摩擦生热而使温度升高，缩短了密封件的寿命，甚至使油温超过允许值而无法工作。油温升高还会引起油液黏度降低，导致更多的漏油。

3.4 自动变速器液压油

液力传动是利用离心泵作为主动部件带动液体旋转，从泵流出的高速液体推动涡轮机旋转，从而实现能量传递的。液力传动机构常见的有液力偶合器和液力变矩器2种。自动变速器液压油分为液力传动油与自动变速器油（液）2类。

液力传动油与自动变速器油（液）［又称自动传动液（ATF）］作为工作和润滑介质，其主要作用有：①通过电控、液控系统传递压力和运动，完成对各换挡元件的操纵；②将变速器中的热量带出，传递给冷却介质；③对行星齿轮机械和摩擦副强制润滑；④清洁运动零件并起密封作用。因此，对油品的性能要求是很高的。

3.4.1 液力传动油与自动变速器油（液）的主要性能

液力传动油与自动变速器油（液）的性能几乎包含了发动机油和齿轮油的所有性能，所含功能添加剂有十多种。其主要性能要求是：①适当的黏度特性（黏度和黏温特性）；②良好的氧化安定性；③良好的抗磨损性；④适当的摩擦特性；⑤良好的抗泡沫及消泡沫性；⑥良好的与密封材料的适应性；⑦良好的溶混性等。

3.4.2 液力传动油与自动变速器油（液）的选用

液力传动油与自动变速器油（液）必须严格按机械设备的说明书要求选用。一些汽车与工程机械专用的液力传动油，车辆制造厂有专门的油品规格，对其性能与应用范围有严格要求，因此应根据制造厂的规定选用相应品种、牌号的油品，避免与其他油品相混。注意液力传动装置与自动变速器的运行温度是否过高和其他性能变化（如离合器打滑、换挡冲击大、加速性能差、低温启动不良、换挡不圆滑、有机械滞后等故障发生），以防止自动变速器的损坏。虽然液力传动油与自动变速器油（液）的使用温度低于发动机油，但氧化安定性同样十分重要。

3.4.3 液力传动油与自动变速器油（液）的更换

一般来说，液力传动油与自动变速器油（液）的换油周期比较长，通常在100 000km，今后要求更长，甚至与车辆同寿命。美国通用汽车公司规定为160 000km，在苛刻条件下工作的则缩短为24 000km；福特汽车公司和克莱斯勒汽车公司推荐不换油（工况过于苛刻时为48 000km）；日本自动车技术会介绍换油期为4年或80 000km；还有只补充水耗而永不换油的。

3.5 本章小结

本章介绍了拖拉机自动变速器的液压系统，包括液压系统的基本组成与工作原理、液压系统元件的结构和工作原理、自动变速器液压油等内容，并对离合器操纵机构的工作原理进行了简单分析。液压系统主要由能源装置、执行元件、控制元件、辅助元件和工作介质5部分组成。液压系统的执行元件中较为重要的是换挡离合器，其工作过程大致可以分为4个阶段，分别为充油阶段、升压阶段、降压阶段、回程阶段。另外，在本章最后对自动变速器液压油的主要性能以及选用和更换进行了简单介绍。

第4章 拖拉机自动变速器电子控制系统

拖拉机自动变速器的核心为电子控制系统。电子控制系统的功用是对传感器采集的离合器位置信号、制动踏板位置信号、液压缸活塞位置信号、车速信号、油温信号、车轮转速信号、变速器输入轴转速信号、换挡手柄位置信号、地头转向开关信号、巡航开关信号以及手动/自动切换开关信号等，进行转换整形、算法处理，然后输出相应的控制信号，对拖拉机的执行机构发出指令，产生动作，完成离合器接合及换挡的自动操作。

4.1 电子控制系统硬件的组成和控制功能

拖拉机自动变速器电子控制系统的功能是：依据驾驶员的驾驶意图和拖拉机的运行状态，自动调整传动部件的工作状态和传动比，达到获得最优传动效率和最佳拖拉机行驶性能的目的。拖拉机自动变速器电子控制系统的硬件主要由拖拉机运行参数检测系统、自动变速器控制单元、执行机构3部分组成。

4.1.1 拖拉机运行参数检测系统

拖拉机运行参数检测系统主要用于检测2部分参数：驾驶意图参数（输入信号）和车辆运行信息参数（反馈信号）。车速雷达、车轮转速传感器、变速器输入轴转速传感器、发动机转速传感器等采集的速度和转速信号反映了当前拖拉机的工作运行状态。驾驶员根据当前拖拉机的运行状态和外部作业环境信息，通过模式开关、换挡手柄、油门踏板和制动踏板表达驾驶意图，模式开关、换挡手柄位置传感器、油门踏板位移传感器和制动踏板位移传感器将反映驾驶意图信息的电压信号输入自动变速器控制单元（transmission control unit，TCU）。

4.1.2 自动变速器控制单元

自动变速器控制单元作为自动变速器电子控制系统的核心部件，具有运算功能，内部存储离合器接合规律、自动换挡规律、发动机油门调整规律等多个控制规律，可以根据传感器和模式开关传递的信号判断驾驶员的驾驶意图和拖拉机运行状态，对油门开度大小、挡位切换和离合器接合分离进行控制，使三者实现最优匹配，从而使拖拉机获得平稳起步性能、迅速换挡能力和良好的行驶性能。其功能是：获取控制算法所需的车辆状态、发动机工作状态和驾驶员操纵状态等信息，并将其处理成主控芯片能够处理的数字量，将主控芯片计算输出的控制信号转换为可以驱动电磁阀的驱动信号。ECU 硬件是整个电子控制系统的重点，特别是信号输入与输出通道的电路，对整个电子控制系统的控制品质起着至关重要的作用。同时，拖拉机是一个复杂的系统，其运行工况多变，具有振动、冲击、强电磁等恶劣的工作环境。变速器作为拖拉机动力系统的重要组成部分，其工作可靠性对整车具有重要影响。因此，对拖拉机动力换挡自动变速器的 ECU 硬件必须采取一系列抗干扰措施，以保证系统工作的稳定性和可靠性。

4.1.3 执行机构

执行机构是实现拖拉机变速的动作部件。它按照自动变速器控制单元发出的控制指令改变拖拉机的运行状态，包括离合器执行机构、换挡执行机构和发动机油门执行机构 3 个部分。按照执行机构动力源的类型，自动变速器有全电控制、电-液控制和电-气控制 3 种控制方式。

执行机构液压系统主要由液压源、离合器液压控制系统及换挡液压控制系统组成。其中，离合器液压控制系统主要由离合器液压缸、进油阀及放油阀构成。自动变速器控制单元通过输出不同的脉宽调制信号调节进油阀和放油阀的开闭，进而控制执行机构动作，实现离合器不同的工作状态。换挡液压控制系统主要由换挡液压缸和两位三通高速电磁阀构成。自动变速器控制单元输出不同的脉宽调制信号调节电磁阀开闭，进而控制执行机构操作拨叉，实现自动换挡。

4.2 电子控制系统软件的组成和控制功能

拖拉机通常在田间悬挂作业农机具工作，不同的农机具使拖拉机受到的牵引阻力不同，对拖拉机行驶速度的要求差别也较大。如果不同的作业工况使用相同的换挡方法，就不能发挥拖拉机作业效率和经济性的最优匹配效果。驾驶员可以根据具体的作业工况选择合适的行驶模式，拖拉机 AMT（电控机械式自动变速器）的自动变速器控制单元根据模式开关反映的信息判断驾驶员的驾驶意图。为使拖拉机动力换挡自动变速器电子控制系统正常工作，降低拖拉机驾驶员的劳动强度，同时保持拖拉机的最佳使用性能，拖拉机自动变速器电子控制系统不但需要合理的机械结构和控制器硬件系统，而且必须具备高质量的软件来高效地管理系统资源，确保系统能准确无误地运作。只有软件质量得到保证，系统的性能要求才能够得到满足。

现在车辆的电子控制系统软件存在 2 种形式的系统结构：前后台系统和实时多任务系统。前后台式软件结构目前已被大多数自动变速器电子控制系统应用。吉林大学基于前后台软件架构对军用车辆和轿车自动变速器软件系统进行了研究；合肥工业大学将无限循环程序结构应用在轻型卡车自动变速器电子控制系统软件开发中；江苏大学在商用汽车自动变速器上采用死循环控制结构来达到自动变速控制目的；中国农业大学对拖拉机变速器的自动换挡系统进行了研究，将软件程序划分为多个模块，通过中断程序调用响应子程序。

前后台系统工作原理如图 4-1 所示。后台程序被设计为一个无限循环函数，是整个电子控制系统软件的主程序，顺序检查每个任务的运行条件。前台程序一般对实时性要求较严格，需要依靠CPU（中央处理器）中断才能执行。后台程序的运行占用了CPU大部分时间，只有在中断发生时，后台程序被暂时挂起，系统才能去响应前台程序，在前台程序处理结束后系统继续执行后台程序。在实际的自动变速器电子控制系统软件中，控制算法一般被设计为后台程序，自动变速器电子控制系统的控制信号采样程序和硬件驱动程序被设计为前台程序。前后台结构中的任务除中断程序外，无优先级区别，任务按照FIFO队列（先入先出队列）依次执行，这样实时性要求较高的任务得不到及时处理，并且系统正在处理的任务一旦崩溃，FIFO队列中的其他任务将得不到处理，整个系统将会瘫痪，控制系统的稳定性得不到保证。

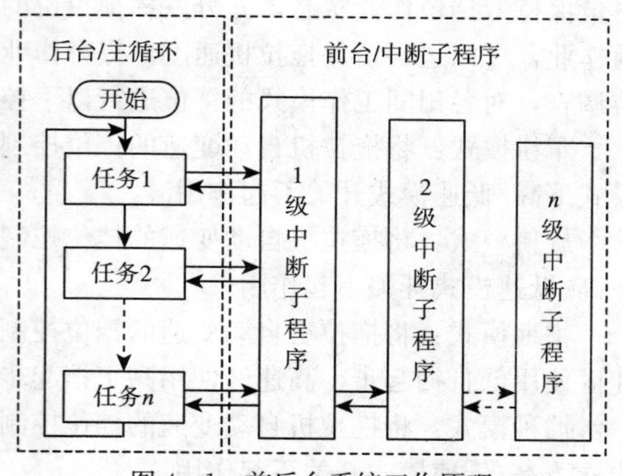

图4-1　前后台系统工作原理

实时多任务系统的软件包含2个独立的层：底层（实时操作系统）和应用层（应用程序）。实时操作系统为应用程序提供基础结构，有效管理控制器硬件资源，合理安排任务线程的调度。

车辆自动变速器的众多控制参量对系统的反应速率要求差别很大，如变速器输入轴转速、油门开度等参量要求系统的反应速率要快，油温、水温等参量对系统的反应速率要求一般。传统的前后台软件系统无法对多参数进行多速率处理，这就直接影响自动变速器电子控制系统控制参数的实时更新，而将实时操作系统引入车辆自动变速器电子控制系统进行软件开发，能够在保证自动变速器电子控制系统所有重要算法具有单独计算周期的同时，实现多个控制参数的多速率控制。

应用前后台结构的自动变速器电子控制系统，每个模块控制程序的起始执行时刻和周期不固定，有严格时间限制的任务不能在规定时间内得到响应，系统存在控制响应延时，自动变速器电子控制系统的控制精度不能得到保证。在进行控制功能扩展时，需要从后台主循环程序入手对系统软件进行整体改动，软件的扩展性差。对于功能增加和更新速度日益加快的现代自动变速器电子控制系统，扩展性能成为开发人员特别重视的一个方面。

实时操作系统根据任务的优先级对其进行管理和调度，优先级高的任务线程可以抢占优先级低的任务线程的CPU使用权从而先执行，执行完成后将CPU的使用权交给优先级较高的任务线程，优先级最低的任务线程在优先级高的任务线程全部执行完成后才继续被调度执行。这样，系统中比较重要的任务可以赋予高的优先级，以保证其在尽可能短的时间内被响应和执行。系统中所有的任务都可以根据各自的性能要求设置执行周期，从而满足各个任务对更新速率的不同要求。

犁耕、旋耕、耙地、播种、收获是拖拉机田间作业经常遇到的5种工况，驾驶员根据具体的作业工况可以在犁耕模式、旋耕模式、耙地模式、播种模式、收获模式这5种模式之中任选其一。拖拉机在进行犁耕、旋耕、播种、收获作业时，承受的负荷重、土壤阻力大，应尽量保持低挡位作业状态，充分发挥拖拉机的动力性能，提高作业效率；耙地属于中轻度负荷作业，可以适当增加拖拉机速度，提升作业挡位。根据东方红 MG600 拖拉机田间作业挡位调查，对各田间工作模式的挡位进行以下控制：

犁耕模式：将拖拉机自动变速的挡位控制在低速区Ⅱ、Ⅲ、Ⅳ挡，使用低Ⅱ挡起步。此模式下高/低速模式开关不起作用。

旋耕模式：将拖拉机自动变速的挡位控制在低速区Ⅰ、Ⅱ挡，使用低Ⅰ挡起步。此模式下高/低速模式开关不起作用。

耙地模式：将拖拉机自动变速的挡位控制在低速区Ⅲ、Ⅳ、Ⅴ挡和高速区Ⅰ、Ⅱ挡，低速区使用低Ⅲ挡起步，高速区使用高Ⅰ挡起步。

播种模式：将拖拉机自动变速的挡位控制在低速区Ⅲ、Ⅳ、Ⅴ挡，使用低Ⅲ挡起步。此模式下高/低速模式开关不起作用。

收获模式：将拖拉机自动变速的挡位控制在低速区Ⅱ、Ⅲ挡，使用低Ⅱ挡起步。此模式下高/低速模式开关不起作用。

前进挡（D）是拖拉机驾驶员在进行田间作业和运输工作时最常使用的作业模式。该模式下拖拉机需要完成起步和自动换挡功能。拖拉机起步时冷却水的温度对柴油发动机性能影响较大，水温处于 80～90℃时燃油消耗最少，水温在 60℃时燃油消耗会增加 3%左右，水温在 30℃时燃油消耗会增加 25%左右，因此起步过程需要考虑冷却水温的变化。

拖拉机起步控制流程：拖拉机起步时，根据高/低速模式开关信号可以实现低Ⅰ挡或者高Ⅰ挡起步。先分离离合器，再将变速器切换至Ⅰ挡。发动机启动后处于低速运转状态，使其转速保持在 800r/min 左右空转。当冷却水温度传感器采集的温度信号达到 60℃时，逐渐增大油门开度提高发动机转速，缓慢接合离合器，使拖拉机实现平稳起步。

随着农产品流通量的大幅增加，拖拉机不只用于田间作业，还承担了农村很多的运输工作，成为农民主要的交通运输工具之一。田间土壤松软，复杂田块地表不平、砂石多、杂草根茬多、存在障碍物，田间路面附着力较低，田间工作时需要低挡、低速小油门，燃油经济性差。道路运输时，拖拉机的行驶路面平坦、附着性能较好，高挡、高速大油门行驶产生的燃油消耗少，经济性能好。田间作业和道路运输 2 种作业环境下拖拉机行驶条件差别较大，自动变速器自动换挡策略应该有所不同。根据作业工况，自动换挡分为经济性换挡和动力性换挡 2 种模式。通过经济/动力模式开关切换自动换挡规律。道路运输作业时选择经济模式，自动变速器控制器自动调用经济性换挡规律；田间作业时选择动力模式，系统自动调用动力性换挡规律，使拖拉机的行驶速度和牵引力能够在更大范围内获得最优匹配，从而提高拖拉机的作业速度和效率，达到节能的目的。

许多农机具作业需要拖拉机在行走的同时为其提供动力，比如旋耕、施肥、播种、喷雾等。也存在一些农机具如排灌机、脱粒机、发电机、搅拌机等，需要拖拉机的动力输出轴通过皮带或直接带动进行固定作业。进行固定作业时发动机需要将部分或者全部动力传递给农机具，变速器不需要工作，此时需要使用 N 模式，使拖拉机变速器保持在空挡。

R 模式下拖拉机变速器处于倒挡，根据高/低速模式开关信号，自动变速器控制单元会自动切换至高速区倒挡或者低速区倒挡，可以使拖拉机实现 2 种速度的倒车行驶。为防止拖拉机在前进时误挂倒挡损坏变速器，只有在拖拉机行驶速度为 0km/h 时，系统才允许切换至倒挡，否则R模式开关不起作用。

手动换挡时，换挡手柄有5个位置（Ⅰ、Ⅱ、Ⅲ、Ⅳ、Ⅴ），配合高/低速模式开关可以使拖拉机实现低Ⅰ、Ⅱ、Ⅲ、Ⅳ、Ⅴ和高Ⅰ、Ⅱ、Ⅲ、Ⅳ、Ⅴ共10个挡位行驶。与换挡手柄相连接的传感器采集手柄位置信号并发送到自动变速器控制单元，自动变速器控制单元执行相应程序改变变速器内部齿轮的啮合，以改变传动比，从而完成换挡，并保持在换入的挡位下作业。设置手动换挡模式后可以手动控制变速器的挡位，实现延迟、提前换挡。在自动换挡程序出现故障和错误时，拖拉机可以使用该模式作业或者移动至修理地点进行检修。

巡航模式下驾驶员不需要控制油门踏板，拖拉机可以自动保持在设定的巡航速度下行驶。该模式减少了拖拉机行驶过程中控制油门踏板的工作量，降低了驾驶员的驾驶强度，从而提高了拖拉机的乘坐舒适性和行驶安全性，同时减少了不必要的拖拉机车速变化，提高了燃油经济性。该模式适合用于道路状况好的运输作业或者土壤环境良好的大面积田间作业。

若拖拉机驾驶员的驾驶技术水平较低，操作全凭感觉，应对突发状况经验不足，在道路状况差的环境下进行运输作业，拖拉机事故的发生率较高。紧急制动模式可以防止驾驶员在遇到突发状况时错误操作，有效避免事故发生，但这种制动方式容易损坏零部件，非紧急状况下不宜使用。拖拉机自动变速器控制单元接收到紧急制动信号时，使制动机构作用的同时分离离合器，使离合器和制动机构联合制动，将制动时间控制到最短。为了保证能够实时处理紧急制动信号，将该模式的任务线程赋予最高级别的优先级。

4.3 控制算法及理论

在换挡策略研究方面，主要有2种求解方法：基于传统换挡理论求解和采用现代智能控制办法求解。

基于传统换挡理论求解，主要是根据车辆传动系相关理论，建立拖拉机换挡控制目标和控制参数之间的数学模型，进而求解模型得出精确换挡车速的方法。基于此种方法求解的换挡规律，已由最初的单参数、两参数换挡规律发展为目前的三参数、四参数换挡规律。

采用现代智能控制办法求解，主要是以大量优秀驾驶员的操作经验和专家知识系统为基础，采用模糊控制、神经网络控制等办法来求解换挡车速。以得到的换挡策略为指导而制定的换挡规律中，车辆换挡过程能较好地体现驾驶员操作意图和环境因素的影响。如Hiroshi Yamaguchi教授采用神经网络控制办法，以油门开度、车速、挡位和发动机转速作为控制变量制定的换挡规则，通过模仿驾驶员的操纵经验改善了车辆的自动换挡性能；申水文教授在深入研究彼提罗夫所提出的两参数换挡规律后，引入考虑弯道和坡道的模糊控制修正策略，实现对弯道和坡道特殊工况下按照驾驶员意图换挡的修正等。

虽然模糊控制、神经网络控制等智能控制理论能体现环境变化及驾驶员的操作意图，但是由于发展时间相对较短，且仍处于研究阶段，在实际应用中系统性能不太稳定，控制效果一般。

4.3.1 遗传算法原理及特点

传动系参数优化属于复杂的高维度非线性规划问题。传统的非线性规划方法十分复杂且效率不高。近年来，遗传算法广泛应用于解决非线性约束优化问题。

遗传算法是模拟自然生物进化理论的一种迭代算法，通过对染色体上的基因进行各种生物模拟操作（选择、交叉、变异等）构造出新的染色体，然后优胜劣汰，最后挑选出良好的染色体来解决实际问题。

遗传算法不需要了解问题本身，仅仅是对算法产生的每个染色体的适应度值进行评价，选择符合条件的染色体进行下一步的遗传操作，以提高优良基因的生存概率。首先，通过随机方式产生一个代表求解问题的染色体种群，即初始群体；然后，通过制定的适应度函数计算每个染色体的适应度值，淘汰低适应度个体，保留高适应度个体进行生物模拟操作，即形成新的有较高适应度的染色体群体；最后，对这个新群体进行下一轮的选择、交叉和变异操作，如此迭代直到满足终止条件。迭代计算终止条件一般有 2 种：其一是完成了预先设定的进化代数；其二是种群中的最优个体经过若干代连续遗传后适应度值没有改进。遗传算法流程图如图 4 - 2 所示。

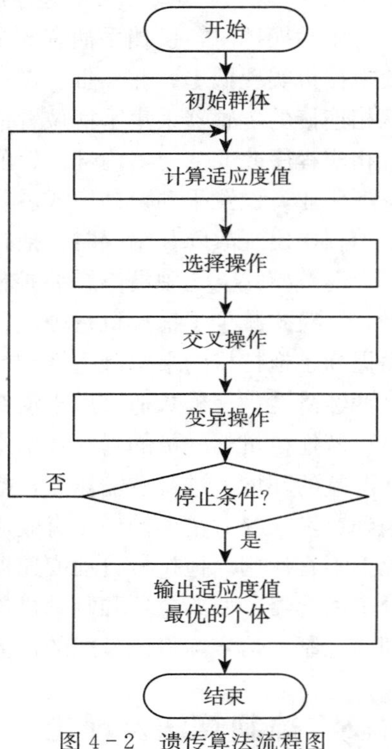

图 4 - 2　遗传算法流程图

遗传算法具有并行性的特点：

①遗传算法与传统算法的最大区别在于其从问题的串解开始并行搜索，而不是从单个解开始，避免了传统算法容易出现局部最优解的缺陷，且串解并行的覆盖面大，有利于找到全局最优解。

②遗传算法有内部并行性，采用种群方式组织搜索，可同时搜索可行域内的多个区域并相互交流信息，以小的计算量获得较大的收益。

4.3.2　约束处理技术

遗传算法虽有快速全局优化能力和隐含并行性的优点，但通常会产生不可行的后代，这就需要处理好约束问题。目前处理约束问题的常用方法包括修复策略、拒绝策略、改进遗传因子策略和惩罚策略。前 3 种处理方法可以有效避免不可行解，但同时也失去了可行域外的可能解。惩罚策略则是通过为违反约束的解对应的适应度函数赋予一定的惩罚系数使其降低适应生存能力，保留某些优质基因参与遗传操作的可能性，将约束优化问题转化成为无约束优化问题。惩罚策略通过扩大搜索范围实现了在可行域和不可行域中同时寻求最优解。

惩罚策略处理多约束问题的关键在于，如何制定一个惩罚函数 $p(X)$ 以高效引导遗传算法进入解空间的最优区域进行搜索。惩罚函数中的不可行染色体惩罚量与特定测度下的约束违反程度呈正相关关系。

带有惩罚项的适值函数的构造方法一般有 2 种：加法形式和乘法形式。本文采用的乘法形式为

$$\min g(X)=f(X)p(X)$$

其中，$p(X)=1-\frac{1}{m}\sum_{i=1}^{m}\frac{\Delta b_i(X)}{b_i}$；$\Delta b_i(X)=\max\{0,\ g_i(X)-b_i\}$ 为约束 i 的违反量。$p(X)=1$，X 为可行解；$p(X)>1$，X 为其他。

4.4 控制软件的开发流程与发展趋势

传统车辆的自动变速器电子控制系统开发流程如图4-3所示。该开发过程中人员安排及任务划分容易，工作流程简单，适合早期简单的车辆自动变速器电子控制系统开发。这种开发模式采用的是一种串行工作方式，具有以下特点：

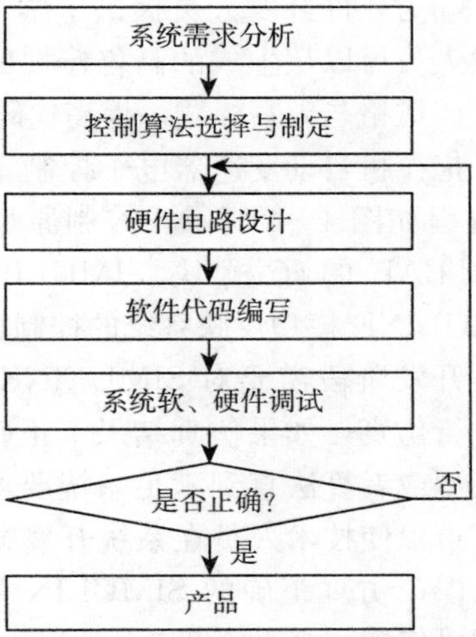

①对系统开发人员要求高，开发人员需要熟悉系统软件、硬件的设计与制作。

②硬件电路设计早于软件开发或者与其同时进行，软、硬件匹配性能不佳。

③软件开发采用手工编程实现系统控制策略，无法避免代码易出错、对算法实现性差等问题。

系统需求分析

控制算法选择与制定

硬件电路设计

软件代码编写

系统软、硬件调试

是否正确?

否

是

产品

图4-3　传统车辆的自动变速器电子控制系统开发流程

④开发过程中任一环节出现问题都会妨碍其他环节的进行，在电子控制系统设计方案需要修改时，软件修改工作量大、费力费时。

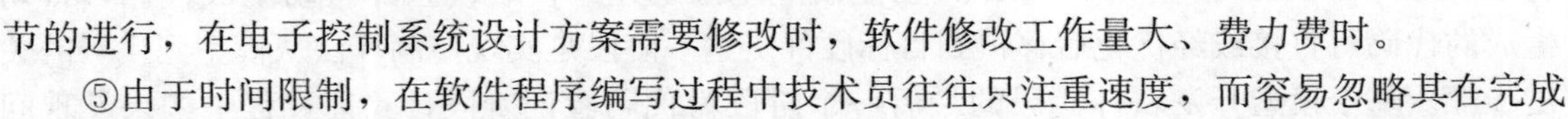

⑤由于时间限制，在软件程序编写过程中技术员往往只注重速度，而容易忽略其在完成后的维护性能和实用性能，在编写大型程序时参与开发的人员又较多，每个人的程序风格不同，系统在整体测试时出现问题多。

目前车辆自动变速器电子控制系统开发基本上都使用代码自动生成技术。整个开发过程基于统一的平台，每一阶段都可以验证是否符合系统最初的设计需求与目的。系统开发在MATLAB等软件的辅助下进行。在系统开发初期建立的控制算法模型是软件代码生成的基础，代码自动生成技术帮助软件开发人员完成系统底层重复性代码的编写工作，减少技术人员工作量，降低代码错误率，从而提高软件系统的可靠性。随着代码自动生成技术的发展，其代码执行效率越来越接近于技术员手工编写的代码。

与传统车辆的电子控制系统软件设计相比，基于模型采用代码自动生成技术进行软件开发具有以下优点：

①软件代码的质量只取决于生成代码的模型、模板与文件，所有代码书写风格前后统一，不会因代码风格前后不一而为软件质量带来隐患。

②具有良好的同步机制，对控制系统模型和软件平台配置参数的修改能够自动映射到软件代码中，增加了软件代码的变更能力。在需要添加或者变更系统功能时，只需要更改系统模型并再次运行代码自动生成工具即可。

③能够大幅度提高系统软件开发的效率，使技术人员可以将更多的精力与时间花费到系统功能设计与实现上。

④自动生成的代码漏洞修复能力较强。只需要修复系统模板漏洞后再次运行代码自动生成工具，就可以对所有生成的文件进行漏洞修复。

⑤为软件开发人员提供了学习参考。软件开发人员可以从生成的高鲁棒性的代码中学习其代码风格与编写模式，提高代码编写能力。

拖拉机自动变速器电子控制系统软件的设计流程如图 4-4 所示。控制原型开发阶段在 MATLAB 的子模块 SIMULINK 中完成，SIMULINK 模型反映系统的控制算法。在控制原型开发阶段需要对 SIMULINK 控制算法模型进行仿真，如果仿真结果不正确，则需要修改模型或者算法直到满足系统要求为止。仿真测试可以使技术人员在系统开发初期发现问题和错误，仿真正确的 SIMULINK 控制算法模型即可作为一个动态可执行规范，后期工作都基于这个规范进行。算法实现阶段的工作环境为 Embedded Coder，在 SIMULINK 功能模型基础上建立代码模型并自动生成代码，自动生成的代码可直接或经优化后移植到目标硬件。这一阶段是实现控制算法从模型到代码的关键步骤。基于模型开发软件代码的最后一个阶段为代码验证阶段，验证过程中如果发现问题，可直接对 SIMULINK 控制算法模型进行修改和补充，以保证控制模型和可执行代码的同步。

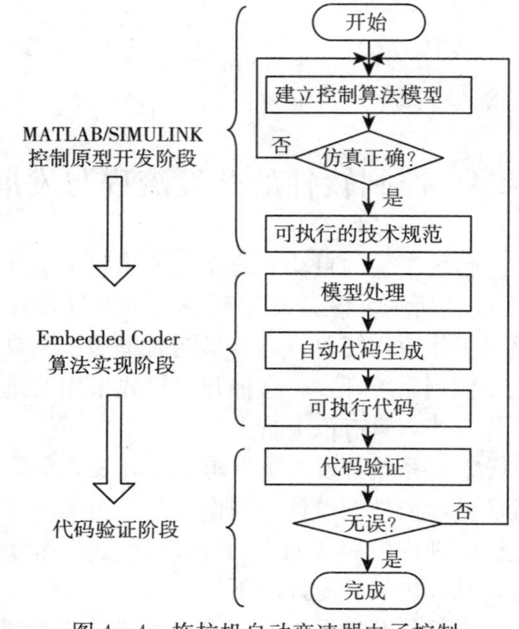

图 4-4　拖拉机自动变速器电子控制系统软件的设计流程

4.5 本章小结

电子控制系统是拖拉机自动变速器的核心，通过对车轮转速、发动机转速等一系列拖拉机运行数据的判断和运算，确定拖拉机最佳换挡时刻，实现拖拉机的自动换挡。其质量的好坏将直接影响到拖拉机能否正常工作。本章主要介绍了电子控制系统的组成，从硬件组成和控制功能、软件组成和控制功能 2 方面展开。其中，拖拉机自动变速器电子控制系统的硬件主要由拖拉机运行参数检测系统、自动变速器控制单元和执行机构 3 部分组成。车辆电子控制系统软件设计在整个电子控制系统设计工作中占据较大的比重，只有软件质量得到保证，系统的性能要求才能够得到满足。拖拉机自动变速器电子控制系统软件采用基于模型的思想进行设计与开发，软、硬件开发工作同时开展，软、硬件设计工作独立进行，这样软件开发人员对硬件信息的熟悉程度要求较低，硬件开发人员也不需要对软件做太多了解。故本章最后两小节仅对控制算法及理论、控制软件的开发流程与发展趋势进行了简单介绍。

第5章 拖拉机自动变速器建模、仿真与通信

5.1 拖拉机自动变速器建模方式

本节在分析自动变速器结构功能特点的基础上，提出拖拉机自动变速器的改进设计方案，使用三维绘图软件建立自动变速器的零部件模型，利用虚拟运动仿真直观评价设计的合理性、功能实现的可行性。

5.1.1 变速器的结构和基本参数

拖拉机由于使用环境复杂多样，经常在田间和道路之间来回转场作业，只有扩大变速器的传动比范围，才能满足拖拉机行驶时对多种速度区间的需求。而且，拖拉机一般采用柴油发动机。柴油发动机的最大转矩集中在低转速范围，随着发动机转速增高，转矩降低，功率得到提高。在满足作业要求的前提下应尽可能选择高挡位，使发动机的功率得到充分的发挥，以达到拖拉机最佳的动力性和经济性。为了提高拖拉机的换挡平顺性和工作效率，采用一款多挡位的变速器是较好的选择。

本文以东方红-MG系列轮式拖拉机手动机械式变速器为基础进行研究。东方红-MG系列轮式拖拉机变速器的主要参数见表5-1。原变速器的机械传动系布置方案如图5-1（a）所示，采用主副变速器结构，共（10+2）个挡位。其中，主变速器前置，与离合器相连，为两轴式齿轮变速器，采用3个拨叉轴和3个拨叉带动啮合套移动实现挡位变换，包括5个前进挡齿轮和1个倒挡齿轮；副变速器后置，与中央差速器及驱动桥相连，采用一套行星齿轮机构，可以实现高低速之间的切换。

表5-1 东方红-MG系列轮式拖拉机变速器的主要参数

传动系			主变速					
各挡位传动比			Ⅰ挡	Ⅱ挡	Ⅲ挡	Ⅳ挡	Ⅴ挡	倒挡（R挡）
			2.44	1.82	1.35	1.0	0.72	1.83
副变速	高速挡	1.0	2.44	1.82	1.35	1.0	0.72	1.83
	低速挡	4.0	9.76	7.28	5.4	4	2.88	7.32
总传动比	高速挡	1.0	51.95	38.75	28.74	21.29	15.33	38.96
	低速挡	4.0	208	155	115	85	61	156
中央传动比		2.73		差速转向传动比		1.418		
最终传动比		5.5		驱动轮半径（m）		0.346		

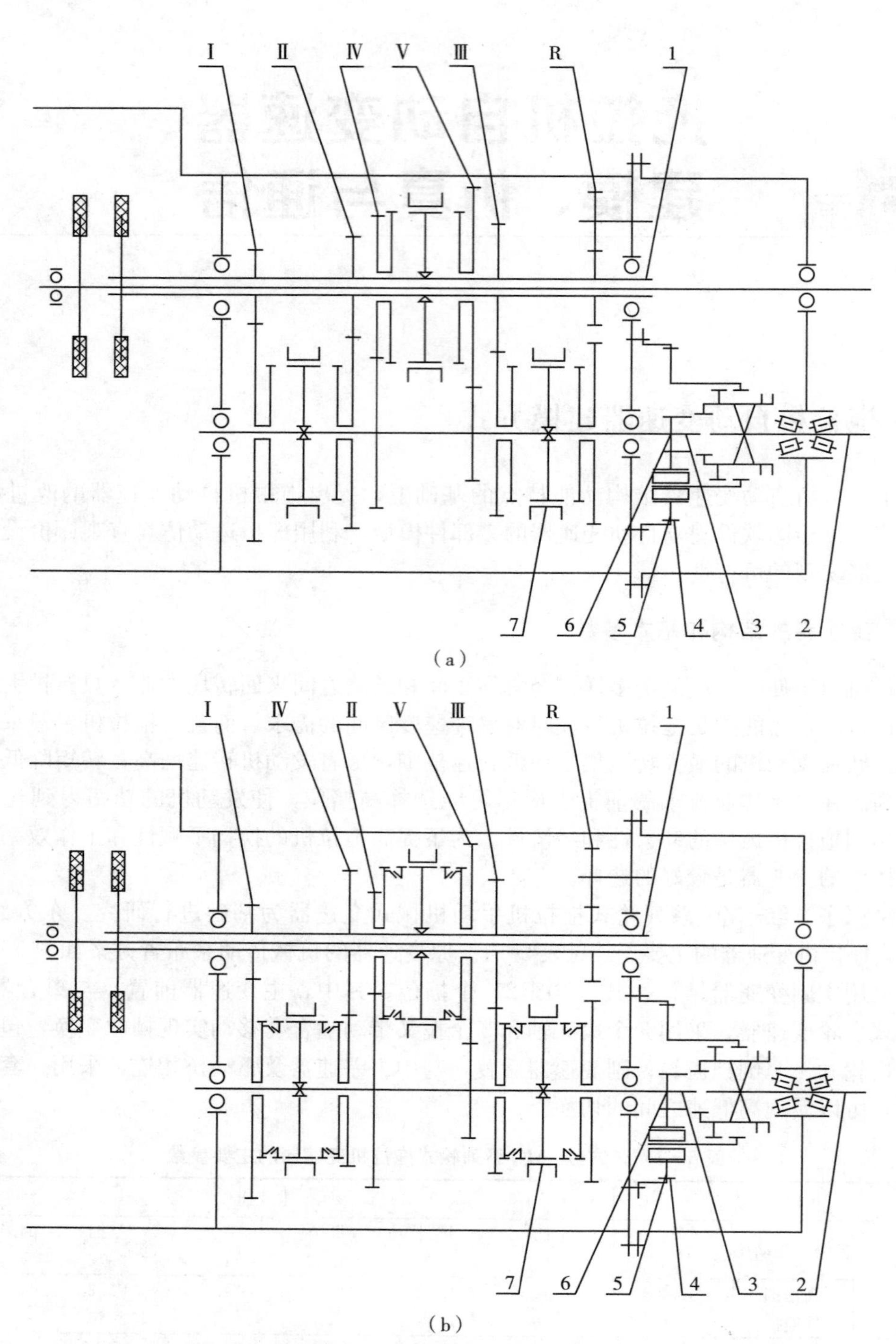

图 5-1　变速器挡位方案图（图中的拉丁文代表具体挡位，R 为倒挡）

（a）原手动机械式变速器方案图　（b）拖拉机自动变速器方案图

1. 输入轴　2. 副变速器传动轴　3. 输出轴　4. 行星齿圈　5. 行星轮　6. 太阳轮　7. 啮合套

原变速器采用啮合套换挡机构，换挡时会产生明显的动力中断，甚至需要停车换挡。啮合套的内花键与花键毂相连接，当轴向滑动时可将空转齿轮与花键毂锁定在一起，从而将齿轮与旋转轴相连，即改变传动比。啮合套换挡的一些特点，如效率高、成本低、结构简单等，是就手动机械式变速器而言的，不能满足自动变速器的使用要求，因此本文将采用同步器机构替换原啮合套换挡机构，拖拉机自动变速器的机械传动系布置方案如图 5－1（b）所示。

5.1.2 自动变速器零件模型建立及装配

拖拉机自动变速器的建模零件主要包括传动轴、各挡齿轮、同步器、衬套、挡圈、密封垫等，也包括一些标准件，如轴承、螺栓、法兰等。参数化设计的关键在于确定参数种类和建立关系。根据零件结构不同，需采用不同的设计方法。

5.1.2.1 齿轮参数化建模

东方红－MG 系列轮式拖拉机变速器齿轮采用的是渐开线变位齿轮，建模的关键在于建立齿轮尺寸参数之间的关系，确定各齿轮的变位系数以及画出渐开线齿廓。需要定义的齿轮基础参数如图 5－2 所示，主要有齿数、模数、压力角、螺旋角、齿宽、齿顶高系数等。

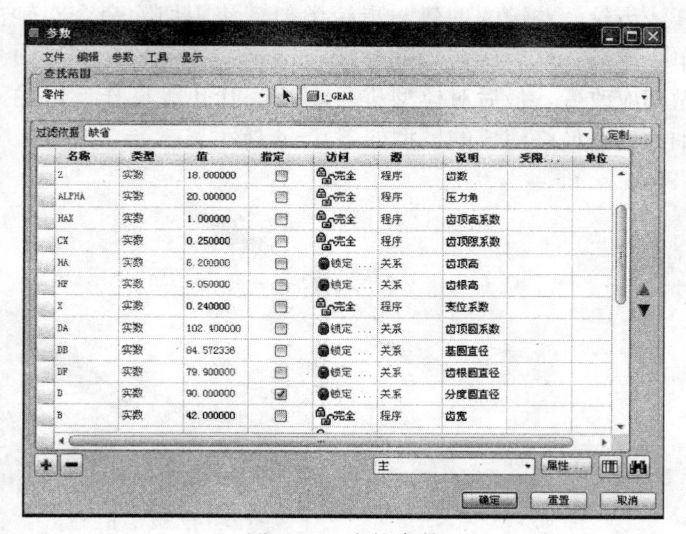

图 5－2 齿轮参数

参考机械设计手册将齿轮参数关系输入到软件中，Pro/E 会根据关系式自动绘制齿轮的渐开线齿廓曲线。由曲线拉伸出齿轮的轮齿，输入齿数后可建立圆周阵列，缺省的旋转角度为 360°，根据齿形添加倒角等特征。在“工具”—“程序”—“编辑器”里输入下面程序：

```
INPUT
M NUMBER "请输入齿轮的模数 =="
Z NUMBER "请输入齿轮的齿数 =="
B NUMBER "请输入齿轮的宽度 =="
M1 NUMBER "请输入内齿轮的模数 =="
Z1 NUMBER "请输入内齿轮的齿数 =="
ALPHA NUMBER "请输入齿轮的压力角度 =="
HAX NUMBER "请输入齿轮的齿顶高系数 =="
CX NUMBER "请输入齿轮的齿顶隙系数 =="
X NUMBER "请输入齿轮的变位系数 =="
END INPUT
```

上述程序定义后可便捷地使用Pro/E的模型再生功能，弹出图5-3所示的参数输入菜单，根据菜单提示的选项选择输入相应的数据，确定后即可得到所需尺寸参数的齿轮模型。

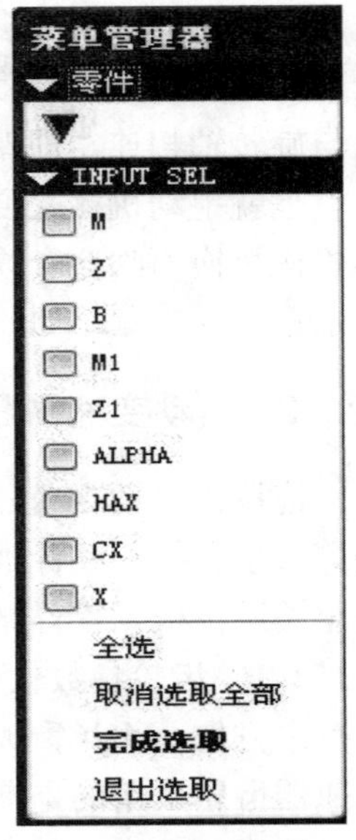

图5-3　参数输入菜单

5.1.2.2　轴类零件建模

在变速器中，齿轮、同步器等做旋转运动的零件都要与轴固连在一起才能实现动力传递。轴的主体由圆柱或空心圆柱，以及花键齿、倒角、键槽、定位销孔等特征组成。另外，变速器主箱输出轴还带有太阳轮。

建模时，使用“旋转”命令创建出轴的主体。根据图纸在草绘器中绘制出轴的截面图形并圆周旋转，缺省旋转角度是360°，完成主体创建。轴上的花键为渐开线花键，在输出轴一端的太阳轮为渐开线齿轮。花键的创建与齿轮类似，使用切除命令在轴主体上切出单个键槽，然后旋转阵列形成花键轴，花键数量和压力角根据参数做相应改变，最后对模型进行倒角、开孔等操作。以输入轴和输出轴为例，最终建成的模型如图5-4所示。

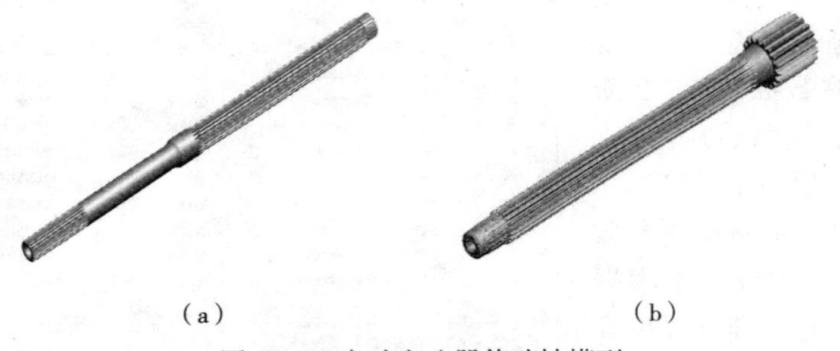

（a）　　（b）

图5-4　自动变速器传动轴模型

（a）输入轴　（b）输出轴

5.1.2.3　标准件模型库建立

在变速器零件中，如轴承、垫片、螺纹紧固件等零件都属于标准件。零件特征相似且具有相同的功能，只有在外形尺寸上存在不同，Pro/E把这类零件定义为族表（family table），也称表驱动零件。使用族表的好处：①产生和保存大量简单和规则的模型；②使零件的生成标准化；③无需重新建模就可从模型库中生成标准零件；④可对零件添加细微变化而无需建立模型参数关系；⑤产生零件目录并创建零件清单，Pro/E中生成的零件清单与工程实际清单相同；⑥使组件中的零部件可随时更换，使来自相同族的零件之间可以自动替换。

根据标准件手册得到零件的各项参数。只需根据模型各参数，通过向族表中添加尺寸就可创建族表，从而实现零件的生成标准化，对零件产生细小的变化也无需用装配关系来改变模型。根据族表驱动生成轴承和法兰的模型实例如图5-5所示，为便于观察，轴承模型采用三维剖视图显示。

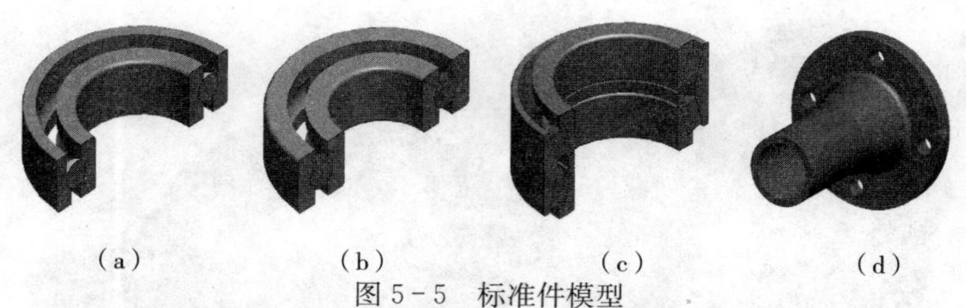

(a) (b) (c) (d)

图5-5 标准件模型

(a) 角接触球轴承 (b) 深沟球轴承 (c) 双列圆锥滚子轴承 (d) 法兰

5.1.2.4 拖拉机自动变速器虚拟装配

零部件之间的位置关系可用零部件的装配关系来表示。一个大型机构的总装配又可分为多个子装配，因而在创建大型机构的装配模型时可先创建多个子装配模型，然后再将各个子装配模型按照它们之间的位置关系进行总装配，最终创建一个大型的零件装配模型。装配完成后，可以在Pro/E中显示装配体的剖视图和分解图，或者制作装配工艺规划，帮助了解各个零件之间的位置关系。使用“组件处理计划”来创建一个描述组件装配工艺的绘图，装配步骤使用实际的Pro/E组件定义，还可使用特定的分解视图、简化表示以及分配给各个处理步骤的参数和注解对模型进行设计和管理。

Pro/E提供约束装配和连接装配2种方式。前者使零件之间相对固定，后者引入自由度，使零件之间以一定方式相对运动。零件之间的约束关系是实物样机中零件放置关系在软件环境中的映射，零件装配过程就是在零件模型之间添加各种装配约束关系的过程。Pro/E提供的约束类型有自动、匹配、对齐、插入、相切、直线上的点、曲面上的点、曲面上的边、固定和缺省。在装配时根据零件的相对运动方向，通过添加连接方式，限制除运动方向以外的自由度。

模型要能运动，在装配时就只能被部分约束，而不能被完全约束。所谓部分约束，并不是组装不完全，而是根据各组件间的相对运动关系，通过“连接”设定组件运动自由度。Pro/E“元件放置”对话框提供的连接方式有刚性、销钉、滑动杆、圆柱、平面、球、轴承、焊接和槽，同时使用Mechanism/Pro模块，可以使运动关系拓展到凸轮和齿轮。

本文将设计的变速器零件装配到子系统和组件中，由子系统和组件装配为变速器整体。通过添加骨架模型来捕捉并定义设计意图和变速器拓扑结构，将必要的设计信息从一个子系统或组件传递至另一个。修改装配模型中的任一零件，与该零件相关的参数都会自动更新，从而保证模型数据实时更新的统一性，实现模型组件的参数化修改。根据零件之间的位置关系，以传动轴单项组件为主体，按顺序逐个将建好的零件添加到轴上。

图5-6至图5-10所示分别是输入轴总成装配模型、输出轴总成装配模型、行星轴总成装配模型、变速器传动系总成装配模型（剖视图）及自动变速器总装配模型。

图5-6 输入轴总成装配模型

图 5-7　输出轴总成装配模型

图 5-8　行星轴总成装配模型

图 5-9　变速器传动系总成装配模型（剖视图）

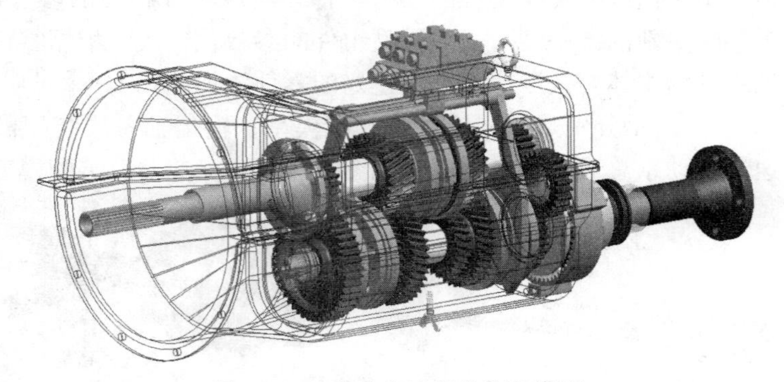

图 5-10　自动变速器总装配模型

5.1.2.5 装配干涉检验

在总装配模型下，面对零件数量繁多的模型，靠视觉检查装配是否合理、零件之间是否有干涉已不太现实。Pro/E 可提供模型整体和局部的间隙分析和干涉分析，并可以控制用于间隙检测的计算精度。系统的缺省间隙检测方法是在任意点处检测局部最小值。可指定速度更慢但更精确的间隙检测和距离测量方法，系统将利用该方法基于精确的三角测量方法计算高质量的第一猜测，细分模型曲面，并检测每个三角形顶点的局部最小值。

在模型总装配环境下，运行菜单的“分析”—“模型”—“全局干涉”选项，得到图 5-11 所示的干涉分析结果。图中文本框分 3 列显示，前 2 列表示产生干涉的零件名称，第三列表示发生干涉的体积量。当选择一组零件时，其所在行的文本框会以深色显示，同时在三维模型中零件发生干涉的位置会加亮显示。由图 5-11 可看出Ⅰ挡主、从动齿轮轮齿发生接触干涉，这时可调整齿轮变位系数或转动一个角度，直至干涉现象消失。通过全局干涉分析可以快速锁定装配发生干涉的位置，分析干涉原因，但不考虑不合理的接触面公差配合，故排除零件设计误差的原因后，模型中多存在零件配合之间的硬干涉。这时重新调整零件之间的接触关系，设置适当的公差余量后拖动零件到正确的位置即可。

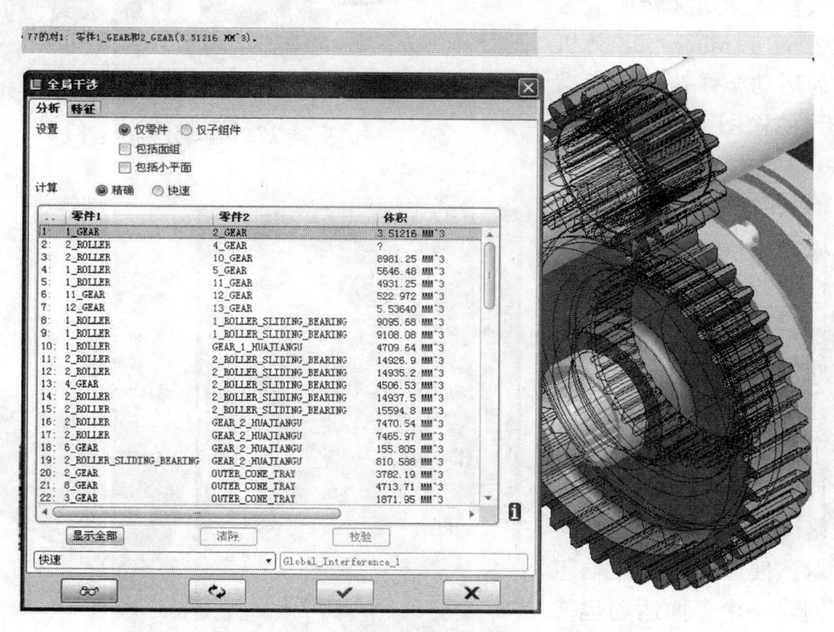

图 5-11 自动变速器模型装配干涉分析

5.1.3 自动变速器模型运动仿真

Pro/E 内置的 Mechanism 模块，可以完成变速器传动系的运动仿真，在运动分析过程中不考虑系统外力，并测量齿轮和轴的位置、速度和加速度的变化，检查装配模型的运动干涉，输出运动轨迹或运动包络图。

5.1.3.1 变速器仿真参数

根据表 5-1 提供的变速器参数，参考发动机的额定输出转速 n_e = 2 300r/min，即

13 800°/s，计算得到东方红-MG系列轮式拖拉机变速器的各挡位额定输出转速，见表5-2。

表5-2　各挡位额定输出转速

单位：r/min

	Ⅰ挡	Ⅱ挡	Ⅲ挡	Ⅳ挡	Ⅴ挡	倒挡
高速挡	942.6	1 263.7	1 703.7	2 300	3 194.5	1 256.8
低速挡	235.7	315.9	425.9	575	798.6	314.2

5.1.3.2　变速器运动仿真分析

齿轮之间、齿轮与轴上的花键采用Mechanism/Pro模块定义的齿轮副连接，通过定义速比系数，可精确模拟挡位之间的速度传递关系。给输入轴添加伺服电机，模拟发动机的输入转速，定义转速值为13 800°/s（2 300r/min）。定义机构分析类型为运动学并执行。模型的运动分析示意图如图5-12所示。

图5-12　运动分析示意图

在上节的装配干涉分析属于静态干涉，而运动仿真可以分析模型的动态干涉，即在静止时无干涉现象，但在机构运动时发生碰撞或接触的区域。如果发生干涉，分析会中断并报警。整个分析过程顺利完成，说明整个模型不存在干涉，变速器机构设计合理。

运动包络图是所有零件运动轨迹的连续影像。使用“创建运动包络”命令可创建一个多面运动包络模型，表示机构在分析期间的全部运动。拖拉机自动变速器模型的运动包络分析如图5-13所示。根据图中的运动包络和传动系模型可以确定变速器的外形并进行壳体的优化设计。

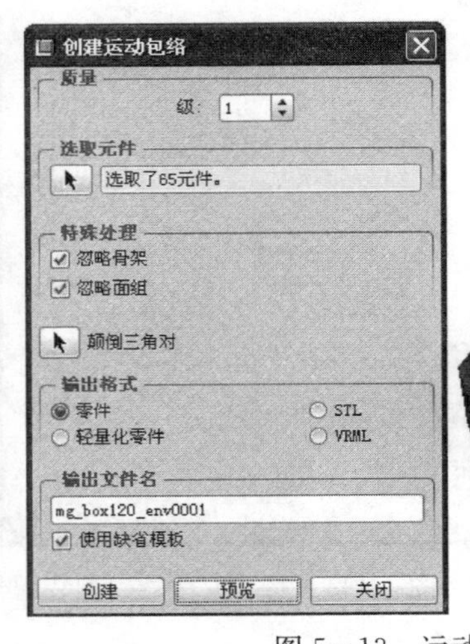

图5-13　运动包络分析

以Ⅳ挡输出转速为例，此时Ⅳ挡同步器与输出轴接合，副变速器为低速挡。分别给各挡输出轴上的齿轮、输入轴、输出轴及行星轴添加转速测量。转速仿真结果如表5-3所示，测量结果如图5-14所示。从中可以看出传动轴转速仿真值与理论计算值非常接近。其中，倒挡输出轴齿轮转速为负值，表示与输入轴转向相同。通过数据比较可知拖拉机自动变速器模型设计正确合理。

表 5-3 转速仿真值与理论值

单位：°/s

项目	各挡在输出轴上的齿轮转速						输入轴	输出轴	行星轴
	Ⅰ挡	Ⅱ挡	Ⅲ挡	Ⅳ挡	Ⅴ挡	倒挡			
理论值	5 656	7 582	10 222	13 800	19 167	7 541	13 800	13 800	3 450
仿真结果	5 645	7 593	10 251	13 800	19 182	7 527	13 800	13 800	3 473

图 5-14 转速测量结果

5.2 仿真软件简介

5.2.1 Pro/E 的参数化思想

Pro/E 软件采用实体形式在先进的三维参数建模平台上设计产品模型。实体模型是包括体积、惯量和曲面面积等质量属性的几何模型。操作和修改模型时，三维模型保持其实体属性。Pro/E 提供一个可直接通过图形操作创建和改变实体模型的先进环境。通过选取对象

(几何),并选择工具对该对象进行操作,可推动工程设计进程。选择对象和操作后,Pro/E理解该模式下的建模环境,提供完成建模所必需的和备选的项目,使信息在一个极友好的用户界面(称为操控板)中显示,从而引导用户完成设计过程并评价用户的操作方案。Pro/E超前的建模环境简化了设计过程,使用户能够将精力集中于产品开发,并使产品设计更具创造性。

5.2.2 设计概念

在Pro/E软件中,设计模型需要遵从以下几个基本设计概念:

(1) *设计意图* 具有明确的设计意图是设计模型的基本。设计意图是根据产品技术要求或标准来区分产品的功能和用途,通过设计意图可以评估产品设计价值和周期。确定设计意图是Pro/E基于特征建模的核心。

(2) *基于特征建模* Pro/E零件建模需要根据特征的层次关系逐级创建特征。倘若在设计过程中有参照其他组件或零件的特征,参照的特征会自动关联所有与之有参数关系的特征。

(3) *参数化设计* 模型特征之间的相关性促使零件装配成为参数化模型。在确认修改模型某特征后,与该特征有尺寸关系的零件或组件的特征会根据参数关系实时修改。参数化功能能使零件实时更新,保持零件的完整性和初级设计意图。

(4) *相关性* 基于相关性,Pro/E可在"零件"模式外保持设计意图。设计模型时,可在模型树中任意添加零件、组件及模型特征,模型树任一层中修改的设计可在模型树各个层级中得到动态反映,从而保持了设计意图。

通过规划可使设计具有价值,并创造出符合技术要求的新产品。在保持设计意图不变的情况下使设计的产品具有灵活性。灵活性是进行规范、正确的产品设计的关键。模型的规划设计需要预先了解以下几项内容:①总尺寸;②模型的基础特点;③模型的装配方法;④模型的制造方法;⑤装配体包含元件的大致数量。

5.3 基于ISO 11783标准的变速器ECU节点通信

针对基于总线的动力换挡自动变速器的控制和通信要求,将变速器控制器作为通信节点,设计相关控制与传感器节点,并基于ISO 11783标准的5层结构设计拖拉机CAN总线报文传输协议。在物理抽象层采用协处理器技术协助收发处理报文,并针对控制系统的特点,在应用层设计封装节点间的专有通信,用于提高系统的实时性。

5.3.1 拖拉机CAN总线电控网络

图5-15所示是拖拉机电控网络结构图。通信节点是构成拖拉机CAN总线网络的基本单元。通信节点根据功能可以分为以下几类:

(1) *控制器节点* 拖拉机上的控制器,包括变速器ECU、悬挂ECU、发动机ECU、农具ECU等。各控制器根据设定的控制策略对拖拉机的各大总成进行分块集中控制。同时,各控制器节点还通过CAN总线的形式连接在一起进行协同控制、优化匹配,从而优化整车性能。例如对于拖拉机载荷调节，采用网络协同控制方法，可以实现从原来的电控液压悬挂ECU控制耕深或农具ECU控制运行参数，变为变速器ECU、悬挂ECU、发动机ECU、农具ECU协同作用，实现发动机油门、传动比、牵引力三元联合调节，从而实现牵引效率最优。

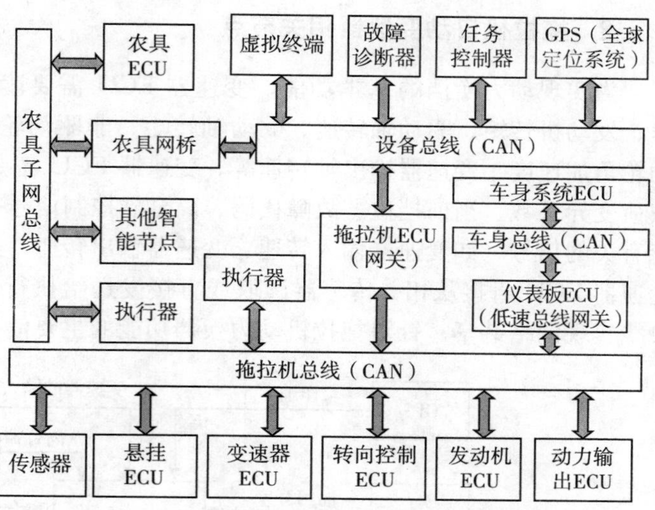

图5-15 拖拉机电控网络结构图

（2）传感器、执行器节点 传感器、执行器节点一方面对现场的传感器信号进行采集，并将数据处理后的结果通过总线转发给相关控制器，另一方面接收主控制器的信号，对现场的执行机构进行驱动控制。这类节点适用于与系统主控制器节点距离比较远的传感器和执行机构，以减少信号在传输过程中的衰减、失真；这类节点还适用于传递计算公用传感器信号，如滑转率和随机载荷变异系数是拖拉机电液悬挂、自动变速器都需要读取的参数，采用智能节点计算出随机载荷变异系数和滑转率后，即可保证信息同时共享。同时由于智能节点执行了一部分主控制器的信号调理、软件滤波和计算功能，减少了上述多个主控制器带宽的占用，有利于保证系统的实时性。

（3）网络设备节点 网络设备节点包括网关、任务控制器、故障诊断器和虚拟终端等。网关用于连接和管理整个拖拉机机组电控网络中不同总线上的信息。拖拉机电控网络上的网关有3种：高低速总线网关、拖拉机ECU和农具网桥。总线上的仪表板ECU作为网关管理低速设备，农具网桥连接农具子网总线和设备总线。拖拉机ECU连接设备总线和拖拉机总线。设备总线和拖拉机总线都是高速总线，设立拖拉机ECU可以分流高速总线上的信息。拖拉机ECU同时接收2条总线上的信息，根据信息的目的地址和参数组编号（PGN）判定是否转发，经拖拉机ECU转发的信息的源地址为信息发送节点地址。设备总线上的节点是拖拉机电控网络与外部计算机的接口，对整个网络起着管理和监控的作用。任务控制器用于从管理计算机上下载作业任务，并向各相关设备发布指令。故障诊断器可读取总线上相应节点发出的故障信息，进行分析整理后传给虚拟终端显示，同时故障信息也能够通过故障诊断器发送到农场管理计算机。虚拟终端存储控制网络中ECU的数据信息，其人机界面能够将网络内各ECU的工作状态及相关参数展现在操作人员面前，操作人员也可以通过虚拟终端向各ECU输入控制和作业参数。

位于高速总线上的节点的功能由遵循ISO 11783标准的节点的软、硬件共同完成。ISO 11783标准的物理抽象层和数据链路层以CAN2.0B协议为基础，其传输层、网络层和应用层的协议则专为农林机械电子控制系统制定，为农业拖拉机机组的电子控制系统提供了开放互联的通信网络标准。

5.3.2 拖拉机自动变速器相关节点

为实现动力换挡的基本功能，变速器 ECU 需要读取的信号包括油门开度、发动机转速、发动机转矩、驱动轴转速、驱动轴转矩、非驱动轮转速、GPS 信号、车身加速度、驱动轮角加速度、变速器输出轴转速等。变速器 ECU 需要发送的信号有车速、滑转率、随机载荷变异系数、当前挡位、故障代码、离合器控制信号等。部分与变速器自身状态和控制功能有关的信号（如变速器输入转速、变速器输出转速、当前挡位、离合器控制信号等）需要变速器 ECU 直接从相关传感器读取或直接发送给执行机构，但大部分信号可以通过 CAN 总线实现网络共享。针对拖拉机动力换挡功能的主要信号流程简图如图 5－16 所示。

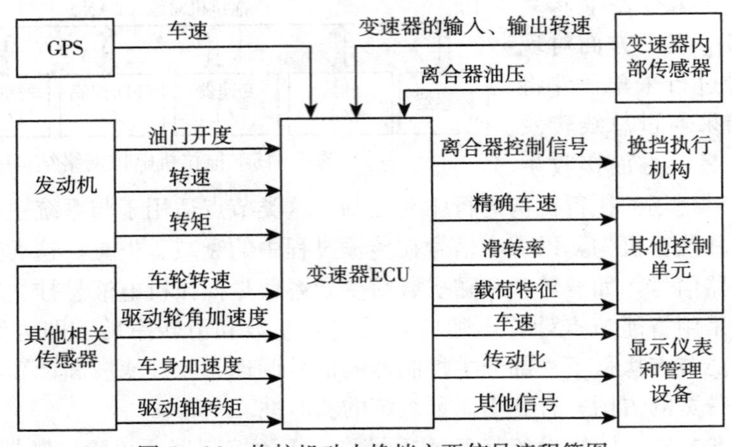

图 5－16　拖拉机动力换挡主要信号流程简图

变速器 ECU 作为拖拉机高速电控网络中的一部分，需要与其他传感器节点互相协作、信息共享，才能实现目标功能。总线网络内，节点获取信息的方式非常灵活。对于广播信息和指向本节点的信息，节点 ECU 通过判断报文的协议数据单元（PDU）中的 PGN 和数据域内的控制字来确定是否需要此信息。节点 ECU 也可通过请求的方式来查询获取所需要的信息。即按照标准协议进行通信的节点可以实现即插即用，随时融入电控网络。但网络上节点越多、节点发送的 PDU 种类越多、节点信息刷新频率越高，整个网络负载越高，实时性就相应受到影响。因此，对于整车厂家或为整车厂家提供拖拉机主要部件的生产厂家来说，在产品设计阶段就合理规划实现控制功能的控制器节点类型、功能和数量，以及事先确定或封装有利于控制功能的 PDU，有助于提高网络的效率和控制系统的实时性。根据动力换挡控制功能的信号组成、传感器的位置和控制功能的特点，设计的相关节点网络的构成如图 5－17 所示。

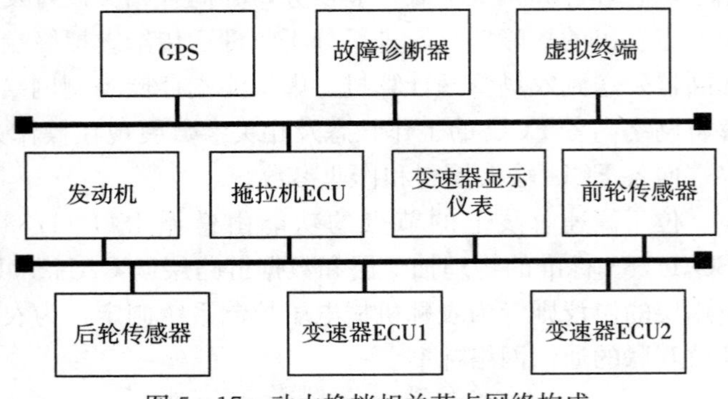

图 5－17　动力换挡相关节点网络构成

图5-17中的前轮传感器节点主要预处理并向拖拉机总线发送从动轮车速信号，后轮传感器节点主要预处理并向拖拉机总线发送驱动轮转速、驱动轮转矩、驱动轮角加速度信号。发动机节点向拖拉机总线发送油门开度、发动机转速、发动机转矩信号。GPS（全球定位系统）经拖拉机ECU向设备总线发送车速信号。虚拟终端和故障诊断器位于设备总线上，读取经拖拉机ECU转发的拖拉机总线上各节点发送的信息。变速器ECU位于拖拉机总线上，其主要功能为关键信息估算以及换挡时机和离合器接合规律的判断。其中，关键信息估算部分的计算量比较大，占用系统资源较多。如果由一个ECU完成上述所有功能的话，将会影响控制器的实时性。因此可设置用于变速器控制的ECU1和用于变速器测量的ECU2来共同完成上述功能。2个ECU之间的信息传递关系见图5-18。

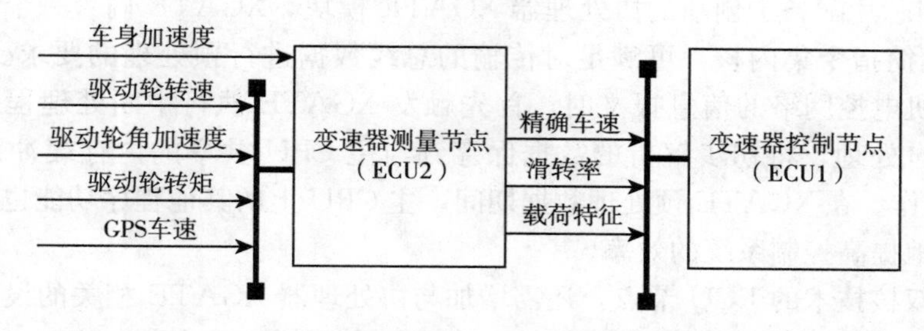

图5-18　2个变速器ECU节点之间的信息传递关系

变速器测量节点直接预处理车身加速度传感器信号，从总线读取非驱动轮车速信号、GPS车速信号、驱动力矩信号、驱动轮角加速度信号，并根据前述算法进行滤波计算，向CAN总线输出车速、滑转率、随机载荷稳态值、随机载荷变异系数的估算值。变速器控制节点接收来自变速器测量节点的信号，并结合总线上其他节点的信息，根据决定的换挡时机和离合器油压变化曲线，控制换挡电磁阀的电流输出，从而控制离合器接合的速度。变速器控制节点同时也向拖拉机总线发送当前挡位、变速器传动比等信号。变速器测量节点执行了一部分主控制器的信号调理、软件滤波和计算功能，减少了控制节点带宽的占用。这2个节点根据功能分工分别接收、发送不同的信息，在网络上拥有不同的名字和地址。

CAN总线网络上的节点间的通信功能通过通信协议栈来实现。两个变速器节点之间的通信可采用专有通信形式，从而保证信息的处理速度。变速器节点和其他节点之间的信息通信采用通用类型的信息形式。如变速器节点通过判断网络上广播报文的PGN号来确定该报文是否包含本节点需要的信息，同时也可以通过发送请求信息的方式，向其他节点请求相关信息。

5.3.3　基于ISO 11783标准的节点通信协议栈设计

节点间的通信设计是控制功能得以实现的信息基础。与汽车的CAN总线网络出厂即封闭的管理模式不同，拖拉机CAN总线网络是开放的，如果没有相关管理措施，外加节点的错误信息会引发网络冲突，甚至会造成控制系统混乱而引发安全事故，因此必须依靠ISO 11783标准解决外加节点对网络的冲击问题。控制网络上的节点仅识别符合ISO 11783标准的节点和信息，屏蔽其他无关或干扰信息。ISO 11783标准的底层以CAN2.0B协议为基础，但其高层的通信协议比CAN总线复杂得多，仅依靠CAN总线收发器硬件无法实现高层协议的功能，需要通过通信协议栈来实现。协议栈是指网络中各层协议的总和，反映了网络中报文传输的过程。根据ISO 11783标准的特点，将通信协议栈设计为5层，从最底层到最顶层依次为物理抽象层、数据链路层、传输层、网络层和应用层。

5.3.3.1 物理抽象层

物理抽象层提供拖拉机电子控制系统信息传输、处理程序与ECU硬件的接口，主要包括单片机系统初始化设置、CAN初始化设置、任务线程定时器中断设置、报文接收与发送的中断设置、单帧报文收发等功能。变速器ECU节点和复合传感器的主控芯片采用了双核微处理器MC9S12XE，可提高节点报文的处理效率，有助于控制系统的实时性。S12X单片机的MSCAN模块拥有三重发送缓冲机制，允许多条报文同时发送，且双核微处理器MC9S12X系列芯片配备了创新的协处理器XGATE模块。XGATE内置一个可以独立处理中断的16位精简指令集内核，可满足对传输的总线数据进行预处理的要求。当MSCAN1收到来自拖拉机电控网络的信息报文时，首先触发XGATE执行中断处理程序，对数据进行预处理或独自处理，将初步解析的数据保存到与主CPU共享的内存缓冲区中，等待主CPU进一步操作。在XGATE预处理数据期间，主CPU上的其他程序功能也一直运行，这样就可以有效地提高控制系统的效率。

对于采用双核技术的ECU节点，还需增加与协处理器XGATE相关的设置，设置过程需借助Code Warrior软件。具体步骤如下：建立一个双核工程文件，在main.C主模块和xgate.h头文件中制定CPU和XGATE的共享数据段，并将MSCAN1接收中断指向XGATE，并启动XGATE。初始化MSCAN1通道，将数据预处理功能写入用于XGATE处理MSCAN1中断的中断函数模块，并设置相应的中断向量表。编写在协处理器中对接主处理器中断的处理函数，使得主CPU可以对来自协处理器的中断请求予以响应。

根据ISO 11783-2标准，拖拉机电控网络上数据传输的位速率为250kb/s，ISO 11783标准的通信数据采用CAN 2.0B扩展帧格式。可在物理抽象层屏蔽网络上位速率不是250kb/s或非CAN 2.0B扩展帧格式的信息。但此时总线收发器收发的信息为位速率是250kb/s的CAN2.0B扩展帧标准信息，并不能认为该信息是符合ISO 11783标准要求的属于拖拉机电控网络的“合法”信息。

在物理抽象层，总线收发器接收到的一帧信息可用如下CAN_RXT结构体表示：

```
typedef struct {
uchar Data; //数据域
uchar ID; //29位ID
uchar * CAN_ptr; //数据指针
} CAN_RXT;
```

一帧CAN 2.0B扩展帧格式的信息由29位标识符和8字节的数据构成。在物理抽象层，CAN_RXT结构体是一帧位速率为250kb/s的标准的CAN 2.0B扩展帧信息。控制器CPU将此帧信息从总线收发器中取出，送入缓存，等待数据链路层协议栈处理。

5.3.3.2 数据链路层

ISO 11783标准的编码系统把CAN扩展帧的29位仲裁域和64位数据域封装为一个PDU，一个PDU的29位仲裁域标识符的格式如图5-19所示。

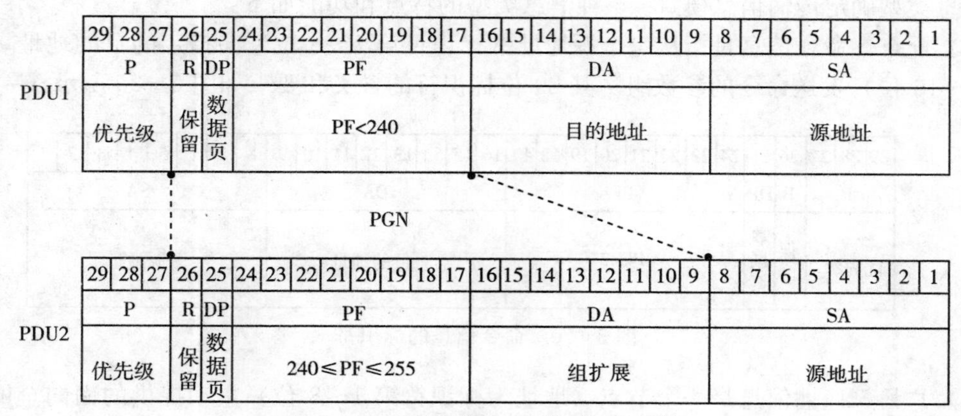

图 5-19 PDU 的 29 位仲裁域标识符

扩展帧标识符的第 27～29 位（P）用于表征此帧信息占用总线的优先级别，第 17～26 位以及 PDU2 格式中的第 9～16 位用于决定通信过程中识别消息类型及功能的 PGN 号。PDU 为 PDU1 格式时，只有源地址符合信息目的地址 DA 的节点要求的节点才接收此 PDU，网络上的其他控制器将忽略此信息。PDU 属于 PDU2 格式时，目的地址默认为广播地址 255，表示所有节点都可根据此 PDU 的 PGN 号来决定是否接收。源地址 SA 为信息发送设备在总线网络中的地址。

ISO 11783 数据链路层的信息帧接收功能主要就是将接收到的 CAN2.0B 信息帧的 29 位标识符解码，求得信息帧的优先权、PGN 号、目的地址、源地址和数据长度信息，并通过对比地址信息，将与本节点无关的信息帧丢弃。经数据链路层解码后的 CAN 信息帧，转化为 ISO 11783 信息帧。解码后的 CAN_RXT 结构体经数据链路层处理后转换为以如下 ISO 11783_RXT 结构体表示：

```
typedef struct {
uchar * DATA_ptr；//数据指针
uchar Priority；//优先权
ulong PGN；//PGN 号
uchar DA；//目的地址
uchar SA；//源地址
uchar Data；//数据域
uint DataLen；//数据长度
} ISO 11783_RXT；
```

经过解码后的信息帧可认为是 ISO 11783 信息帧，协议栈将符合地址要求的信息帧送入传输层进行分类传输。与此相反，ISO 11783 数据链路层的信息帧发送功能就是将 ISO 11783 信息帧转换为 CAN2.0B 信息帧，并送入物理抽象层进行对外传输。

5.3.3.3 传输层

传输层对报文信息进行分类传输。ISO 11783 标准定义了命令、广播、请求、应答、组功能 5 种信息类型和 2 个模式传输协议（单包和多包）。传输层软件由标识符识别信息类型，根据信息类型确定传输信息模式。5 种信息类型的特点和功能如下：

（1）命令　命令信息是指从一个源地址（标识符第 1～8 位）向指定的目的地址（标识符第 9～16 位）发送命令的参数组。其 29 位标识符的含义和要求如图 5－20 所示。

<table>
<tr><td></td><td>29</td><td>28</td><td>27</td><td>26</td><td>25</td><td>24</td><td>23</td><td>22</td><td>21</td><td>20</td><td>19</td><td>18</td><td>17</td><td>16</td><td>15</td><td>14</td><td>13</td><td>12</td><td>11</td><td>10</td><td>9</td><td>8</td><td>7</td><td>6</td><td>5</td><td>4</td><td>3</td><td>2</td><td>1</td></tr>
<tr><td rowspan="2">命令</td><td colspan="3">P</td><td>R</td><td>DP</td><td colspan="8">PF</td><td colspan="8">DA</td><td colspan="8">SA</td></tr>
<tr><td colspan="3">优先级</td><td>保留</td><td>数据页</td><td colspan="8">PF<240</td><td colspan="8">目的地址</td><td colspan="8">源地址</td></tr>
</table>

图 5－20　命令信息的标识符

（2）广播　广播信息是一个节点（地址为标识符第 1～8 位）主动提供的面向全网所有节点的信息。广播信息的 29 位标识符的含义如图 5－21 所示。广播信息可以是 PDU1 格式，也可以为 PDU2 格式。若采用 PDU1 格式，则标识符第 9～16 位设为 255；若采用 PDU2 格式，则目的地址不需要在标识符中体现，协议栈根据 PGN 号（第 9～26 位）判断其为广播信息，默认目的地址为 255。

<table>
<tr><td></td><td>29</td><td>28</td><td>27</td><td>26</td><td>25</td><td>24</td><td>23</td><td>22</td><td>21</td><td>20</td><td>19</td><td>18</td><td>17</td><td>16</td><td>15</td><td>14</td><td>13</td><td>12</td><td>11</td><td>10</td><td>9</td><td>8</td><td>7</td><td>6</td><td>5</td><td>4</td><td>3</td><td>2</td><td>1</td></tr>
<tr><td rowspan="2">PDU1</td><td colspan="3">P</td><td colspan="10">PGN</td><td colspan="8">255</td><td colspan="8">SA</td></tr>
<tr><td colspan="3">优先级</td><td colspan="10">参数组编号</td><td colspan="8">目的地址为全局地址</td><td colspan="8">源地址</td></tr>
</table>

<table>
<tr><td></td><td>29</td><td>28</td><td>27</td><td>26</td><td>25</td><td>24</td><td>23</td><td>22</td><td>21</td><td>20</td><td>19</td><td>18</td><td>17</td><td>16</td><td>15</td><td>14</td><td>13</td><td>12</td><td>11</td><td>10</td><td>9</td><td>8</td><td>7</td><td>6</td><td>5</td><td>4</td><td>3</td><td>2</td><td>1</td></tr>
<tr><td rowspan="2">PDU2</td><td colspan="3">P</td><td colspan="18">PGN</td><td colspan="8">SA</td></tr>
<tr><td colspan="3">优先级</td><td colspan="18">参数组编号</td><td colspan="8">源地址</td></tr>
</table>

图 5－21　广播信息的标识符

（3）请求　请求信息的具体功能由 PGN 号和数据域的指定字节内容来识别。请求信息的 PGN 号在数据域中表达。请求信息的 DA 为 255 时表示从全局范围请求信息，DA 为一般地址时表示从目的地址请求信息。请求信息的标识符如图 5－22 所示。

<table>
<tr><td>29</td><td>28</td><td>27</td><td>26</td><td>25</td><td>24</td><td>23</td><td>22</td><td>21</td><td>20</td><td>19</td><td>18</td><td>17</td><td>16</td><td>15</td><td>14</td><td>13</td><td>12</td><td>11</td><td>10</td><td>9</td><td>8</td><td>7</td><td>6</td><td>5</td><td>4</td><td>3</td><td>2</td><td>1</td></tr>
<tr><td colspan="3">P</td><td colspan="10">PGN=59904</td><td colspan="8">255</td><td colspan="8">SA</td></tr>
<tr><td colspan="3">优先级</td><td colspan="10">参数组编号</td><td colspan="8">目的地址为全局地址</td><td colspan="8">源地址</td></tr>
</table>

<table>
<tr><td>29</td><td>28</td><td>27</td><td>26</td><td>25</td><td>24</td><td>23</td><td>22</td><td>21</td><td>20</td><td>19</td><td>18</td><td>17</td><td>16</td><td>15</td><td>14</td><td>13</td><td>12</td><td>11</td><td>10</td><td>9</td><td>8</td><td>7</td><td>6</td><td>5</td><td>4</td><td>3</td><td>2</td><td>1</td></tr>
<tr><td colspan="3">P</td><td colspan="10">PGN=59904</td><td colspan="8">DA</td><td colspan="8">SA</td></tr>
<tr><td colspan="3">优先级</td><td colspan="10">参数组编号</td><td colspan="8">目的地址</td><td colspan="8">源地址</td></tr>
</table>

图 5－22　请求信息的标识符

（4）应答　应答信息是对于特定命令或请求的响应。图5-23所示为应答信息的标识符和数据域。应答信息的默认优先级为6。其目的地址DA为命令或请求的发出节点地址，源地址SA为应答信息的发出节点地址。数据域的第1字节为控制字节。其值为0时表示肯定（ACK），回应节点随后发送被请求的信息，其值为1时表示否定（NACK）。

	29 28 27	26 25 24 23 22 21 20 19 18 17	16 15 14 13 12 11 10 9	8 7 6 5 4 3 2 1
标识符	6	59392	DA	SA
	优先级	PGN	命令或请求的发出节点地址	应答信息的发出节点地址

	第1字节	第2~5字节	第6~8字节
数据域	控制字	保留（置FFFFH）	被请求的PGN

图5-23　应答信息的标识符和数据域

（5）组功能　组功能信息用于特殊功能（如专有功能、多包传输功能等），每个组功能由其PGN号识别。图5-24所示为专有信息的标识符。

	29 28 27	26	25	24 23 22 21 20 19 18 17	16 15 14 13 12 11 10 9	8 7 6 5 4 3 2 1
PDU1	P	0	0	PF=239	DA	SA
	优先级	保留	数据页	数据单元格式	目的地址	源地址

	29 28 27	26	25	24 23 22 21 20 19 18 17	16 15 14 13 12 11 10 9	8 7 6 5 4 3 2 1
PDU2	P	0	0	PF=255	DA=用户自定义值	SA
	优先级	保留	数据页	数据单元格式	组扩展	源地址

图5-24　专有信息的标识符

组功能中的专有功能用于网络中属于同一制造商的节点间专用信息传输，可以采用PDU1格式，也可以采用PDU2格式。PDU1格式（PF＝239）用于2个节点间发送专有信息。PDU2格式（PF＝255，DA为用户自定义值）用于一个节点向多个节点发送专有信息，目的地址默认为全局地址，总线上的节点根据PGN号的特征来决定是否对数据域进行解析。专有信息的数据域由制造商自已制定。

每个PDU的数据域有64位，即最多可传送8字节的数据。当信息报文的数据信息字节数大于8时（如发动机结构参数组的字节数为28），应采用多包协议发送。传输前把需要传输的数据分段（7字节一段），将7字节的数据段放入PDU数据域的第2～8字节，PDU数据域的首字节设为该数据段的序列号。这些重新分段编号的数据成为数据包。协议栈将这些数据包逐一传送。当这些数据包被目标节点的控制器接收以后，即可按照序列号顺序把数据包还原成多字节数据。多包传输的形式分为2种：一种是点对点信息传输；另一种是多包信息广播。无论是点对点连接还是多包广播，其报文具体功能主要由数据域的控制字表征。点对点连接由请求发送报文（RTS）、准许发送报文（CTS）、数据传输报文（DP）、报文结束应答（ACK）和放弃连接（Abort）这 5 种报文来实现。图 5－25 至图 5－28 分别为 RTS 报文、CTS 报文、DP 报文和 ACK 报文的格式。Abort 的 29 位标识符与 CTS 一样，与 CTS 的区别在于 Abort 数据域的第 1 字节控制字为 20。

	29	28	27	26	25	24	23	22	21	20	19	18	17	16	15	14	13	12	11	10	9	8	7	6	5	4	3	2	1
标识符	3			0	0	PF=236								DA								SA							
	优先级			保留	数据页	数据单元格式								多包信息接收节点地址								多包信息发送节点地址							

数据域	第1字节	第2~3字节	第4字节	第5字节	第6~8字节
	控制字=16	整个报文的字节数	全部数据包数	保留	多包信息PGN号

图 5－25　RTS 报文格式

	29	28	27	26	25	24	23	22	21	20	19	18	17	16	15	14	13	12	11	10	9	8	7	6	5	4	3	2	1
标识符	3			0	0	PF=236								DA								SA							
	优先级			保留	数据页	数据单元格式								多包信息发送节点地址								多包信息接收节点地址							

数据域	第1字节	第2~3字节	第4字节	第5字节	第6~8字节
	控制字=17	可发送的数据包	下一个数据包编号	保留	多包信息PGN号

图 5－26　CTS 报文格式

	29	28	27	26	25	24	23	22	21	20	19	18	17	16	15	14	13	12	11	10	9	8	7	6	5	4	3	2	1
标识符	3			0	0	PF=235								DA								SA							
	优先级			保留	数据页	数据单元格式								多包信息接收节点地址								多包信息发送节点地址							

数据域	第1字节	第2~8字节
	数据包编号	打包数据

图 5－27　DP 报文格式

	29	28	27	26	25	24	23	22	21	20	19	18	17	16	15	14	13	12	11	10	9	8	7	6	5	4	3	2	1
标识符	3			0	0	PF=236								DA								SA							
	优先级			保留	数据页	数据单元格式								多包信息发送节点地址								多包信息接收节点地址							

数据域	第1字节	第2~3字节	第4字节	第5字节	第6~8字节
	控制字=19	整个报文的字节数	全部数据包数	保留	多包信息PGN号

图 5－28　ACK 报文格式

一个符合ISO 11783标准的点对点或多包信息广播传输过程分为3个阶段：通信连接、数据传输和连接关闭。多包信息传输是传输层中最复杂的功能，因而对CPU带宽的占用较多。采用XGATE协助收发多包信息可以提高传输效率。XGATE协助下的多包信息传递流程如下：信息发送节点的CPU将需要发送的数据写入共享区并通知XGATE，XGATE发送一个请求发送消息（RTS）到目的地址，目标节点接收到这个请求后，目标节点的XGATE根据此消息数据中的PGN号判断是否建立连接。若同意连接，就向发送节点回复一个连接确认消息（CTS），CTS中包含了接收节点可接收数据包的数目以及首个数据包的序列号，此时通信连接建立；若拒绝连接，则回复放弃连接消息（Abort）。当发送节点的XGATE接收到目标节点反馈的CTS后，就开始从共享内存中读取数据，将数据打包处理并送进MSCAN数据缓冲区。如果传输过程中出现错误，接收节点没有收到数据，可通过发送CTS让发送节点重新发送。待数据全部传输完毕，接收节点的XGATE发送一个传输结束确认消息（ACK）给发送节点，关闭连接，所有数据被成功接收。XGATE根据数据包的序列号和PGN号将数据包还原成多字节数据写入共享内存，并触发中断，通知目标节点的CPU读取数据。由上述信息传递过程可以看出，无论是发送信息还是接收信息，2个总线节点之间的信息应答、数据打包、解码以及传输可由协处理器XGATE完成，CPU只需要读写共享内存的数据即可，并且由于XGATE运行速度达到CPU时钟的2倍，可大幅度减少CPU处理CAN总线信息的中断程序的任务量，使其专注执行诸如信号滤波、换挡规律修正等应用任务。这样不但提高了控制器之间CAN总线的通信速度，而且也提高了CPU的工作效率，有利于提高系统实时性。

广播公告报文的发送由广播公告请求（BAM）和数据传输报文（DP）来实现。BAM与RTS的区别在于BAM目的地址为全局地址，其数据域的控制字为32H。报文发送节点在发送了一个BAM后，不需要其他节点的应答，而是每间隔50～200ms连续地分包发送DP。

ISO 11783传输层的信息发送功能主要包括报文分流以及多包报文的连接管理和拆包。对于ISO 11783传输层的信息接收功能来说，传输层首先对从数据链路层送来的ISO 11783_RXT进行分流处理，先区分单包信息和多包信息（若是多包信息则进行连接管理和组包），再根据PGN和数据域对报文进行判断。如果报文为网络管理报文，则送入网络管理层。如果与应用层相关，则直接启动应用层的函数来处理此信息。

5.3.3.4 网络层

网络层功能是保障网络安全性的重要环节。总线网络上的通信节点并不是仅仅接收或发送信息，而是能够表明自身的功能和身份，也能够知道网络上其他ECU节点的功能、身份，识别信息来源节点，并且能够自主地请求、接收以及屏蔽信息。通信节点的身份、功能和信息来源依靠其源地址和ECU节点的名字来表征，再配合PDU的PGN号和数据域内的控制字节，即可实现节点间信息共享。

ECU节点的名字是一个64位的标识符，有标示节点功能和参与地址竞争2个作用。节点的名字放在节点地址声明报文的数据域中发送。在网络初始化存在地址竞争时，可根据其节点名字字数的大小来判断优先级，字数越小，优先级越高。

表5-4中拖拉机名字的最高位地址仲裁位被用于处理地址冲突。其值为0，表示节点

地址是不允许改变的；其值为1，就表示可以重新选择一个在128H～238H范围内的地址作为该节点的源地址。故障诊断器不经常在网络中运行，播种机和喷雾器节点不固定，所以在网络中的仲裁位都设为1，在地址冲突中优先级低于仲裁位为0的其他节点。

表5-4 拖拉机电控网络上的部分节点名字

节点名字	地址仲裁 1位	工业领域 3位	设备实例 4位	设备类别 7位	保留 1位	功能 8位	功能实例 5位	ECU实例 3位	制造商代码 11位	身份编号 21位
变速器ECU1 （控制节点）	0	010	0000	0000001	0	00000101	00000	000	—	—
变速器ECU2 （测量节点）	0	010	0000	0000001	0	00000101	00000	001	—	—
发动机	0	010	0000	0000001	0	00000000	00000	000	—	—
前轴转速传感器	0	010	0000	0010001	0	00000111	00000	000	—	—
后轴转速传感器	0	010	0000	0010001	0	00001000	00000	000	—	—
变速器显示仪表	0	010	0000	0000001	0	01000011	00000	000	—	—
拖拉机ECU	0	010	0000	0000000	0	10000110	00000	000	—	—
GPS	0	000	0000	0000000	0	00010111	00000	000	—	—
虚拟终端	0	000	0000	0000000	0	00011101	00000	000	—	—
故障诊断器	1	000	0000	0000000	0	10000001	00000	000	—	—
播种机2 （位于第8排）	1	010	0001	0000100	0	10000100	00111	000	—	—
喷雾器4（ECU2）	1	010	0011	0000110	0	10000010	00000	001	—	—

表5-5中，变速器ECU1、发动机、GPS、变速器显示仪表、拖拉机ECU、虚拟终端的地址可根据ISO 11783标准中针对通用设备以及农业与林业设备对功能节点的规定值来设定。标准规定83H～127H为以后地址分配所保留，128H～238H用于动态地址分配。前轮传感器和后轮传感器为自行开发的，且与变速器ECU存在专有通信的固定节点，所以采用静态地址分配方式，为方便以后总线网络功能扩展，采用特殊模式下可配置地址节点。

表5-5 拖拉机及配套农机具的部分ECU地址

节点名称	节点地址	地址属性
变速器ECU1（控制节点）	3H	不可配置地址节点
变速器ECU2（测量节点）	4H	特殊模式下可配置地址节点
前轮转速传感器	88H（开发者预设，范围：88H～127H）	特殊模式下可配置地址节点
后轮转速传感器	89H（开发者预设，范围：88H～127H）	特殊模式下可配置地址节点
故障诊断器	动态地址，范围：128H～237H	自配置地址节点

（续）

节点名称	节点地址	地址属性
发动机	0H	不可配置地址节点
GPS	239H	不可配置地址节点
变速器显示仪表	23H	不可配置地址节点
拖拉机 ECU	240H	不可配置地址节点
虚拟终端	38H	不可配置地址节点
喷雾器 1	动态地址，范围：128H～237H	自配置地址节点
播种机 4	动态地址，范围：128H～237H	自配置地址节点

5.3.3.5 应用层

ISO 11783 标准应用层定义了 PDU 的数据域的内容。节点应用层首先依据 PGN 号对进入该层的报文进行进一步筛选，丢弃与本节点应用功能无关的报文。一帧报文的 64 位数据域中可含有多个参数的信息，每个参数都有唯一一个被称为可疑参数编号（SPN）的编号，用于在故障诊断报文中标识出现故障的参数。因此，应用层每接收一条报文，可获取多个参数信息。对于报文发送节点未能提供相关参数值的位统一置 1，表示该区域的数据无意义。

报文中的参数值可分为离散型、控制型和连续型 3 种类型。离散型参数表示状态，如 PTO（动力输出装置）系统状态（SPN976）即由 5 位离散值表征，数据 00 110 表示 PTO 设备正在减速或者惯性运行。控制型参数是对节点功能的控制命令，如命令关闭（参数数值为 00）、命令开启（参数数值为 01）、保留（参数数值为 10）、忽略（参数数值为 11）。连续型参数是对节点运行参数的测量或计算结果。对于连续型参数，报文信息里并不直接给出参数实际值，而是表达参数数据的长度、起始位置、类型、分辨率、范围、偏移量、传输刷新周期。如属于 61443 参数组内的油门踏板位置信号（SPN91）的数据长度为 1B，分辨率为 0.4%，数据范围为 0%～100%，传输刷新周期为 50ms。连续型参数的实际数值需要由节点 ECU 计算得出，其计算式为

$$参数实际数值=参数数值\times分辨率+偏移量$$

以 SPN91 为例，SPN91 描述了踏板实际位置和最大踏板位置的比值。参数数值位于 61443 参数组数据域的第 2 字节。若参数数值的原始数为 79H，转化为十进制数 121，则油门踏板位置为

$$121\times0.4\%+0\%=48.4\%$$

对于报文接收节点来说，应用层在通过过滤 PGN 号接收到一组 8 字节的参数组信息后，并不需要对这 8 字节数据内所有的参数数值进行计算解析，而是根据应用程序的需要进一步选取所需要的参数。应用程序存储相关参数的 SPN 号、类型、起始位置、数据长度以及分辨率和偏移量表，提取并计算出参数的实际值。表 5－6 所示为部分 ISO 11783 标准已规定的与换挡控制和变速器状态显示相关的部分参数组和 SPN 号。

表 5-6 动力换挡部分相关信息参数表

参数名称	PGN	SPN	数据长度（b）	分辨率	起始位	偏移量
发动机转速	61444	190	16	0.125r/(min·b)	4.0	0
变速器输出转速	61442	191	16	0.125r/(min·b)	2.0	0
变速器输入转速	61442	161	16	0.125r/(min·b)	6.0	0
实际传动比	61445	526	16	0.001/b	2.0	0
油门开度	61443	91	8	0.4%	2.1	0
发动机参考转矩	65251	544	16	1N·m/b	20.0	0
发动机转度载荷百分比	61443	92	8	1%/b	3.1	0
车辆后轴轮速	65134	1595	16	1/256km/(h·b)	1.0	0
车辆行驶速度（精密测速）	—	516	16	1/256km/(h·b)	—	0
基于车轮的车辆速度	65265	84	16	1/256km/(h·b)	2.0	0
基于 GPS 的车辆速度	65256	517	16	1/256km/(h·b)	3.0	0
离合器压力	65272	123	8	16kPa/b	1.0	0
离合器的执行器状态	65223	788	2	1/b	6.1	—
变速器输出转速	65132	1623	16	0.125r/(min·b)	5.0	0

从对通信协议栈的层级分析可知，一组参数到达应用层需要经过多个环节的处理。对于车载显示仪表等实时性要求不高的节点，接收或请求 ISO 11783 标准已规定的参数组可以很方便地实现信息共享。但对实时性要求高的控制节点来说，以完全遵循标准已规定的参数组实现节点的控制功能则需要接收多个刷新频率不同的参数组信息，并分别从中解析出所需要的参数，在总线繁忙的情况下，易出现滞后和信息不同步的现象。此外，标准定义的参数没有覆盖所有控制系统必须读取的参数（如滑转率、随机载荷变异系数等）。针对这种情况，ISO 11783-3 标准允许同一生产厂家之间的节点采用专有（私有）通信方式传递消息。同时也将 SPN 520192～524287 段设为厂家自定义可疑参数编号段。与换挡控制有关的节点间采用专有通信将换挡参数集中封装在一个参数组中，可以极大地提高节点工作效率，也提供了标准未定义参数的传输途径。

表 5-7 所示为动力换挡控制系统自定义可疑参数编号段。

表 5-7 动力换挡控制系统自定义可疑参数编号段

可疑参数编号（SPN）	参数名称	数据长度（b）	分辨率	偏移量
520200	滑转率	8	0.4%/b	0
520201	驱动力矩	16	1N·m/b	0
520202	随机载荷变异系数	8	0.004/b	1
520203	驱动稳态力矩估计值	16	1N·m/b	0
520204	基于后轮的加速度	16	0.01m/(s^2·b)	0

表 5-8、表 5-9 所示为动力换挡控制系统自定义参数组。

表 5-8 变速器 ECU2 与 ECU1 通信的专有信息参数组

参数组编号(PGN)	数据页(DP)	PDU格式(PF)	组扩展(PS)	默认优先级(P)	数据长度	刷新周期
238	0	255		3	8字节	50ms

字节序号	起始位	参数名称	SPN
1，2	1.0	车辆精确行驶速度	516
3，4	3.0	滑转率	520200
5，6	5.0	随机载荷变异系数	520202
7，8	7.0	驱动轴稳态力矩估计值	520203

表 5-9 后轮传感器与变速器 ECU2 通信的专有信息参数组

参数组编号(PGN)	数据页(DP)	PDU格式(PF)	目的地址 DA	默认优先级(P)	数据长度	刷新周期
65284	0	255		3	8字节	20ms

字节序号	起始位	参数名称	SPN
1，2	1.0	车辆后轴转速	1595
3，4	3.0	基于后轮的加速度	520204
5，6	5.0	驱动力矩	520201
7，8	—	保留	—

变速器 ECU2 所估算的滑转率、车辆精确车速和随机载荷变异系数对于未来总线上的其他控制系统也具有参考价值，故变速器 ECU2 与 ECU1 通信采用表 5-8 中 PDU2 格式的点对点专有通信，目的地址为全局地址。后轮传感器与变速器 ECU2 通信采用表 5-9 中 PDU1 格式的点对点专有通信，目的地址为 ECU2 的源地址，这样总线上的其他节点可以在数据链路层上过滤此信息，从而减轻了无关节点的负担。发动机与变速器 ECU1 的通信、GPS 和前轮传感器与变速器 ECU2 的通信以及各节点与变速器显示器之间的通信参照表 5-5 所示参数组。

5.3.3.6 ISO 11783 协议栈报文分层处理流程

ISO 11783 协议栈通过 5 个层级对拖拉机总线上的报文的数据流进行控制。协议栈数据流有接收报文和发送报文 2 个过程。协议栈结构及其报文分层处理流程如图 5-29 所示。接收报文的处理流程如下：ISO 11783 协议栈物理抽象层的 CAN 控制器接收总线上符合 CAN2.0B 标准的数据帧，屏蔽总线上其他形式的信号。在数据帧放入控制器缓存后，CAN 控制器发起接收中断，中断服务程序将控制器缓存中的 CAN2.0B 数据放到数据链路层的环状接收缓存内。数据链路层采用周期处理的方式解码缓存内的数据帧的 29 位标识符，将 CAN2.0B 数据帧转化为 ISO 11783 报文。通过审核报文的目的地址来过滤掉目的地址非全局或本节点地址的报文。经过地址过滤的报文进入传输层，传输层通过审核 PGN 号和数据域中的控制字来确定报文的信息类型，对报文进行分流并确定传输模式。与网络管理相关的报文则进入网络层，参与地址分配和声明。单包应用型报文则直接进入应用层。对于多包数据，则按照多包协议对报文进行组包连接，并把组包完毕的报文根据其功能送入相关层。节点的应用层存储着本节点需要的参数组信息（PGN 号）和参数信息（SPN 号、参数类型、起始位、分辨率、偏移值等），对于进入应用层的报文，先对照其 PGN 号是否为本节点应用层数据库所储存的 PGN，从而过滤掉无效报文（如地址为全局地址但本节点未存储其 PGN 号和参数信息的报文）。对于有效报文，则根据应用的需要进一步选取参数，提取并计算出参数的实际值。

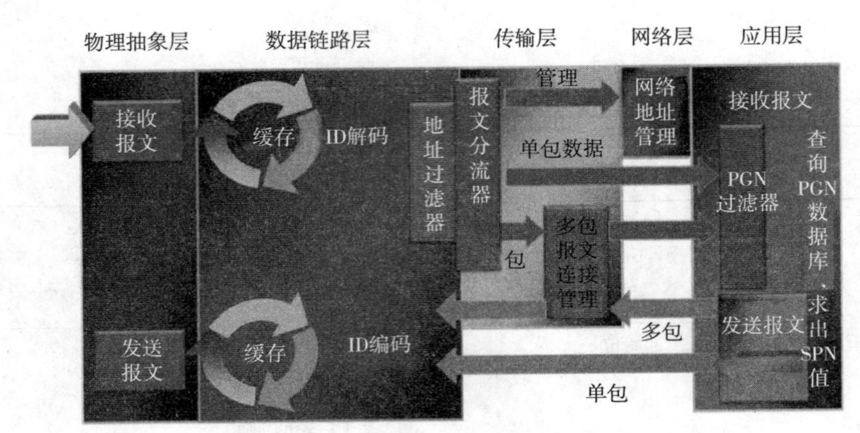

图 5-29　ISO 11783 协议栈结构及其报文分层处理流程

发送报文不需要对无效报文进行分层过滤。对于单包报文，可直接送入数据链路层进行编码，使之成为 CAN 2.0B 标准的数据帧，并放入发送缓存，通过发送中断的方式通知 CAN 控制器自动发送至总线。对于多包报文，则按照多包协议对报文进行拆包，通过传输层功能实现分段传输。

5.4　本章小结

本章首先根据拖拉机的特点，改进了自动变速器传动系在拖拉机变速器上的布置方案，简述了拖拉机自动变速器的自动变速过程。在 Pro/E 环境下完成了拖拉机自动变速器虚拟样机装配，使用的参数化技术实现了零件和组件之间的数据实时更新。通过变速器虚拟样机装配分析和运动仿真分析，检查了变速器模型的装配干涉情况，及时发现并解决设计过程中存在的问题，为变速器的动力学仿真、试验等工作提供了模型基础。之后针对基于总线的自动变速器控制和通信要求，设计了相关控制和传感器节点，并设计了基于 ISO 11783 标准的拖拉机 CAN 总线报文传输协议栈。通过协议栈的物理抽象层、数据链路层、传输层、网络层和应用层 5 层结构，分别逐层过滤或分流总线上的非 CAN2.0B 信息、非 ISO 11783 信息、目的地址非指向本节点信息、网络管理信息和非本节点所需的应用信息，并按照 ISO 11783 标准的要求，设计了节点唯一的地址和名字，从而保证了通信的安全性。在物理抽象层采用了协处理器技术协助收发处理报文，并在应用层针对自动变速器控制系统的特点设计封装了节点间的专有通信，提高了自动变速器控制的实时性。

第6章 液压机械无级自动变速器（HMCVT）

车辆变速器对车辆性能的提高起着核心作用。传统的车辆变速器主要采用机械式多挡有级齿轮变速器，驾驶员需要频繁换挡以满足整机动力性和经济性要求，劳动强度大，生产率低，难以保证车辆工作在最佳状态。将现代电子控制技术与无级变速传动技术结合，实现车辆自动无级变速传动，是提高车辆性能的主要途径，并得到了快速发展。

车辆、工程机械等传动功率大、速度变化范围宽、作业条件复杂，随着社会经济和技术的发展，对其动力性、燃油经济性、地面适应性、生产率、经济性和操作自动化水平要求越来越高，采用大功率自动无级变速技术显得非常必要。

液压机械无级自动变速器（HMCVT）是一类由液压功率流与机械功率流复合传递动力的双功率流无级变速传动形式，可通过机械传动实现高效率的大功率动力传动，通过液压传动实现无级变速，在大功率车辆上表现出了良好的应用前景。开发高性能的 HMCVT，研究 HMCVT 的变速规律和控制技术已经成为大功率车辆技术研究和应用的核心内容。

根据大功率农业车辆的工作特点，分析适合农业车辆装备的多段 HMCVT 传动原理，研究多段 HMCVT 的建模方法和控制仿真技术，以及多段 HMCVT 在车辆上应用的无级变速规律、无级变速控制策略和自动控制技术，可促进 HMCVT 在车辆上应用的理论和技术的发展。

6.1 HMCVT 概述

6.1.1 HMCVT 传动特点

HMCVT 由机械变速机构、泵-马达液压传动系、分流和汇流动力的行星齿轮机构与驱动系等部分构成。当机械变速机构传动比确定时，调节泵-马达液压传动系传动比，能够使 HMCVT 传动比在一定范围内无级变化，从而使动力经分流、变速和汇流后输出，实现大功率高效无级变速。当要求 HMCVT 变速范围较宽时，由于泵-马达液压传动系的变速范围有限，往往需要机械变速机构通过离合器（或制动器）的接合或分离进行换挡（或改变传动结构），从而使泵-马达液压传动系的传动比向相反方向变化时，扩展 HMCVT 传动比的变化范围，构成传动比连续变化的多段 HMCVT。

因此从传动原理来看，多段 HMCVT 的传动比能够在整个范围内连续变化，具有无级变速器的传动特性，同时多段 HMCVT 利用机械换挡实现传动比的扩展，又具有有级换挡变速器的传动特性。对于多段 HMCVT 的控制，既要进行无级变速控制，又要进行同步换段控制。此外，随着传动比的改变，多段 HMCVT 的传动效率也会发生变化。对于大功率传动，控制 HMCVT 在高效区域工作也非常必要。

6.1.2 HMCVT 应用现状

HMCVT 的原理在 20 世纪初期提出，但是受液压部件制造精度和控制技术发展水平的限制，长时间未能商品化。直到 20 世纪 60 年代才开始在军用坦克和装甲车上应用并达到商品化，如 60 年代美国通用电气公司研制了 HMPT 系列产品，其中 HMPT－100 型采用 3 套泵-马达液压传动系，实现了 2 段无级传动，并且能够控制转向，传动功率为 186kW，HMPT－250、HMPT－500 型采用 2 套泵-马达液压传动系，实现了 3 段无级传动，传递的功率增大到 368kW，传动效率也得到提高。70 年代 Sundstand 公司研制了 DMT－25 全自动 HMCVT，实现了 2 段无级传动（第一段为纯液压传动，第二段为液压机械复合双流传动），变速控制为液压自动操纵，能够根据载荷自动调节传动比，速度高、功率大，使用性能优良。

HMCVT 由于制造成本较高，在车辆上的应用主要始于 20 世纪 90 年代，当时发达国家主要的车辆和工程机械制造公司普遍在重、中型车辆上开发安装了 HMCVT。如专业生产变速器的 ZF 公司的 S-Matic 系列、ZF Eccom 系列 HMCVT，已经在 Deutz-Fahr 和 Steyr 等公司的车辆上应用。Fendt 公司开发了 Vario 系列 HMCVT，在 Favorit 系列车辆上大量使用。

除上述公司外，Caterpillar 公司的 Challenger 系列橡胶履带车辆，Komatsu 公司的 D155AX－3 推土机，Ford 公司、Deere 公司、工程机械制造公司（JCB）等的相关大功率车辆上也都装备了 HMCVT。

装备有 HMCVT 的车辆显著提高了作业性能，不但能降低操作强度，提高车辆作业速度，改善作业质量，而且能够大幅度提高车辆的动力性和燃油经济性。统计数据表明，其生产率提高了 12%～16%，燃油消耗率降低了 8%～10%，具有明显的经济性，并减少了发动机的排放污染。

6.2 车辆 HMCVT 传动特性研究

HMCVT 包含机械传动、液压传动、动力分流机构和动力汇流机构等多个环节，由这些环节组合，可以形成性能差异大、适用场合不同的众多类型的传动方案。实际应用中，要根据对象使用要求，合理选择传动方案，正确分析计算传动性能，达到工程实用的目的。针对农业车辆的工作特征及其对传动系的性能要求，设计一种多段 HMCVT 传动原理，给出 HMCVT 传动比特性、转矩特性、功率分流特性和效率特性的分析方法，研究 HMCVT 车辆牵引特性表达方法，可为 HMCVT 控制的建模仿真及控制策略研究奠定理论基础。

6.2.1 液压机械无级变速传动原理

液压机械无级变速传动原理用图 6－1 说明。HMCVT 的主要组成部件包括多挡变速器、泵-马达液压传动系和以差动轮系为主的动力分流及汇流机构。动力分流及汇流机构既有单行星排形式，也有多行星排形式。来自发动机的动力通过 2 条路线传输：第一条是将部分动力由齿轮传动变速后，经液压传动系中的变量泵将机械能转化为液压能，再由定量马达转化为机械能传输到差动轮系的齿圈上；另一条是经多挡变速器传输到差动轮系的太阳轮上。2 条路线所传输的动力最后经差动轮系合成后由行星架输出。液压机械无级变速传动是一种功率分流传动形式，通过机械传动实现高效率，通过液压传动实现无级变速。行星排的三构件（太阳轮、齿圈、行星架）可分别与机械功率流输入端、液压功率流输入端或功率输出端相连接，从而构成不同特性的液压机械无级变速传动形式。

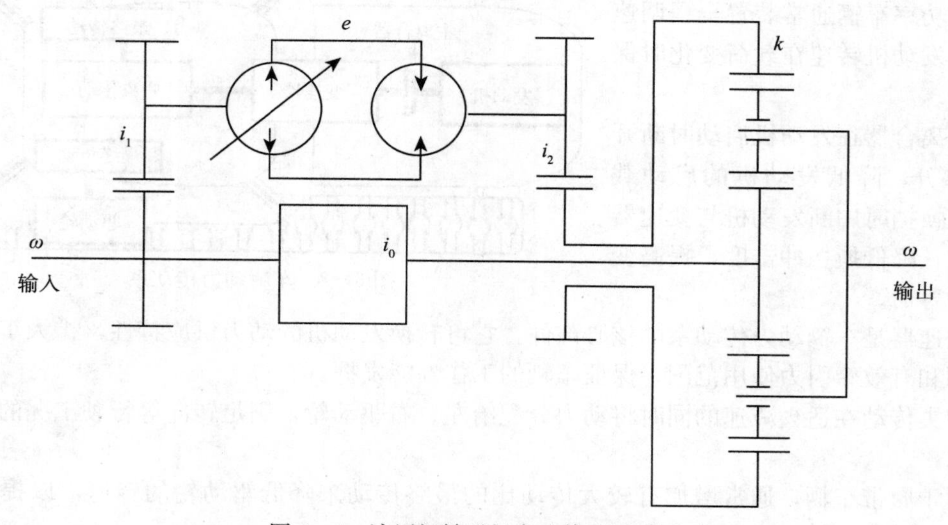

图 6-1　液压机械无级变速传动原理图

对于泵-马达液压传动系，通常选用额定排量相等的同类泵和马达。这时，其排量比也可表示为

$$e=\frac{\omega_{\mathrm{m}}}{\eta_{\mathrm{v}}\omega_{\mathrm{p}}} \tag{6-1}$$

式中，ω_{p}、ω_{m}分别为泵、马达的角速度，rad/s；e为排量比；η_{v}为传动效率。

为了分析计算和控制方便，定义 HMCVT 传动比为输入传动轴角速度与输出传动轴角速度之比，即

$$i_{\mathrm{b}}=\frac{\omega_{\mathrm{in}}}{\omega_{\mathrm{out}}} \tag{6-2}$$

式中，i_{b} 为 HMCVT 传动比；ω_{in}、ω_{out}分别为 HMCVT 输入传动轴、输出传动轴的角速度，rad/s。

对于图 6-1 所示的 HMCVT，传动比为

$$i_{\mathrm{b}}=\frac{(1+k)i_0 i_1 i_2}{kei_0+i_1 i_2} \tag{6-3}$$

式中，k 为行星排特性参数，等于齿圈齿数 Z_{r} 与太阳轮齿数 Z_{s} 之比，即 $k=Z_{\mathrm{r}}/Z_{\mathrm{s}}$；$i_0$ 为机械路传动比；i_1、i_2 分别为泵-马达液压传动系前后齿轮副的传动比。

当 HMCVT 的控制系统通过调节变量泵的斜盘倾角，使排量比在-1～$+1$的范围内变

化时，变速器传动比在确定的范围内连续无级变化。

6.2.2 车辆 HMCVT 传动原理

6.2.2.1 车辆动力传动系基本要求

车辆动力传动系的构成如图 6-2 所示。主要包括发动机、主离合器、变速器、中央传动、最终传动和行走机构（如驱动轮）。

柴油发动机是车辆的动力装置。大功率车辆通常装置全程调速器，使发动机转速在载荷变化时保持稳定。

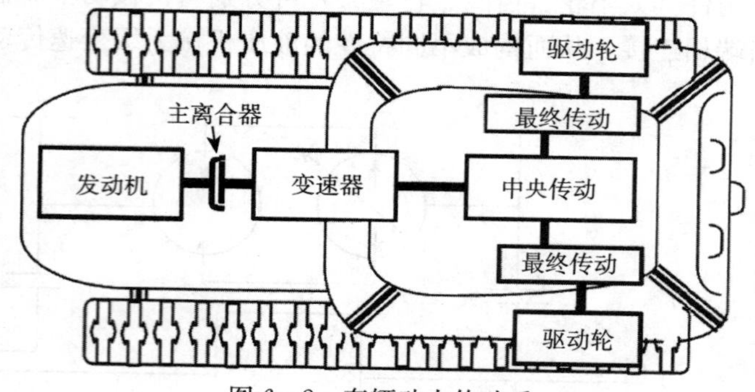

图 6-2 车辆动力传动系

主离合器在发动机启动时断开传动部分，降低发动机的启动载荷；在换挡时中断发动机与变速器的连接，降低换挡冲击度，提高变速器的寿命。

变速器是车辆动力传动系的核心部件。它可转换发动机的动力供应特性，扩大车辆的速度范围和有效牵引力使用范围，保证车辆的工作性能发挥。

中央传动在适当减速的同时将动力分配给左、右驱动轮，满足转向等行驶工况的动力传动要求。

对于履带车辆，通常增加有较大传动比的最终传动来降低驱动轮的转速，以提高其转矩，满足提供较大驱动力的要求。

车辆的中央传动和最终传动的传动比通常保持不变。要保证动力源和传动装置的性能匹配，主要在于根据动力性和经济性指标合理设计和控制变速器。动力性指标主要包括车辆最高速度、平均速度、牵引力、牵引特性、加速度、最大爬坡角度等，经济性指标主要包括燃油消耗率和燃油消耗量等。

车辆作为农业机械时，要求有宽广的变速范围。以履带车辆为例，其常用的耕作速度范围是 5～11km/h，在中耕或开沟等作业时速度可能在 1km/h 以下，在公路运输作业时可高于 16km/h。橡胶履带车辆最高速度可达 40km/h 以上。无级变速传动车辆速度低至零时，能够实现正反向行驶的连续过渡。

变速器传动比范围根据车辆速度范围和发动机额定转速确定，并要保证在车辆的主要作业速度范围内有较高的动力性和经济性。对于有级变速器，如图 6-3 所示，在常用工作速度段应该有比较密集的挡位，也就是传动比较小，便于通过挡位调整，使发动机工作在最佳动力性或经济性区域。对于无级自

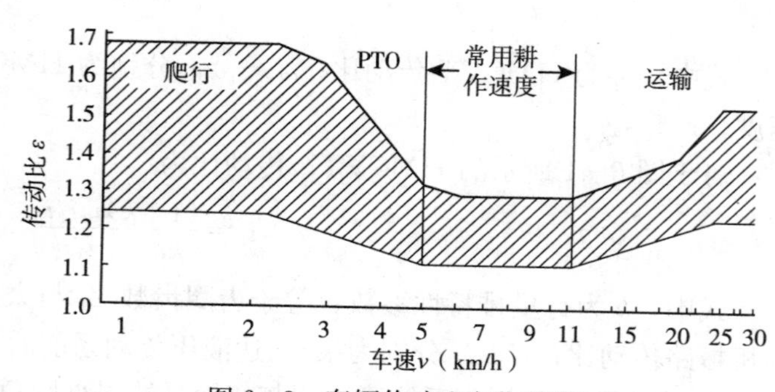

图 6-3 车辆传动比变化范围

动变速器，在常用工作速度段应该有较高的传动效率、较少的工作段切换，以利于提高车辆生产率。

6.2.2.2　多段HMCVT传动原理

多段HMCVT的传动原理如图6-4所示。多段HMCVT由泵-马达液压传动系、普通行星排、液压湿式摩擦离合器和电子控制系统等构成。1轴为输入传动轴，2轴为中间传动轴，3轴为输出传动轴。输入传动轴经分流齿轮副 i_1、泵-马达液压传动系和齿轮副 i_2 驱动太阳轮，构成液压路无级变速功率流；输入传动轴经离合器L1或L2驱动齿圈或行星架，构成机械路功率流；行星排组成汇流机构，经离合器L3、L4将汇流动力传递到中间传动轴。中间传动轴和输出传动轴之间通过离合器L5～L7及齿轮副 i_5～i_7 组成前进方向低、中、高3挡，通过离合器L8及齿轮副 i_3、i_4 组成倒车挡。

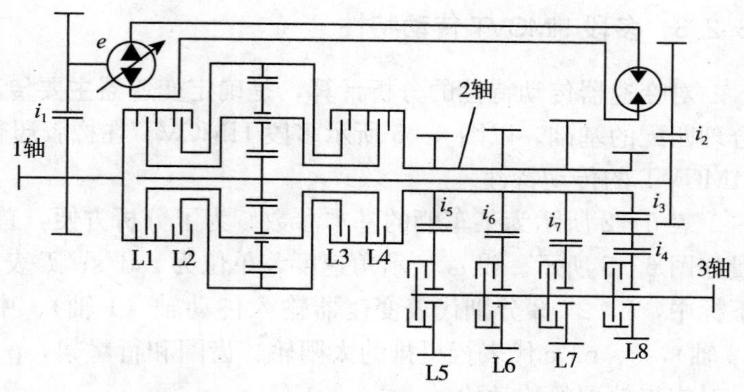

图6-4　多段HMCVT传动原理图

根据离合器接合状态的不同，随着排量比的变化，变速器的传动比在前进方向构成连续的6个无级变速段F1～F6，倒车方向构成连续的2个无级变速段R1、R2。此外，当L1和L3接合时，传动比不随排量比变化，构成前进方向的3个纯机械挡G1～G3，倒车方向的1个纯机械挡RG1；当L3、L4接合时，构成双向连续变速的纯液压段H1。各工作段（挡）离合器接合状态如表6-1所示。

表6-1　各工作段（挡）离合器接合状态

方向	段（挡）号	L1	L2	L3	L4	L5	L6	L7	L8	e
前进	低速段F1	+			+	+				−1→+1
	低速挡G1	+		+		+				不变
	低速段F2		+	+		+				+1→−1
	中速段F3	+			+		+			−1→+1
	中速挡G2	+		+			+			不变
	中速段F4		+	+			+			+1→−1
	高速段F5	+			+			+		−1→+1
	高速挡G3	+		+				+		不变
	高速段F6		+	+				+		+1→−1
双向	纯液压段H1			+	+	+				−1→+1
倒车	低速段R1	+			+				+	−1→+1
	中速挡RG1	+		+					+	不变
	高速段R2		+	+					+	−1→+1

6.2.3 多段 HMCVT 传动特性

对变速器传动特性的分析计算，是确定变速器主要传动参数及保证车辆传动系与动力系合理匹配的基础。以图 6-5 所示多段 HMCVT 在橡胶履带车辆上配套使用为例，分析多段 HMCVT 的传动特性。

表 6-2 所示为某车辆的基本参数。为了分析方便，首先设定 HMCVT 中各组件的物理量如图 6-5 所示。设 ω 表示角速度，单位为 rad/s；T 表示转矩，单位为 N·m。ω 和 T 的下标中，1、2、3 分别代表变速器输入传动轴（1 轴）、中间传动轴（2 轴）和输出传动轴（3 轴），s、r、c 代表行星排的太阳轮、齿圈和行星架，p、m 代表变量泵和马达。$i_1 \sim i_7$ 表示对应齿轮副的传动比。

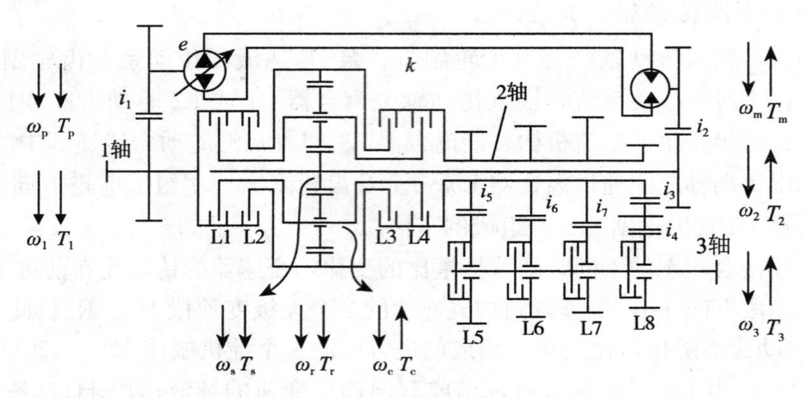

图 6-5 多段 HMCVT 的物理量

表 6-2 某车辆的基本参数

参数	符号	数值	单位
发动机型号		LR6105ZT10	
发动机额定功率	N_{e0}	110	kW
发动机额定转速	n_{e0}	2 300	r/min
发动机最大转矩	T_{em}	512	N·m
主传动比	i_z	21.32	
驱动轮动力半径	r_q	0.840	m
最大牵引力	F_{Tmax}	56	kN

6.2.3.1 多段 HMCVT 传动比特性

传动比特性反映 HMCVT 各段传动比与液压传动系排量比的关系。

（1）*前进方向 F1 无级变速段* 在 F1 段，离合器 L1、L4、L5 接合，输入传动轴与齿圈直联，行星架与中间传动轴直联。齿圈、太阳轮角速度分别为

$$\omega_r = \omega_1 \tag{6-4}$$

$$\omega_s = \frac{e}{i_1 i_2}\omega_1 \tag{6-5}$$

行星排3个构件的角速度关系为

$$\omega_s + k\omega_r - (1+k)\omega_c = 0 \tag{6-6}$$

由式（6-4）、式（6-5）、式（6-6）得行星架输出角速度为

$$\omega_c = \left(k + \frac{e}{i_1 i_2}\right)\frac{1}{1+k}\omega_1 \tag{6-7}$$

由于中间传动轴与行星架直联，$\omega_2 = \omega_c$。又因L5接合，运动经齿轮副i_5传递到输出传动轴。变速器F1段输出角速度为

$$\omega_3 = \left(k + \frac{e}{i_1 i_2}\right)\frac{1}{(1+k)i_5}\omega_1 \tag{6-8}$$

由式（6-2）及式（6-8）求得F1段传动比为

$$i_b = \left(k + \frac{e}{i_1 i_2}\right)\frac{1}{(1+k)i_5} \tag{6-9}$$

（2）*前进方向F2无级变速段* 在F2段，离合器L2、L3、L5接合，输入传动轴与行星架直联，齿圈与中间传动轴直联。行星架角速度为

$$\omega_c = \omega_1 \tag{6-10}$$

由式（6-5）、式（6-6）、式（6-10）得齿圈角速度为

$$\omega_r = \left(1 + k - \frac{e}{i_1 i_2}\right)\frac{1}{k}\omega_1 \tag{6-11}$$

因为中间传动轴与齿圈直联，所以$\omega_2 = \omega_r$。又因L5接合，运动经齿轮副i_5传递到输出传动轴。变速器F2段输出角速度为

$$\omega_3 = \left(1 + k - \frac{e}{i_1 i_2}\right)\frac{1}{k i_5}\omega_1 \tag{6-12}$$

则变速器F2段的传动比为

$$i_b = \left(1 + k - \frac{e}{i_1 i_2}\right)\frac{1}{k i_5} \tag{6-13}$$

（3）*其他液压机械无级变速段* 由于前进方向F3段、前进方向F5段、倒车方向R1段的行星排结构与F1段相同，前进方向F4、前进方向F6段、倒车方向R2段的行星排结构与F2段相同，对应各段的变速器传动比分别与式（6-9）、式（6-13）类似，将式（6-9）、式（6-13）中的i_5分别用i_6、i_7和（$i_3 i_4$）替代即可。

（4）*双向纯液压无级变速段* 在双向纯液压无级变速段（H1段），离合器L3、L4和L5接合，行星排三构件形成一个刚体组件，所以太阳轮轴与中间传动轴也形成一个刚体，两者角速度相同。变速器H1段输出角速度为

$$\omega_3 = \frac{e}{i_1 i_2 i_5}\omega_1 \tag{6-14}$$

传动比为

$$i_b = \frac{e}{i_1 i_2 i_5} \tag{6-15}$$

表6-3给出了多段HMCVT所有段（挡）的传动比计算公式。

表 6-3 HMCVT 各段（挡）传动比

段（挡）	传动比 i_b	段（挡）	传动比 i_b
F1	$[k+e/(i_1i_2)]/[(1+k)i_5]$	G3	$1/i_7$
G1	$1/i_5$	F6	$[1+k-e/(i_1i_2)]/(ki_7)$
F2	$[1+k-e/(i_1i_2)]/(ki_5)$	H1	$e/(i_1i_2i_5)$
F3	$[k+e/(i_1i_2)]/[(1+k)i_6]$	R1	$[k+e/(i_1i_2)]/[(1+k)i_3i_4]$
G2	$1/i_6$	GR1	$1/(i_3i_4)$
F4	$[1+k-e/(i_1i_2)]/(ki_6)$	R2	$[1+k-e/(i_1i_2)]/(ki_3i_4)$
F5	$[k+e/(i_1i_2)]/[(1+k)i_7]$		

（5）车辆速度　为了反映不同行驶速度下的变速器特性，假定发动机工作在额定转速下。这时可以计算出车辆速度，为

$$v=0.377n_{e0}r_q\frac{i_b}{i_z} \tag{6-16}$$

式中，v 为车辆实际速度，m/s；n_{e0} 为发动机额定转速，r/min；r_q 为车辆驱动轮动力半径，m；i_z 为车辆主传动比。

依据设计的变速器参数，计算得到 HMCVT 传动比和车辆速度随排量比的变化特性如图 6-6 所示。图中虚线表示排量比在－1～＋1 范围内变化时，HMCVT 各段传动比和车辆速度的变化特性，相邻段在交点处的传动比相等，具备同步换段条件。粗实线表示各段实际使用的传动比区间，保证了传动比在上下限之间连续。

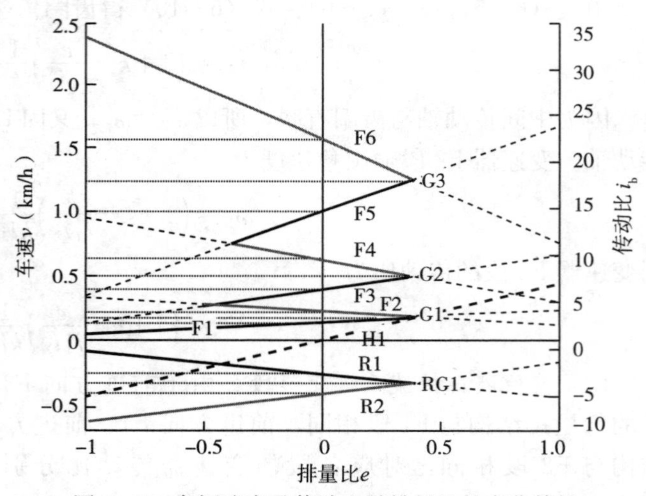

图 6-6　车辆速度及传动比随排量比的变化特性

其中当泵排量为零时，液压路无功率流，变速器相当于纯机械挡传动。图 6-6 中的点线标出了所有纯机械挡的位置，显然在车辆中耕、犁耕、运输 3 个主要作业速度区间内，多段 HMCVT 各自包括可完全同步换段的 2 个无级变速区段，又包含 3 个高效率的纯机械挡位，能够比较理想地满足车辆的变速要求。

6.2.3.2　多段 HMCVT 同步换段条件

对于多段 HMCVT，为了实现连续无级变速，相邻两段切换时必须满足同步换段的条件，保证车辆速度不变。同步换段的要求是在换段点的前后相邻两段有相等的传动比和液压传动系排量比。

（1）F1-F2 段的换段条件　由 F1、F2 两段输出速度相等，即式（6-8）、式（6-12）相等，得平稳换段时的排量比为

$$e=i_1 i_2 \tag{6-17}$$

由于要求$|e|\leqslant 1$，显然，只要使$e=i_1 i_2$且$e\leqslant 1$，就满足了前后两段传动比和排量比都相等的要求，变速器即可实现同步换段。此时行星排三构件的角速度与输入传动轴、中间传动轴的角速度相等，离合器L1、L2、L3、L4接合时都不产生滑摩。

此外，在两段的换段点，使L1、L3、L5接合又可以得到速度连续的1个高效率纯机械挡位G1，并且可减少换段时同时动作的离合器数目。

（2）F2－F3段的换段条件　由F2、F3两段输出速度相等，得平稳换段时的排量比为

$$e=\frac{k^2 i_5-(1+k)^2 i_6}{k i_5+(1+k) i_6} i_1 i_2 \tag{6-18}$$

显然只要合理选择i_5和i_6，使排量比满足式（6－18），而且$e\geqslant -1$，即可实现同步换段。

换段时，中间传动轴转速有大幅度改变，虽然两段的传动比仍然相同，但是为了克服中间传动轴的惯性，离合器接合过程中存在滑摩，因此称为伪同步换段。

（3）其他各段的换段条件　根据上述原理，可求得其他各段的换段条件，如表6－4所示。

F1－F2、F3－F4、F5－F6、R1－R2换段时，因行星排三构件的角速度和输入传动轴、中间传动轴的角速度相等，离合器接合完全同步，不存在动力中断；F2－F3、F4－F5换段时中间传动轴不同步，若离合器的接合控制不合理，可能出现瞬时动力中断，但换段前后传动比相等，对车辆速度影响不大。

表6－4　HMCVT各段的同步换段条件

切换段	同步换段条件
F1－F2	$e=i_1 i_2$ 且 $e\leqslant 1$
F2－F3	$e=\frac{k^2 i_5-(1+k)^2 i_6}{k i_5+(1+k) i_6} i_1 i_2$ 且 $e\geqslant -1$
F3－F4	$e=i_1 i_2$ 且 $e\leqslant 1$
F4－F5	$e=\frac{k^2 i_6-(1+k)^2 i_7}{k i_6+(1+k) i_7} i_1 i_2$ 且 $e\geqslant -1$
F5－F6	$e=i_1 i_2$ 且 $e\leqslant 1$
R1－R2	$e=i_1 i_2$ 且 $e\leqslant 1$

6.2.3.3　多段HMCVT转矩特性

转矩特性反映多段HMCVT输出转矩与其传动比的关系。

在HMCVT中，当输出传动轴负载转矩增大时，液压马达的负载转矩也增大。当马达负载转矩达到它能够提供的极限转矩时，马达将卸压保护，输出打滑，因此HMCVT中各段输出转矩的极限值受限于马达的极限转矩值。为了保证任意传动比（或速度）下，变速器都能传递发动机的最大转矩，必须适当选取马达的极限转矩，保证由马达限制的变速器最大输出转矩大于由发动机最大转矩决定的变速器输出转矩。

（1）前进方向F1无级变速段的转矩特性　对于图6－5中的普通行星排机构，三构件的转矩关系为

$$T_s=\frac{T_r}{k}=\frac{T_c}{1+k} \tag{6-19}$$

太阳轮转矩为

$$T_s=i_2T_m \tag{6-20}$$

变速器输出转矩为

$$T_3=i_5T_2 \tag{6-21}$$

由于 L5 接合，$T_2=T_c$。由式（6－19）、式（6－20）和式（6－21）得变速器输出转矩为

$$T_3=(1+k)i_2i_5T_m \tag{6-22}$$

设马达极限转矩为 T_{mmax}，代入上式求得变速器在 F1 段的最大输出转矩为

$$T_{3max}=(1+k)i_2i_5T_{mmax} \tag{6-23}$$

（2）前进方向 F2 无级变速段的转矩特性　在前进方向 F2 无级变速段，变速器输出转矩为

$$T_3=i_5T_r \tag{6-24}$$

由于 L5 接合，$T_2=-T_r$。由式（6－19）、式（6－20）和式（6－24）得变速器输出转矩为

$$T_3=-ki_2i_5T_m \tag{6-25}$$

在 F2 段，由于 L2 接合，T_c 的方向实际与图示相反，则 T_m 的实际方向也与图示相反。变速器在 F2 段的最大输出转矩为

$$T_{3max}=ki_2i_5T_{mmax} \tag{6-26}$$

（3）其他各段的转矩特性　F3、F5 和 R1 段与 F1 段类似，F4、F6 和 R2 段与 F2 段类似，结果见表 6－5。表中也给出了已知变速器输出转矩求马达转矩的计算式。

图 6－7 给出了多段 HMCVT 转矩特性。双曲线部分表示在任意传动比（或速度）下由发动机最大转矩决定的变速器输出转矩，折线部分表示由马达极限转矩限制的 HMCVT 最大输出转矩。为直观对比，纵轴表示为变速器输出转矩与选定的马达极限转矩之比。

表 6－5　HMCVT 各段的转矩特性

段号	变速器最大输出转矩 T_{3max}	液压马达负载转矩 T_m
F1	$(1+k)i_2i_5T_{mmax}$	$T_3/[(1+k)i_2i_5]$
F2	$ki_2i_5T_{mmax}$	$-T_3/(ki_2i_5)$
F3	$(1+k)i_2i_6T_{mmax}$	$T_3/[(1+k)i_2i_6]$
F4	$ki_2i_6T_{mmax}$	$-T_3/(ki_2i_6)$
F5	$(1+k)i_2i_7T_{mmax}$	$T_3/[(1+k)i_2i_7]$
F6	$ki_2i_7T_{mmax}$	$-T_3/(ki_2i_7)$
H1	$i_2i_5T_{mmax}$	$T_3/(i_2i_5)$
R1	$(1+k)i_2i_3i_4T_{mmax}$	$T_3/[(1+k)i_2i_3i_4]$
R2	$ki_2i_3i_4T_{mmax}$	$-T_3/(ki_2i_3i_4)$

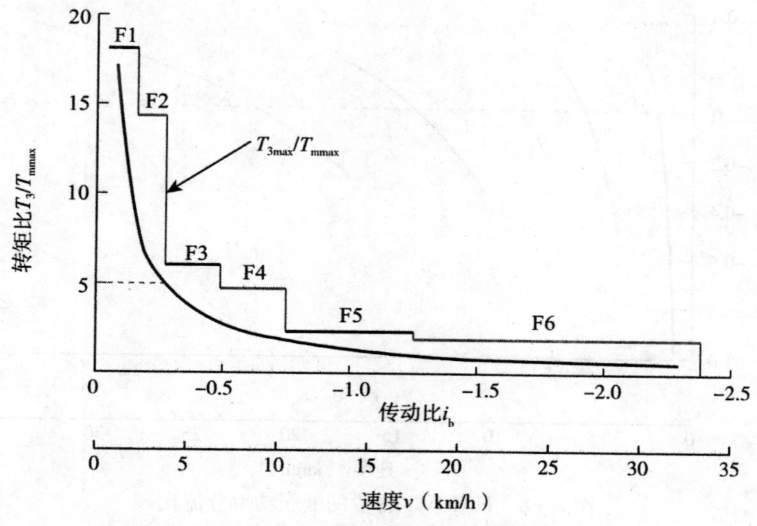

图 6-7　多段 HMCVT 转矩特性

6.2.3.4　多段 HMCVT 功率分流特性

功率分流特性反映 HMCVT 液压功率分流比与其传动比的关系。液压功率分流比定义为液压支路传动的功率与 HMCVT 输出功率之比。液压功率分流比 λ 为

$$\lambda=\frac{T_{m}\omega_{m}}{T_{3}\omega_{3}} \tag{6-27}$$

液压功率分流比越小，表明低效率的液压路功率流越小，高效率的机械路功率流越大，变速器的传动效率越高。

（1）*前进方向 F1 无级变速段的液压功率分流比*　已知马达角速度为

$$\omega_{m}=\frac{e}{i_{1}}\omega_{1} \tag{6-28}$$

将式（6-7）、式（6-22）、式（6-28）代入式（6-27），得 F1 段液压功率分流比为

$$\lambda_{1}=\frac{e}{i_{1}i_{2}k+e} \tag{6-29}$$

（2）*前进方向 F2 无级变速段的液压功率分流比*　将式（6-12）、式（6-25）、式（6-28）代入式（6-27），得 F2 段液压功率分流比为

$$\lambda_{2}=\frac{e}{i_{1}i_{2}(1+k)-e} \tag{6-30}$$

（3）*其他段的液压功率分流比*　由式（6-29）、式（6-30）可知液压功率分流比与行星排汇流后的变速传动无关，所以 F3、F5、R1 段的液压功率分流比与 F1 段相同，F4、F6、R2 段的液压功率分流比与 F2 段相同。

在前进方向不同行驶速度下的液压功率分流比如图 6-8 所示，其中负值表示液压路功率流为循环功率。除低速段外，多段 HMCVT 在主要工作速度段的液压功率分流比小于 20%。尤其是在与中耕、犁耕、运输 3 个主要作业工况对应的速度区间内各有 3 个液压功率为零的纯机械挡位，非常有利于提高车辆动力性和传动效率。

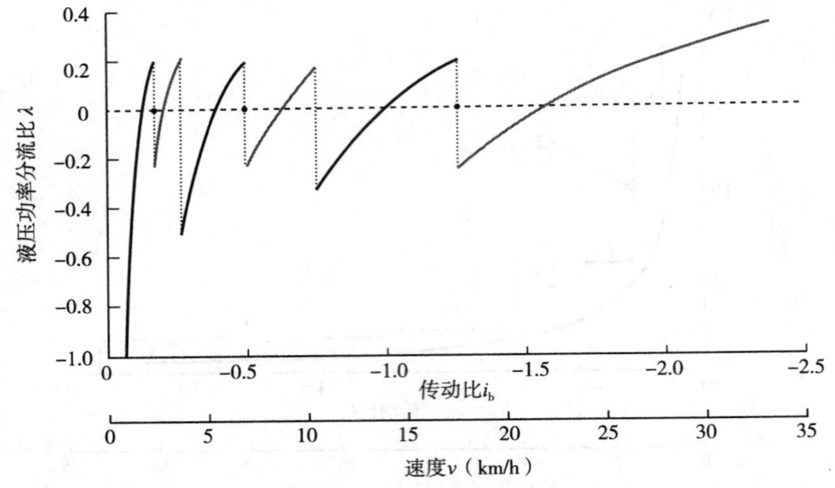

图 6-8　HMCVT 各段的液压功率分流比

6.2.3.5　多段 HMCVT 效率特性

HMCVT 传动功率大，结构复杂，对其效率的分析极为重要。在效率计算中，不但要考虑结构因素导致的功率循环，还要考虑输入功率、角速度和排量的变化对液压路效率的影响，后续将分析这些综合因素作用下的多段 HMCVT 的效率计算方法。

首先，根据泵、马达的近似效率计算公式，给出泵-马达液压传动系效率随角速度、油压、排量变化的算法；然后，根据 HMCVT 产生功率循环的条件，给出 HMCVT 效率计算公式；最后，描述包含输入功率、泵、马达排量、功率循环等因素时效率计算的流程。

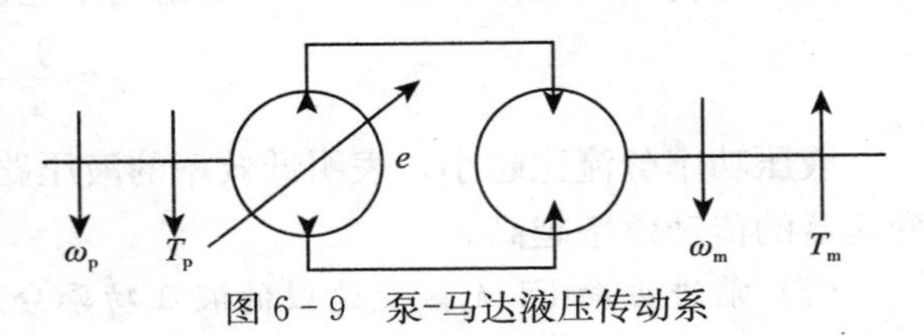

图 6-9　泵-马达液压传动系

(1) *泵-马达液压传动系效率计算*　HMCVT 中常用图 6-9 所示的变量泵和定量马达构成液压无级变速系统。其效率主要随角速度、油压、排量等变化，大量文献对其效率计算进行了理论分析，给出了近似理论计算公式。由于理论计算误差大，工程上对于泵或马达的效率通常以随角速度、油压、排量变化的试验曲线形式给出。在 HMCVT 效率计算中，可以将试验曲线拟合成便于应用的函数形式。

以萨澳 90 系列的泵和马达为例，效率计算拟合式为

$$\eta_{p(m)}=0.87[\bar{\omega}^{0.05}+0.035\sin(4\bar{\omega})][\exp(-3.3\bar{p})-\exp(-5\bar{p})+\exp(0.05\bar{p})]\bar{q}^{0.5} \tag{6-31}$$

式中，$\eta_{p(m)}$ 为泵（或马达）的效率；$\bar{p}$、$\bar{\omega}$、$\bar{q}$ 分别为泵（或马达）的油压、角速度、排量值与其额定值之比。

①ω_p、T_p、ω_m、T_m 及油压 p 的计算。多段 HMCVT 中，ω_p、T_m 取决于发动机功率和系统传动比。其中，液压泵角速度为

$$\omega_p=\frac{\omega_1}{i_1}=\frac{\pi n_e}{30i_1} \tag{6-32}$$

式中，n_e 为发动机转速，r/min。

变速器输入转矩为

$$T_1=\frac{9\,550P_e}{n_e} \tag{6-33}$$

式中，P_e 为发动机功率，kW。

变速器输出转矩为

$$T_3=T_1 i_b \tag{6-34}$$

将式（6-33）代入式（6-34），式（6-34）代入表 6-5 的 T_m 计算式，可求取各段的马达负载转矩 T_m。

根据 T_m 求得油压为

$$p=\frac{T_m}{q_m} \tag{6-35}$$

式中，p 为油压，Pa；q_m 为定量马达排量，m^3/rad。

根据排量比求得马达角速度和泵转矩，分别为

$$\omega_m=e\eta_v\omega_p \tag{6-36}$$

$$T_p=eq_p p \tag{6-37}$$

式中，q_p 为泵流量；η_v 为传动效率。

②泵效率 η_p、马达效率 η_m 及泵-马达液压传动系效率 η_{pm}。设泵（马达）的额定角速度、额定压力分别为 Ω_p（Ω_m）、p_p（p_m），由式（6-32）～式（6-37）得

$$\bar{\omega}_p=\frac{\omega_1}{i_1\Omega_p}\quad \bar{p}_p=\frac{T_m}{q_m p_p}\quad \bar{q}_p=e\quad \bar{\omega}_m=\frac{e\omega_1}{i_1\Omega_m}\quad \bar{p}_m=\frac{T_m}{q_m p_m}\quad \bar{q}_m=1$$

式中的下角标 p、m 分别代表泵、马达。

将这些式子对应代入式（6-31）求取 η_p、η_m，从而可计算出泵-马达液压传动系效率为

$$\eta_{pm}=\eta_p\eta_m \tag{6-38}$$

由于 HMCVT 中存在功率循环，泵-马达液压传动系的功率有 2 种流向，即由泵到马达或由马达到泵。但是因为泵、马达的可逆性，2 种功率流向的泵-马达液压传动系效率计算结果相同。

（2）多段 HMCVT 的 F1 段效率计算　用定轴轮系或其他机构封闭差动轮系所得的组合机构称为闭式行星轮系。如图 6-10 所示，HMCVT 用泵-马达液压传动系封闭差动轮系，因此属于闭式行星轮系。其中，轴 I 为输入传动轴，轴 C 为输出传动轴；差动轮系被封闭的 2 个基本构件分别为 a、b，它们与输入传动轴相连的传动链分别称为 a-I 传动链、b-I 传动链。

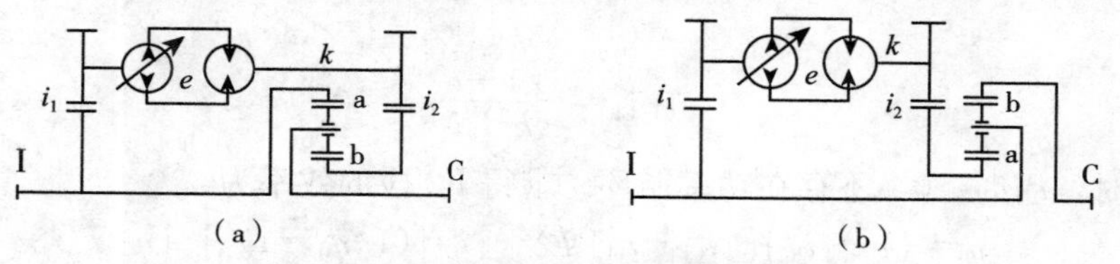

图 6-10　液压机械无级变速传动原理图

（a）正向传动　（b）反向传动

计算行星齿轮传动效率的方法有啮合功率法、力偏移法和图解法等。对于闭式行星轮系，通常用啮合功率法计算传动效率，这里用此法计算多段 HMCVT 的效率。

多段 HMCVT 在 F1 段工作时，其输入传动轴和中间传动轴之间的传动结构与图 6－10（a）相同。根据相关闭式传动计算原理，可知封闭构件 a 为齿圈、封闭构件 b 为太阳轮。b－I 传动链由泵-马达液压传动系和 2 对齿轮副构成，a－I 传动链为直接连接。

相关传动比为 $$i_{aI}=1 \quad i_{bI}=\frac{e}{i_1 i_2} \quad i_{Ca}^{b}=\frac{k}{1+k} \quad i_{Cb}^{a}=\frac{1}{1+k}$$

$$i_{CI}^{a}=i_{Cb}^{a}i_{bI}=\frac{e}{(1+k)\ i_1 i_2} \quad i_{CI}^{b}=i_{Ca}^{b}i_{aI}=\frac{k}{1+k}$$

$$i_{CI}=i_{CI}^{a}+i_{CI}^{b}=\frac{e}{(1+k)\ i_1 i_2}+\frac{k}{1+k} \quad i_{IC}=\frac{1}{i_{CI}}$$

且
$$i_{CI}^{a}i_{CI}^{b}=\frac{k}{(1+k)^2 i_1 i_2}e$$

式中，i_{aI}、i_{bI}、i_{CI}和 i_{IC}分别为图 6－10 中相应传动段的传动比；i_{Ca}^{b}为 b－I 链的 C 到 a 的传动比；i_{Cb}^{a}为 a－I 链的 C 到 b 的传动比；i_{CI}^{a}为 a－I 链的 C 到 I 的传动比；i_{CI}^{b}为 b－I 链的 C 到 I 的传动比；i_1、i_2分别为泵-马达系统前后齿轮副的传动比；k 为行星排特性参数；e 为排量比。

由以上各式可知：当 $e\geqslant 0$ 时，$i_{CI}^{a}i_{CI}^{b}\geqslant 0$，不存在功率循环，求得 F1 段的效率为

$$\eta_b=\{1+|i_{IC}|[|i_{CI}^{b}-i_{CI}^{b}i_{CI}|\Psi^{X}+|i_{CI}^{a}|(1/\eta_{bI}-1)]\}^{-1}\eta_{i5} \tag{6-39}$$

当 $e<0$ 时，$i_{CI}^{a}i_{CI}^{b}<0$，存在功率循环。因为 $|e|\leqslant 1$，而且在 HMCVT 中 $ki_1 i_2>1$，所以 $|i_{CI}^{b}|>|i_{CI}^{a}|$，功率循环出现在 b－I 传动链，求得 F1 段的效率为

$$\eta_b=\{1+|i_{IC}|[|i_{CI}^{b}-i_{CI}^{b}i_{CI}|\Psi^{X}+|i_{CI}^{a}|(1-\eta_{bI})]\}^{-1}\eta_{i5} \tag{6-40}$$

式中，η_{i5}为多段 HMCVT 中齿轮副 i_5 的传动效率；Ψ^{X} 为行星架固定时，a－b－C 传动的损失系数；η_{bI}为 b－I 传动链的效率，计算式为

$$\eta_{bI}=\eta_{i1}\eta_{pm}\eta_{i2} \tag{6-41}$$

式中，η_{i1}、η_{i2}分别为多段 HMCVT 中齿轮副 i_1 和 i_2 的传动效率。

（3）多段 HMCVT 的 F2 段效率计算　在 F2 段工作时，其输入传动轴和中间传动轴之间的传动结构与图 6－10（b）相同，封闭构件为行星架 b、太阳轮 a。a－I 传动链由泵-马达液压传动系和 2 对齿轮副构成，b－I 链传动为直接连接。

相关传动比为 $$i_{aI}=\frac{e}{i_1 i_2} \quad i_{bI}=1 \quad i_{Ca}^{b}=-\frac{1}{k} \quad i_{Cb}^{a}=\frac{1+k}{k}$$

$$i_{CI}^{a}=i_{Cb}^{a}i_{bI}=\frac{1+k}{k} \quad i_{CI}^{b}=i_{Ca}^{b}i_{aI}=-\frac{e}{ki_1 i_2}$$

$$i_{CI}=i_{CI}^{a}+i_{CI}^{b}=\frac{1+k}{k}-\frac{e}{ki_1 i_2} \quad i_{IC}=\frac{1}{i_{CI}}$$

且

$$i_{CI}^{a}i_{CI}^{b}=-\frac{1+k}{k^2 i_1 i_2}e$$

当 $e<0$ 时，$i_{CI}^{a}i_{CI}^{b}>0$，不存在功率循环。求得 F2 段的效率为

$$\eta_b=\{1+|i_{IC}|[|i_{CI}-i_{bI}|\Psi^{X}+|i_{CI}^{b}|(1/\eta_{aI}-1)]\}^{-1}\eta_{i5} \tag{6-42}$$

当 $e\geqslant 0$ 时，$i_{CI}^{a}i_{CI}^{b}\leqslant 0$，存在功率循环。由于$|i_{CI}^{b}|<|i_{CI}^{a}|$，功率循环出现在 a－I 传动链，求得 F2 段的效率为

$$\eta_b=\{1+|i_{IC}|[|i_{CI}-i_{bI}|\Psi^{X}+|i_{CI}^{b}|(1-\eta_{aI})]\}^{-1}\eta_{i5} \tag{6-43}$$

式中，η_{aI}为 a－I 传动链的效率，计算式为

$$\eta_{aI}=\eta_{i1}\eta_{pm}\eta_{i2} \tag{6-44}$$

（4）多段HMCVT的其他段效率计算　F3、F5、R1各段与F1段类似，F4、F6、R2各段与F2段类似，其效率计算式见表6-6。纯机械挡G1、G2、G3、GR1的效率分别等于η_5、η_6、η_7、$\eta_3\eta_4$。

表6-6　HMCVT各段的效率特性

段号	传动效率计算公式	
	$e\geqslant0$ 时	$e<0$ 时
F1	$\{1+\lvert i_{IC}\rvert[\lvert i_{CI}^{b}-i_{CI}^{b}i_{CI}\rvert\Psi^{X}+\lvert i_{CI}^{a}\rvert(1/\eta_{bI}-1)]\}^{-1}\eta_{i5}$	$\{1+\lvert i_{IC}\rvert[\lvert i_{CI}^{b}-i_{CI}^{b}i_{CI}\rvert\Psi^{X}+\lvert i_{CI}^{a}\rvert(1-\eta_{bI})]\}^{-1}\eta_{i5}$
F2	$\{1+\lvert i_{IC}\rvert[\lvert i_{CI}-i_{bI}\rvert\Psi^{X}+\lvert i_{CI}^{b}\rvert(1-\eta_{aI})]\}^{-1}\eta_{i5}$	$\{1+\lvert i_{IC}\rvert[\lvert i_{CI}-i_{bI}\rvert\Psi^{X}+\lvert i_{CI}^{b}\rvert(1/\eta_{aI}-1)]\}^{-1}\eta_{i5}$
F3	$\{1+\lvert i_{IC}\rvert[\lvert i_{CI}^{b}-i_{CI}^{b}i_{CI}\rvert\Psi^{X}+\lvert i_{CI}^{a}\rvert(1/\eta_{bI}-1)]\}^{-1}\eta_{i6}$	$\{1+\lvert i_{IC}\rvert[\lvert i_{CI}^{b}-i_{CI}^{b}i_{CI}\rvert\Psi^{X}+\lvert i_{CI}^{a}\rvert(1-\eta_{bI})]\}^{-1}\eta_{i6}$
F4	$\{1+\lvert i_{IC}\rvert[\lvert i_{CI}-i_{bI}\rvert\Psi^{X}+\lvert i_{CI}^{b}\rvert(1-\eta_{aI})]\}^{-1}\eta_{i6}$	$\{1+\lvert i_{IC}\rvert[\lvert i_{CI}-i_{bI}\rvert\Psi^{X}+\lvert i_{CI}^{b}\rvert(1/\eta_{aI}-1)]\}^{-1}\eta_{i6}$
F5	$\{1+\lvert i_{IC}\rvert[\lvert i_{CI}^{b}-i_{CI}^{b}i_{CI}\rvert\Psi^{X}+\lvert i_{CI}^{a}\rvert(1/\eta_{bI}-1)]\}^{-1}\eta_{i7}$	$\{1+\lvert i_{IC}\rvert[\lvert i_{CI}^{b}-i_{CI}^{b}i_{CI}\rvert\Psi^{X}+\lvert i_{CI}^{a}\rvert(1-\eta_{bI})]\}^{-1}\eta_{i7}$
F6	$\{1+\lvert i_{IC}\rvert[\lvert i_{CI}-i_{bI}\rvert\Psi^{X}+\lvert i_{CI}^{b}\rvert(1-\eta_{aI})]\}^{-1}\eta_{i7}$	$\{1+\lvert i_{IC}\rvert[\lvert i_{CI}-i_{bI}\rvert\Psi^{X}+\lvert i_{CI}^{b}\rvert(1/\eta_{aI}-1)]\}^{-1}\eta_{i7}$
H1	$\eta_{i1}\eta_{pm}\eta_{i2}\eta_{i5}$	$\eta_{i1}\eta_{pm}\eta_{i2}\eta_{i5}$
R1	$\{1+\lvert i_{IC}\rvert[\lvert i_{CI}^{b}-i_{CI}^{b}i_{CI}\rvert\Psi^{X}+\lvert i_{CI}^{a}\rvert(1/\eta_{bI}-1)]\}^{-1}\eta_{i3}\eta_{i4}$	$\{1+\lvert i_{IC}\rvert[\lvert i_{CI}^{b}-i_{CI}^{b}i_{CI}\rvert\Psi^{X}+\lvert i_{CI}^{a}\rvert(1-\eta_{bI})]\}^{-1}\eta_{i3}\eta_{i4}$
R2	$\{1+\lvert i_{IC}\rvert[\lvert i_{CI}-i_{bI}\rvert\Psi^{X}+\lvert i_{CI}^{b}\rvert(1-\eta_{aI})]\}^{-1}\eta_{i3}\eta_{i4}$	$\{1+\lvert i_{IC}\rvert[\lvert i_{CI}-i_{bI}\rvert\Psi^{X}+\lvert i_{CI}^{b}\rvert(1/\eta_{aI}-1)]\}^{-1}\eta_{i3}\eta_{i4}$

（5）多段HMCVT的效率计算流程　HMCVT属于闭式行星齿轮传动，当排量变化时，传动比、各路功率流的大小都发生变化，并可能出现功率循环。同时泵-马达液压传动系效率也随着角速度、油压和排量变化，而这些量又随发动机输入功率和变速器传动比变化，结果使各物理量之间耦合较强。因此，传动效率的计算必须按照合理的步骤进行。通过前述分析，可总结出HMCVT的效率计算流程，如图6-11所示。

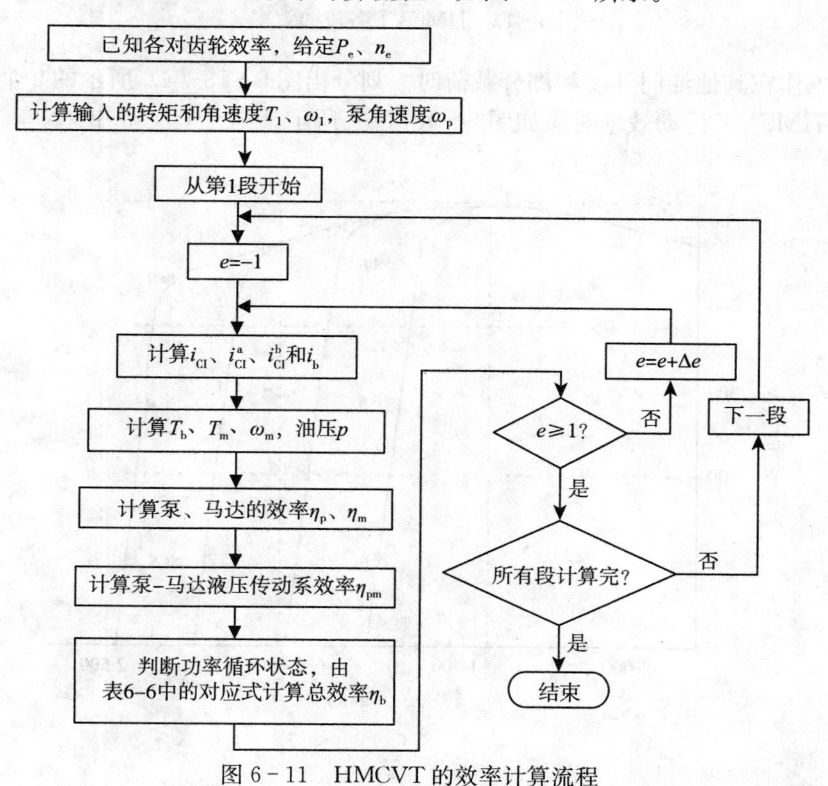

图6-11　HMCVT的效率计算流程

(6) 多段 HMCVT 的效率计算结果分析　依照上述算法，能够计算出在任意给定的输入功率下，对应各传动比和行驶速度的多段 HMCVT 效率。当发动机工作在额定工作点时，前进方向各段的效率特性如图 6-12 所示。图中，粗实线表示各段工作区的效率，细实线表示变量泵排量比在正负极限之间变化时的各段效率，虚线表示泵-马达液压传动系效率。

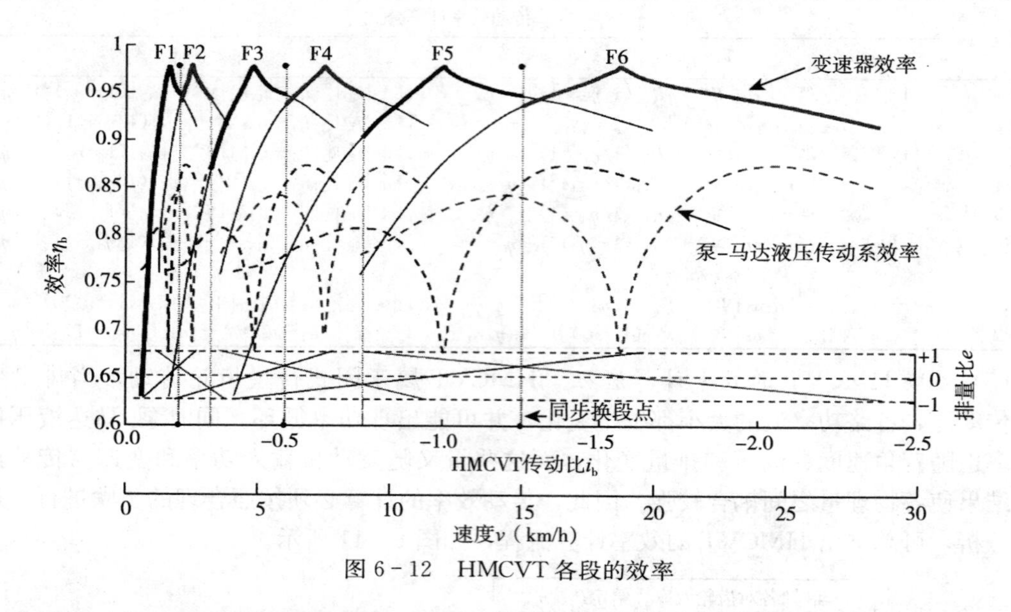

图 6-12　HMCVT 各段的效率

发动机工作在其他油门开度和部分载荷时，划分出图 6-13 (a) 所示的 9 个区，选定若干点求得的 HMCVT 传动效率对应如图 6-13 (b) 所示。结合上文可知：

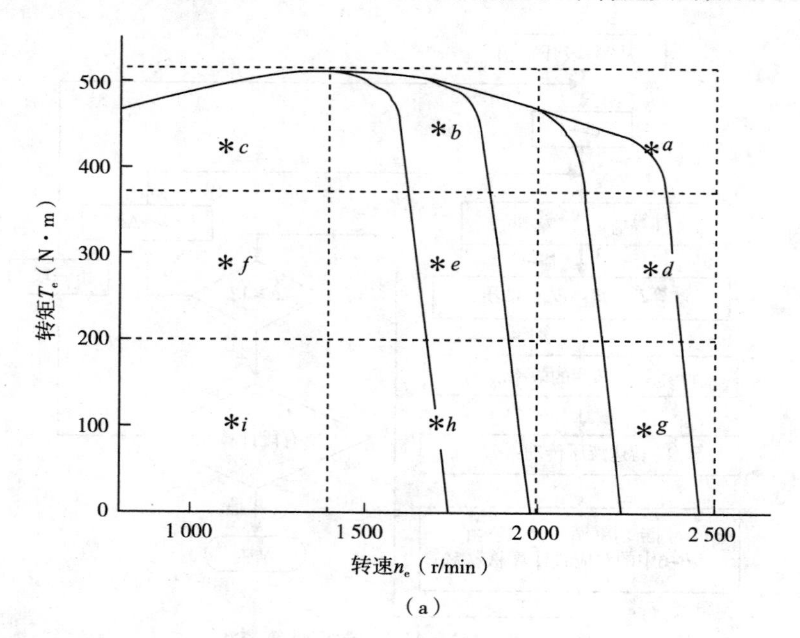

(a)

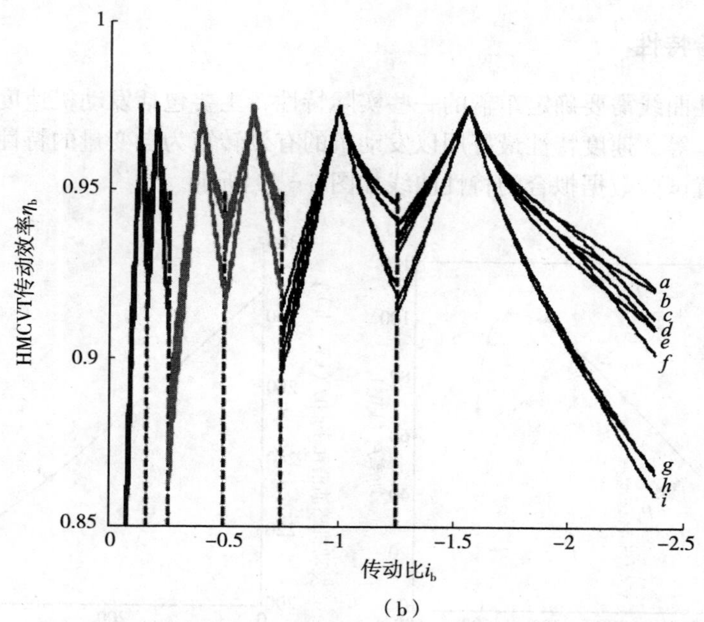

（b）

图 6－13　发动机在不同工作区域时的 HMCVT 传动效率

①多段 HMCVT 的平均效率高于纯液压传动效率，低于纯机械传动效率。

②在泵排量为零的附近，液压路功率流很小，传动效率接近纯机械传动效率，是变速器优先工作的区域。

③同步换段点选在排量比非最大位置，能够避免使用每段的低效率区，从而提高多段 HMCVT 效率，但是实现同样的传动比范围需要较多的工作段数。

④在 5～11km/h 的车辆常用作业速度区，多段 HMCVT 的传动效率较高。

⑤在发动机转矩较小时，HMCVT 的传动效率明显下降。在发动机的正常转速范围内，转速变化对效率的影响不大。因此，当发动机工作在额定工作点附近时，多段 HMCVT 的传动效率可统一用额定工作点的效率代替。

6.3 无级变速车辆牵引特性研究

车辆牵引特性通常用牵引特性曲线表示。车辆理论牵引特性曲线是在某种土壤条件下，车辆在水平地段上稳定工作时，其牵引性和燃料经济性的指标值随水平载荷变化的规律的曲线，也就是车辆滑转率、实际速度、牵引功率、小时燃油消耗量和燃油消耗率随车辆挂钩牵引力变化的关系曲线。

理论牵引特性曲线把车辆的各项牵引性和燃料经济性指标综合在一起，比较全面而具体地反映出车辆各种性能之间的关系，可用以分析、比较、评价车辆的牵引性和燃料经济性。在新车辆或变速器设计阶段，理论牵引特性曲线可用来分析变速器与车辆传动性能的匹配。

根据装备有级变速器的车辆牵引特性绘制方法，给出装备了多段 HMCVT 的车辆的理论牵引特性曲线表达方法。

6.3.1 车辆试验特性

绘制牵引特性曲线需要确定车辆的一些实际特性，主要包括发动机速度特性、变速器传动比、车辆滑转率等。速度特性最好用以发动机的有效转矩为自变量的特性曲线表示。车辆根据最大调速位置试验数据拟合的特性曲线如图 6-14 所示。

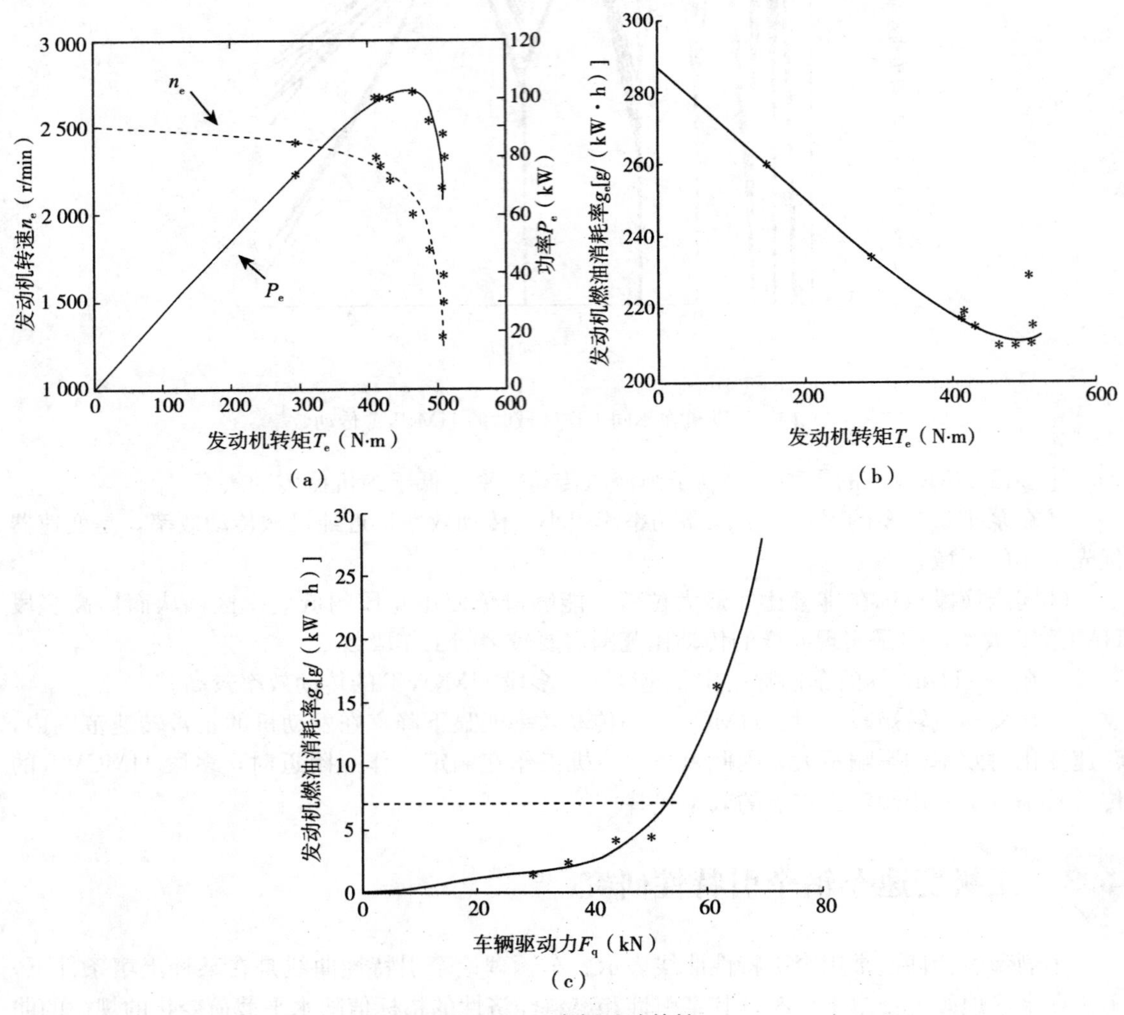

图 6-14 车辆试验特性

转矩-转速特性曲线拟合方程为

$$n_e = 2\ 650 - 150/(1 - T_e/520)^{4/7} \tag{6-45}$$

式中，n_e 为发动机转速，r/min；T_e 为发动机转矩，N·m。

转矩-功率特性曲线拟合方程为

$$P_e = T_e[2\ 650 - 150/(1 - T_e/520)^{4/7}]/9.55 \tag{6-46}$$

式中，P_e 为发动机功率，kW。

转矩-燃油消耗率特性曲线拟合方程为

$$g_e = 20/\sqrt{2 - T_e/290} - T_e/5 + 273 \tag{6-47}$$

式中，g_e 为发动机燃油消耗率，g/(kW·h)。

6.3.2 车辆牵引效率

车辆牵引效率反映发动机功率转换为车辆牵引功率的能力，是评价车辆牵引附着性能的一个综合指标。图 6-15 所示为车辆功率传递路线图。牵引效率等于车辆牵引功率与相应的发动机功率的比值，即

$$\eta_T = \frac{P_T}{P_e} = \frac{P_q}{P_e}\frac{P_T}{P_q} = \eta_c \eta_x = \eta_b \eta_z \eta_l \eta_\delta \eta_f \tag{6-48}$$

式中，η_T 为车辆牵引效率；P_q、P_T 分别为车辆驱动功率和车辆牵引功率，W；η_c 为车辆传动系效率；η_x 为车辆行走系效率；η_b 为变速器传动效率；η_z 为中央传动和轮边传动的总效率；η_l 为履带驱动段效率；η_δ 为车辆滑转效率；η_f 为车辆滚动效率。

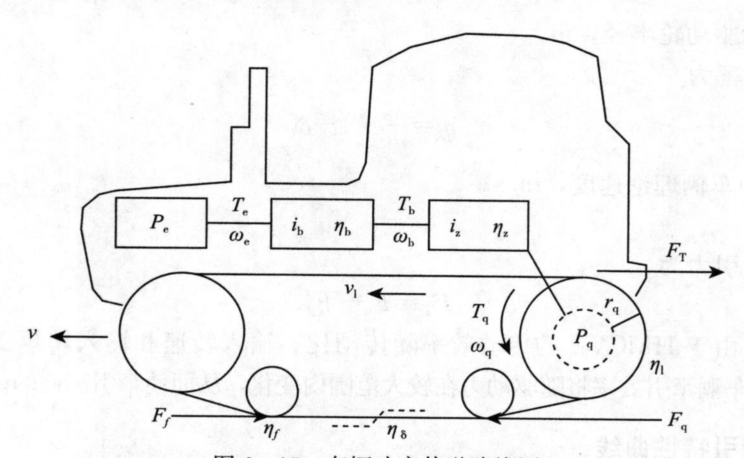

图 6-15 车辆功率传递路线图

注：T_b、ω_b 分别为变速器的转矩和变速器的输出角速度。

车辆驱动功率为

$$P_q = T_q \omega_q \tag{6-49}$$

式中，T_q 为驱动轮转矩，N·m；ω_q 为驱动轮角速度，rad/s。

车辆牵引功率为

$$P_T = F_T v \tag{6-50}$$

式中，F_T 为车辆挂钩牵引力，N；v 为车辆行驶速度，km/h。

车辆传动系效率为

$$\eta_c = \frac{P_q}{P_e} = \frac{T_q \omega_q}{T_e \omega_e} = \eta_b \eta_z \tag{6-51}$$

式中，ω_e 为发动机角速度，rad/s。

驱动轮转矩为

$$T_q = \eta_c \frac{i_z T_e}{i_b} \tag{6-52}$$

式中，i_b 为变速器传动比；i_z 为中央传动和轮边传动的总传动比。

驱动轮角速度为

$$\omega_q = \frac{i_b \omega_e}{i_z} \tag{6-53}$$

车辆行走系效率为

$$\eta_x = \frac{P_T}{P_q} = \eta_l \eta_\delta \eta_f \tag{6-54}$$

车辆滚动效率为

$$\eta_f = 1 - \frac{F_f}{F_q} \tag{6-55}$$

式中，F_f 为车辆滚动阻力，N；F_q 为车辆驱动力，N。

车辆驱动力为

$$F_q = \eta_l \frac{T_q}{r_q} \tag{6-56}$$

式中，r_q 为驱动轮半径，m。

车辆滑转效率为

$$\eta_\delta = \frac{v}{v_1} = 1 - \delta \tag{6-57}$$

式中，v_1 为车辆理论速度，m/s。

$$v_1 = \omega_q r_q \tag{6-58}$$

车辆挂钩牵引力为

$$F_T = F_q - F_f \tag{6-59}$$

分析表明，由于 HMCVT 的传动效率随传动比、输入转速和输入转矩变化，η_δ、η_f 随着驱动力变化，车辆牵引效率将随驱动力在较大范围内变化，从而使牵引特性的计算变得复杂。

6.3.3 车辆牵引特性曲线

牵引特性的计算要点为：

①将 HMCVT 的各工作段分段绘制，每一段中将传动比离散化。分段离散化有利于对照各段任意传动比下的牵引特性，也便于通过图示找到在同步换段传动比下，相邻两段对应牵引功率相等的发动机转速，确定牵引功率最大的无级变速规律。

②HMCVT 的效率不仅随载荷变化，也随输入转速变化，不能够根据驱动力直接求效率和牵引特性。因此，应该首先给定发动机转矩 T_e，根据速度特性求 P_e、n_e 和 g_e，再求取对应传动比 i_b 下的 η_b，然后求 T_q、ω_q，以及 P_q、F_q、F_T、v，最后由求得的 F_q 建立给定 i_b 下的 F_q 与 P_e、g_e、P_T、v 的关系。

③令发动机转矩从 0 变化到最大转矩 T_{emax}，计算 F_q，忽略 F_q 大于极限驱动力 F_{qmax} 的那部分的牵引特性计算值。F_{qmax} 取滑转率等于 17%时的 F_q 值。

装备了多段 HMCVT 的车辆的牵引特性如图 6－16 所示，原有的有级变速传动车辆的牵引特性如图 6－17 所示。对照表明：

①在使用的牵引力范围内，有级变速车辆仅能在部分范围内得到大的牵引功率，而装备

HMCVT 的车辆，在整个主要工作区域内都能得到较大的牵引功率。这说明 HMCVT 能够满足车辆的装机要求，在使用的牵引力范围内可保证较高的牵引效率，HMCVT 可与车辆实现良好匹配。

②F1、F2 段在车辆最大附着力范围内，提供的牵引功率小于其他段，因此在牵引工况下应避免使用。

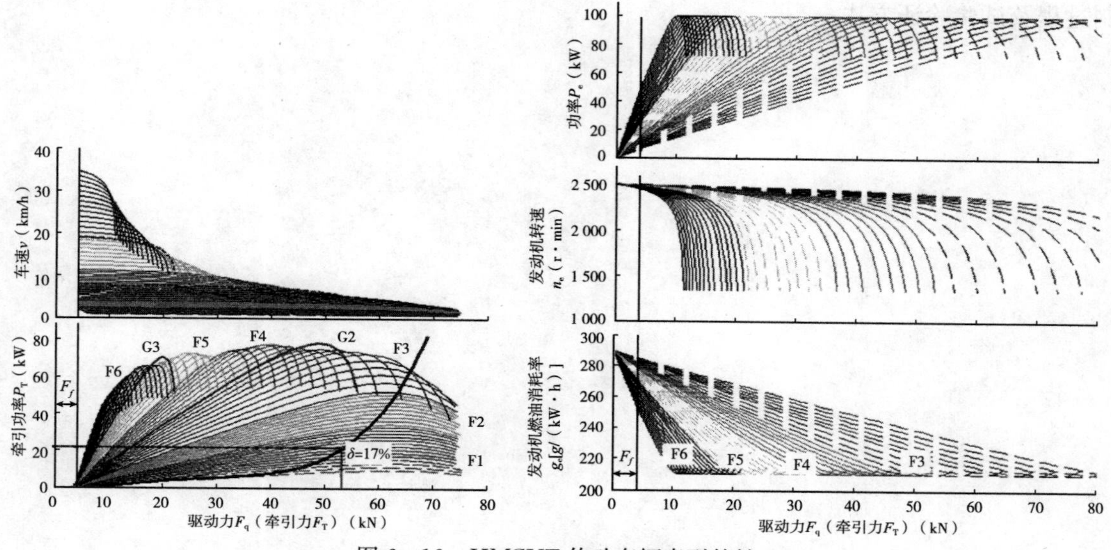

图 6－16　HMCVT 传动车辆牵引特性

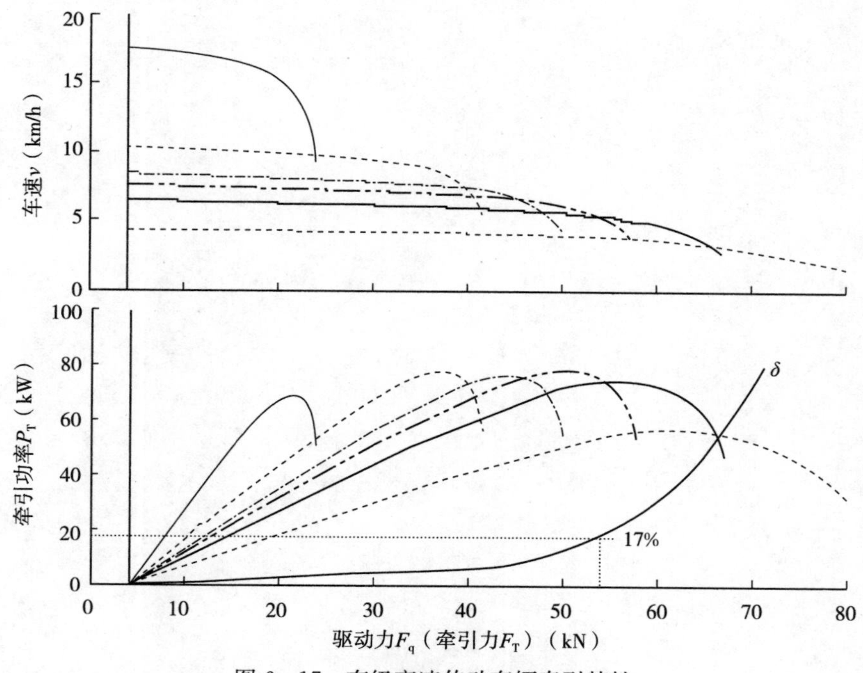

图 6－17　有级变速传动车辆牵引特性

6.4 本章小结

本章主要对 HMCVT 的特性、工作原理、数学建模、控制系统进行了详细阐述。介绍 HMCVT 的控制策略时，本章采用的是模糊-PID 动态加权综合控制器的设计参数设置和控制过程及试验验证方法。

第7章 拖拉机双离合器自动变速器（DCT）

7.1 拖拉机 DCT 的结构与工作原理

拖拉机 DCT 结构原理如图 7－1 所示。离合器 C1 和 C2 的接合与分离，由电子控制系统、机械系统以及液压系统共同控制。在换挡的前一时刻，离合器 C1 处于完全接合状态，离合器 C2 处于完全分离状态。换挡动作开始后，前一时刻处于接合状态的离合器开始慢慢分离，同时，前一时刻处于分离状态的离合器开始慢慢接合，二者动作同步进行，直至换挡动作完成。这样，在换挡过程中，始终有 1 个离合器处于接合状态，通过与之相连的输出轴传递发动机动力，而不需要完全切断动力。

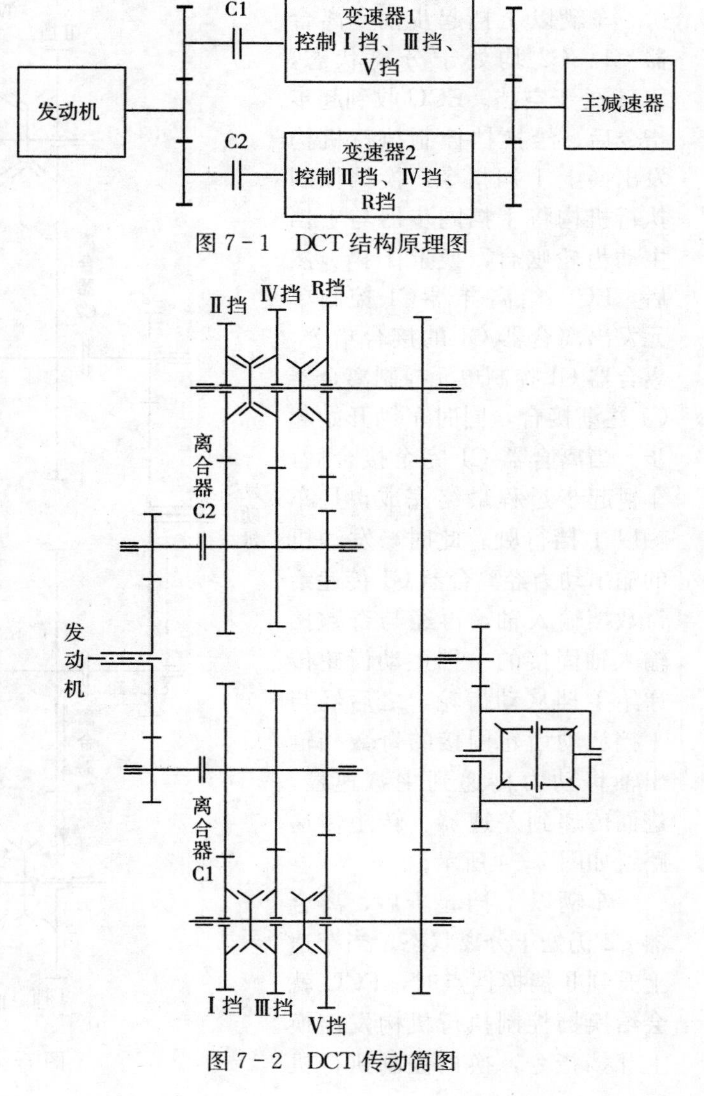

图 7－1　DCT 结构原理图

图 7－2　DCT 传动简图

DCT 结构与其他类型的变速器差别很大。某 5＋1 挡 DCT 传动简图如图 7－2 所示。DCT 由与奇数挡输入轴固接的离合器 C1、与偶数挡输入轴固接的离合器 C2、奇数挡输入轴、偶数挡输入轴、中间轴、奇数挡输出轴、偶数挡输出轴、奇数挡主从动齿轮、偶数挡主从动齿轮及液压操控机构和 ECU 等构成。换挡控制基本原理如图 7－3 所示。

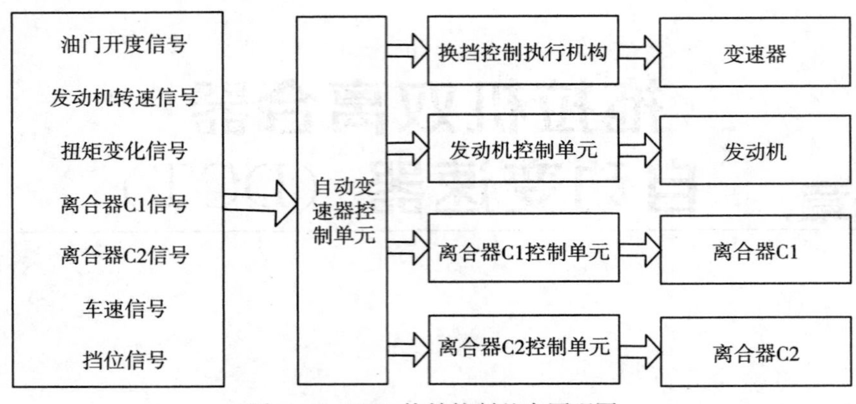

图 7－3　DCT 换挡控制基本原理图

车辆以Ⅰ挡起步前，离合器 C1、C2 均处于分离状态，DCT 处于空挡。ECU 收到起步指令后，给换挡控制执行机构发出换上Ⅰ挡指令，换挡控制执行机构将Ⅰ挡同步器与Ⅰ挡主动齿轮啮合，换上Ⅰ挡。然后，ECU 给离合器 C1 控制单元发出离合器 C1 的接合指令，离合器 C1 控制单元控制离合器 C1 逐渐接合，同时车辆开始起步。当离合器 C1 完全接合后，车辆起步过程最终完成，且车辆以Ⅰ挡行驶。此时，发动机的输出动力经离合器 C1 传递给奇数挡输入轴，再经与奇数挡输入轴固接的Ⅰ挡主动齿轮传递给Ⅰ挡从动齿轮，之后经与Ⅰ挡从动齿轮固接的奇数挡输出轴将动力传递到主减速器，进而传递到差速器。转矩传递路线如图 7－4 所示。

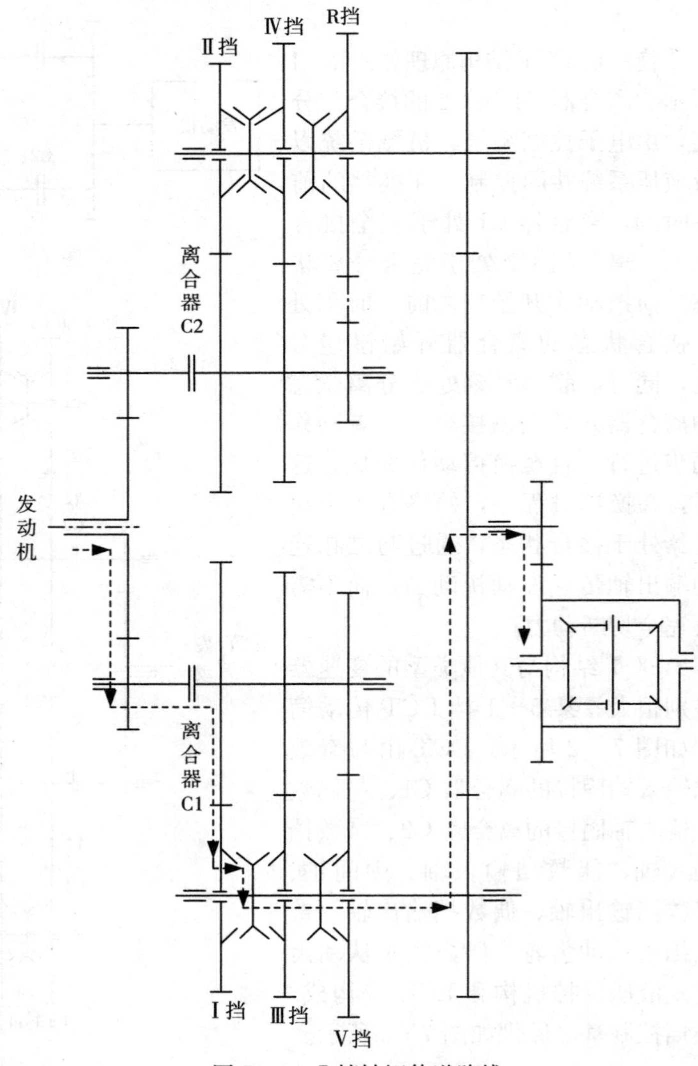

图 7－4　Ⅰ挡转矩传递路线

车辆以Ⅰ挡起步后，离合器 C2 仍处于分离状态。当车速上升到Ⅱ挡换挡点时，ECU 就会给换挡控制执行机构发出换上Ⅱ挡指令，换挡控制执行机构将Ⅱ挡同步器与Ⅱ挡主动齿轮啮合，提前换上Ⅱ挡。接着ECU会给离合器C2控制单元发出接合指令，给离合器C1控制单元发出分离指令，离合器执行机构通过控制两组离合器的油压变化来使离合器C1逐渐分离、离合器C2逐渐接合，直至离合器C1完全分离、离合器C2完全接合。最后，ECU就会给换挡控制执行机构发出摘下Ⅰ挡指令，摘下Ⅰ挡，最终实现了Ⅰ挡换Ⅱ挡。此时，发动机的输出动力经离合器C2传递给偶数挡输入轴，再经与偶数挡输入轴固接的Ⅱ挡主动齿轮传递给Ⅱ挡从动齿轮，之后经与Ⅱ挡从动齿轮固接的偶数挡输出轴将动力传递到主减速器，进而传递到差速器。转矩传递路线如图7-5所示。

在车辆行驶过程中，其他挡位的切换与上述过程类似，且奇数挡动力的传递路线与图7-4类似，偶数挡动力的传递路线与图7-5类似。

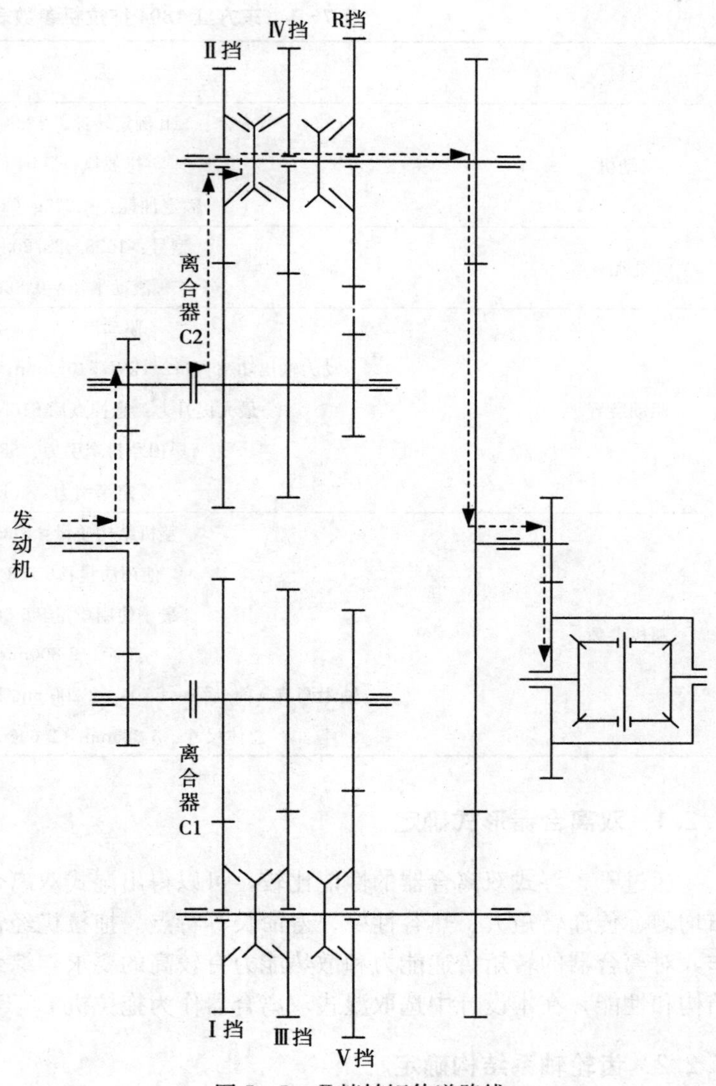

图7-5　Ⅱ挡转矩传递路线

7.2 拖拉机DCT结构性能分析

拖拉机的工作环境同汽车的工作环境差别巨大，因此对变速器的要求也存在着许多差别。汽车用变速器多追求操作舒适、运行平稳，挡位数一般不超过6个，而拖拉机变速器多要求大转矩、运行可靠，挡位数一般都在10个左右，且随着技术进步，挡位数呈现增多趋势，有的达到几十个之多。这就要求，在设计拖拉机DCT的时候，需要考虑拖拉机工况与汽车工况的不同之处，在结构上做出相应的改变。本设计选取的东方红1804拖拉机的参数如表7-1所示。

表 7-1　东方红 1804 拖拉机参数表

项目	参　数
发动机	12h 额定转速：2 200r/min 排放执行：国Ⅰ 额定油耗：<235g/(kW・h)
轮胎	型号：16.8-28/20.7-38 滚动半径：0.88m
驱动装置	驱动形式：4×4 动力输出功率：112.1kW/540r/min，112.1kW/1 000r/min 最大提升力：悬挂点后 610mm 处≥36kN 旱田犁耕牵引力：58.5kN 额定牵引力：40kN
整机参数	整机结构质量：6 390kg 使用质量：6 783 kg 最小使用质量：6 500kg 轮距：2 800mm 轴距调节（前/后）：1 704～2 200mm/1 620～2 200mm（可调） 总体尺寸：5 285mm×2 696mm×2 960mm

7.2.1　双离合器形式确定

通过干、湿式双离合器的性能比较，可以得出湿式双离合器具有控制品质良好、压力分布均匀、传递转矩大、热容性好、寿命长等特点。拖拉机经常在低转速、高转矩的状态下作，对离合器的转矩传递能力和散热能力有较高的要求。综合比较干、湿式双离合器各自的结构和性能，在本设计中选取湿式双离合器作为拖拉机 DCT 的双离合器形式。

7.2.2　齿轮轴系结构确定

DCT 可分为两轴式、中间轴式 2 种类型。类型不同，结构不同，但都具有挡位预置、换挡迅速、无动力中断、换挡平顺等特点。综合比较 3 种 DCT 齿轮轴系的特点，结合拖拉机变速器自身的特点，本设计采用三中间轴式结构。其结构如图 7-6 所示。

三中间轴式 DCT 与双中间轴式 DCT 的传动形式和功率流比较相似，均是将动力经过中间轴改变传动比，再经 1 根动力输出轴将动力输出。双中间轴式 DCT 同两轴式 DCT 相比，最大的区别就是使用了两根中间轴来传递输入轴到输出轴的动力，具有挡位多、轴向尺寸小和能设计直接挡的优势。同样的，三中间轴式 DCT 可以设计更多的挡位，也可以布置直接挡。本设计中的拖拉机 DCT 采用与双中间轴式 DCT 不同的倒挡方式，通过加装 1 个反向机构，改变所有前进挡的方向，可以得到与前进挡相同转矩、相同数量的倒挡。

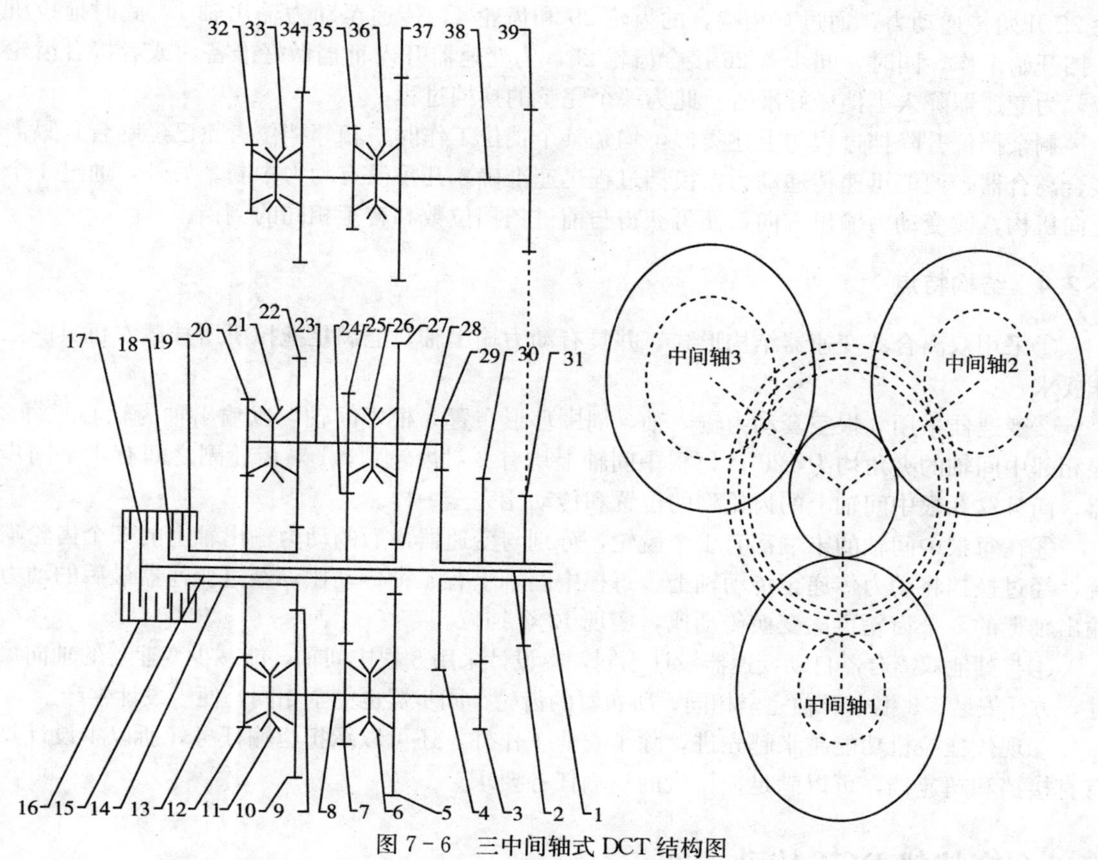

图 7-6　三中间轴式 DCT 结构图

1、2. 动力输出轴　3、5、7、10、12、20、22、25、27、29、32、34、35、37、39. 中间轴齿轮　4、30、31. 输出轴齿轮　6. Ⅴ、Ⅶ挡同步器　8. 第二中间轴　9、13、24、28. 主动齿轮　11. Ⅵ、Ⅷ挡同步器　14、15. 动力输入轴　16. 离合器盖　17、18、19. 离合器　21. Ⅱ、Ⅳ挡同步器　23. 第一中间轴　26. Ⅰ、Ⅲ挡同步器　33. Ⅹ、Ⅻ挡同步器　36. Ⅸ、Ⅺ挡同步器　38. 第三中间轴

7.2.3　工作原理

动力输出轴 2 为一实心轴。当拖拉机需要挂载农机具作业的时候，离合器 17 与发动机接合传输动力，否则不接合。

第一中间轴上放置Ⅰ、Ⅱ、Ⅲ、Ⅳ挡，第二中间轴上放置Ⅴ、Ⅵ、Ⅶ、Ⅷ挡，第三中间轴上放置Ⅸ、Ⅹ、Ⅺ、Ⅻ挡。同步器 26 为Ⅰ、Ⅲ挡同步器，同步器 21 为Ⅱ、Ⅳ挡同步器，同步器 6 为Ⅴ、Ⅶ挡同步器，同步器 11 为Ⅵ、Ⅷ挡同步器，同步器 36 为Ⅸ、Ⅺ挡同步器，同步器 33 为Ⅹ、Ⅻ挡同步器。

变速器工作时，离合器 18 与发动机接合，同步器 26 同齿轮 27 接合，第一中间轴开始输出动力，通过齿轮 29，将动力传递至动力输出轴 1 上，此时拖拉机Ⅰ挡开始工作，同时，同步器 21 接合齿轮 22。

当需要升至Ⅱ挡时，离合器 18 断开与发动机的连接，离合器 19 立刻与发动机接合，齿轮 22 开始传递动力，通过互相啮合的齿轮 29 和齿轮 4，传递至动力输出轴 1，此时拖拉机Ⅱ挡开始工作，同时，同步器 26 接合齿轮 25，为变速器升入Ⅲ挡做好准备，或者接合齿轮 27，为变速器降入Ⅰ挡做好准备。此为一个完整的换挡过程。

剩余挡位升降挡过程与上述类似，均是某个挡位工作时，相邻挡位齿轮已经啮合，只需接合离合器，便能迅速传递动力，换挡过程迅速准确，几乎没有动力中断。另外，通过 1 个反向机构，改变动力输出方向，便可获得与前进挡挡位数和转矩相同的倒挡。

7.2.4 结构特点

①采用双离合器变速器结构形式，并具有动力输出轴，能满足拖拉机所挂载农机具的工作要求。

②变速器采用 3 根空套动力输入轴，周围环形布置 3 根中间轴，以输出轴为轴心，每 2 根相邻中间轴的夹角均为 120°。每根中间轴上均有 2 对齿轮副，1 对齿轮副之间有 1 个同步器，而且这 3 根中间轴上的齿轮副的位置和传动比完全一样。

③在每根中间轴的末端都有 1 个齿轮，分别与变速器最后的动力输出轴上的 3 个齿轮啮合，经过换挡将动力传递至传动轴上。每根中间轴上有 4 种传动比，经过变速器最后的动力输出轴上的 3 个齿轮再次变换传动比，实现 12 个挡位。

④与其他双离合器自动变速器设计不同，本设计采用 3 根中间轴，能减少变速器的轴向尺寸，方便安装。3 根中间轴完全相同，所布置的齿轮、同步器也完全相同，便于设计生产。

⑤现代拖拉机功能越来越先进，除了农业工作外，还可以承担运输任务，所以本设计具有直接挡和超速挡，可以满足拖拉机的运输任务要求。

7.3 拖拉机 DCT 传动方案

7.3.1 传动比确定

机组运动速度是机组生产率的一个主要决定因素。机组运动速度的大小，首先取决于动力种类及其功率的大小。在以人力和畜力为动力的时期，作业速度只能在 2.5～4km/h 的范围内变化。自从内燃机作为农业动力后，作业速度提高，在 4～5.5km/h 的范围内。

国外机组高速作业研究，可分为 2 个阶段。第一个阶段是把原有机组的工作速度从 3.5～7km/h 提高到 5～9km/h；第二个阶段是进一步探索把机组工作速度提高到 9～15km/h。可以看出机组的工作速度是在不断提升的。

对于拖拉机缓行和爬行的挡位来说，主要根据作业要求确定其速度，然后根据速度确定传动比。综合考虑现阶段拖拉机产品参数和本地区农业作业环境，确定Ⅰ挡速度为 2.3km/h。再由公式 $v_n=0.377nr_q/i_ni_o$（其中，v_n、i_n 分别表示 n 挡速度、n 挡传动比，i_o＝主减速器传动比×轮边减速器传动比＝4.55×6.4＝29.1，发动机额定转速 n＝2 200r/min，拖拉机滚动半径 r_q＝0.88m)，计算得Ⅰ挡传动比 i_1 为 10.91。

根据发动机的速度特性，当发动机上的载荷接近其额定转矩 M_{ed} 时，其生产率和经济性较好。因此最好在任何工况下，发动机的工作载荷都等于或者略低于 M_{ed}。但是，当拖拉机进行各种作业时，由于作业项目和作业条件不同，其驱动力 F_q 会在一个较大的范围内变化。

$$F_q=\frac{M_e i\eta_{cl}}{r_q} \tag{7-1}$$

式中，M_e 为发动机的转矩；i 为各挡的总传动比；η_{cl} 为传动效率；r_q 为滚动半径。

在工作时 η_{cl} 和 r_q 可以认为是常数。当所需的 F_q 值不同时，若希望 M_e 始终等于 M_{ed}，则由上式看出，传动比 i 必须相应的随驱动力 F_q 成正比的变化，这就需要变速器为无级变速。当变速器为有级变速时，只具有有限的几个挡位，也就是只具有有限的几个传动比。因此，它只能使在 F_q 值时，M_e 尽可能地接近 M_{ed}。当挡位数越多，也就是可选择的传动比 i 越多时，越能使 M_e 在较接近 M_{ed} 的范围内变化。当然，这还与传动比 i 的选择是否恰当有关。

按几何级数确定传动比的原则是：无论拖拉机在哪个挡位上，发动机的转矩 M_e 都在一个相同的范围（$M_{min}\sim M_{ed}$）内工作。

设传动系有 3 个挡位，其传动比分别为 i_1、i_2、i_3，并且 $i_1>i_2>i_3$。按上述原则绘出 M_e-F_q 射线图，如图 7-7 所示。图中，当驱动力为 F_{qmax} 时，用Ⅰ挡（$i=i_1$）工作，其相应的发动机转矩为 M_{ed}，是最佳情况；随着 F_q 值的减小，M_e 也在减小；当 F_q 减小至 F'_q 时，M_e 也减小至 M_{min}。这时可以换用Ⅱ挡，$i=i_2$，此时 M_e 又等于了 M_{ed}；F_q 值由 F'_q 再下降，M_e 也随着下降，情况与上述相同。该图合乎上述原则：当驱动力在 $F_{qmin}\sim F_{qmax}$ 内任意变化时，各挡位上的发动机转矩都能保证在 $M_{min}\sim M_{ed}$ 的范围内工作，因此保持了较高的生产效率和较好的经济性。若不按几何级数确定传动比，则必然有一个或几个传动比 i 的值，其转矩 M_{ed} 的下限低于 M_{min}。

由图 7-7 可得

$$\frac{M_{min}}{M_{ed}}=\frac{F'_q}{F_{qmax}}=\frac{F''_q}{F'_q}=\frac{F_{qmin}}{F''_q}=q \tag{7-2}$$

式中的 q 称为几何级数的公比。

由式（7-2）可得

$$\frac{F_{qmin}}{F_{qmax}}=\frac{F'_q}{F_{qmax}}\cdot\frac{F''_q}{F'_q}\cdot\frac{F_{qmin}}{F''_q}=q\cdot q\cdot q=q^3 \tag{7-3}$$

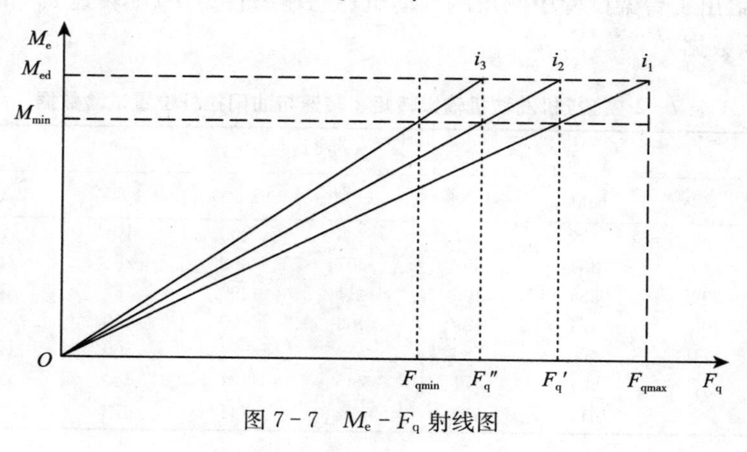

图 7-7 M_e-F_q 射线图

当挡位数为 n 时，同理可得

$$Q=\sqrt[n]{\frac{F_{qmin}}{F_{qmax}}} \tag{7-4}$$

若用发动机最小载荷系数 k_{min} 表示 M_{min} 与 M_{ed} 的比值，则由式（7-2）可得

$$k_{min}=\frac{M_{min}}{M_{ed}}=q \tag{7-5}$$

式（7-5）表示，发动机最小载荷系数 k_{min} 等于传动比的公比 q。根据课题的实际需要和理论依据，这里取 $k_{min}=0.79$。在相同的 $F_{qmin}\sim F_{qmax}$ 范围内，挡位数 n 越多，则 k_{min} 和 q 的值越接近 1，越有利于提高拖拉机的生产率和经济性。

计算得Ⅰ挡传动比 i_1 为 10.91。发动机最小载荷系数 k_{min} 等于传动比的公比 q，再由公式 $i_n=i_1q^{n-1}$ 可求得剩余挡位的传动比。结果如下：$i_2=8.62$，$i_3=6.81$，$i_4=5.38$，$i_5=4.25$，$i_6=3.36$，$i_7=2.65$，$i_8=2.1$，$i_9=1.66$，$i_{10}=1.31$，$i_{11}=1.03$，$i_{12}=0.82$。

上述传动比分配的方法，实际应用到拖拉机上时还有一些差异。在实际设计过程中，需要按此方法求出各挡速度和传动比是否满足各种作业的需要，可能要进行一些调整。同时，由于变速器结构的限制以及齿轮齿数等原因，也必然要做出一些修正。所以最后确定的传动比值，只是大概成几何级数关系。

7.3.2 发动机转矩传递特性

拖拉机经发动机产生动力并传递至驱动轮进行运输和作业。发动机转矩传递特性是指在油门拉杆位置不变的情况下，发动机的输出转矩 T_e、燃油消耗率 g_e 和输出功率 P_e 随发动机转速 n_e 的变化关系。发动机的转矩传递特性具有高度的非线性，很难用理论表达式表示出来。

当发动机负荷减小时，发动机转速升高，循环供油量也随之增加，导致转速进一步升高，直至飞车；反之，当负荷增大时，发动机转速降低，循环供油量降低，导致转速进一步降低，最后熄火。因此，柴油发动机转矩传递特性不能满足从动机械的要求，需装配调速器。转矩传递特性曲线由外特性曲线和调速曲线组成。

发动机运行状态数据通过发动机台架试验测得，发动机仿真模型的建立以台架试验数据为基础。在拖拉机的起步和换挡控制过程中，应用到的主要是发动机输出转矩随转速的变化关系。表 7-2 给出了台架试验中测得的发动机稳态输出转矩 T_{e0} 随转速 n_e 和油门拉杆位置 α 变化的稳态试验数据。

表 7-2　拖拉机发动机输出转矩、转速与油门拉杆位置试验数据

T_{e0}（N・m）		n_e（r/min）							
		800	1 000	1 200	1 400	1 600	1 800	2 000	2 200
α	0.1	99	199	204	206	200	174	121	87
	0.3	219	284	297	307	303	251	217	203
	0.5	299	386	403	411	390	367	311	293
	0.7	400	474	499	500	469	450	401	387
	0.9	471	499	589	550	524	500	444	401
	0.95	547	601	671	749	721	640	588	510
	1	582	617	750	792	741	673	607	550

研究表明，发动机稳态输出转矩与转速及油门拉杆位置呈现一定的函数关系，其关系式可表示为

$$T_{e0}=f(\alpha,n_e) \tag{7-6}$$

式中，T_{e0}为发动机稳态输出转矩；α为油门拉杆位置；n_e为发动机转速。

为了模型简化和研究方便，把同一油门拉杆位置下离散的转速与转矩试验数据利用拟合方法转换成连续的曲线，对不同油门拉杆位置对应的离散曲线进行插值，得到覆盖所有油门拉杆位置和转速对应的发动机稳态输出转矩值。本文采用最小二乘法把发动机稳态输出转矩拟合成关于转速和油门拉杆位置的三次函数，其表达式为

$$\overline{T_{e0}}=a_1n_e^3+a_2n_e^2\alpha+a_3n_e\alpha^2+a_4\alpha^3+a_5n_e^2+a_6n_e+a_7\alpha^2+a_8\alpha+a_9+a_{10}n_e\alpha \tag{7-7}$$

式中，a_1、a_2、a_3、a_4、a_5、a_6、a_7、a_8、a_9、a_{10}为拟合系数。

不同的发动机试验数据得出的拟合系数不同。图7-8所示为发动机稳态输出转矩随油门拉杆位置和转速的变化关系图。

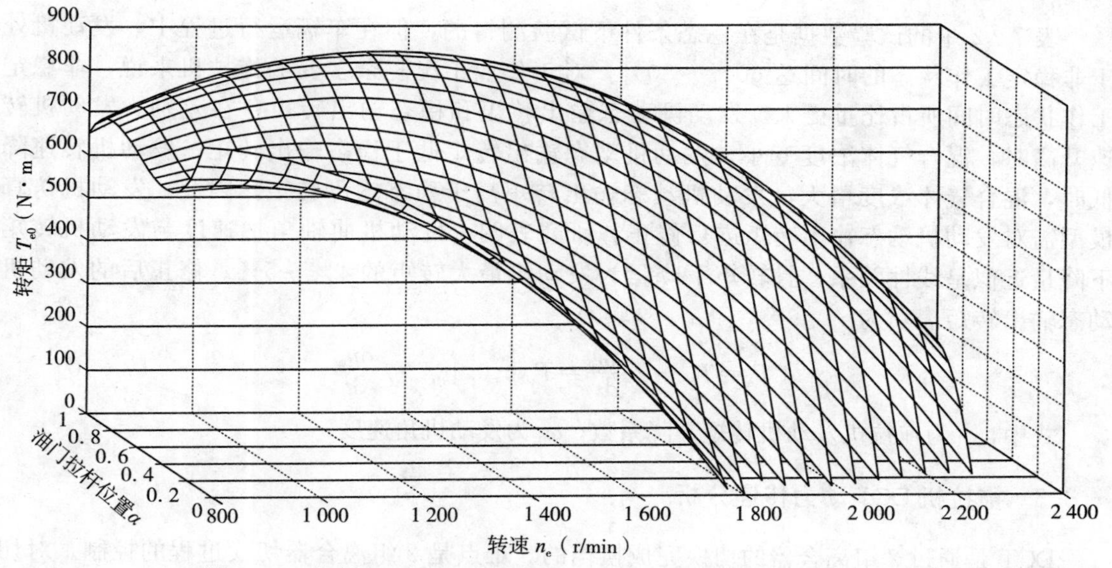

图7-8　发动机稳态输出转矩随油门拉杆位置和转速的变化关系图

当油门拉杆位置不变时，发动机稳态输出转矩是关于发动机转速的函数，可表示为

$$T_{e0}=f(n_e) \tag{7-8}$$

为了研究方便，得到一定油门拉杆位置下发动机稳态输出转矩随转速的拟合关系式为

$$\overline{T_{e0}}=b_1n_e^3+b_2n_e^2+b_3n_e+b_4 \tag{7-9}$$

式中，b_1、b_2、b_3、b_4为拟合系数。

不同油门拉杆位置下同一转速的稳态转矩输出值可通过差值求得。

油门拉杆位置是影响离合器换挡过程的重要因素，后文设置仿真工况时，取油门拉杆位置为$\alpha=0.8$。图7-9所示为该油门拉杆位置对应的输出转矩与转速关系曲线。

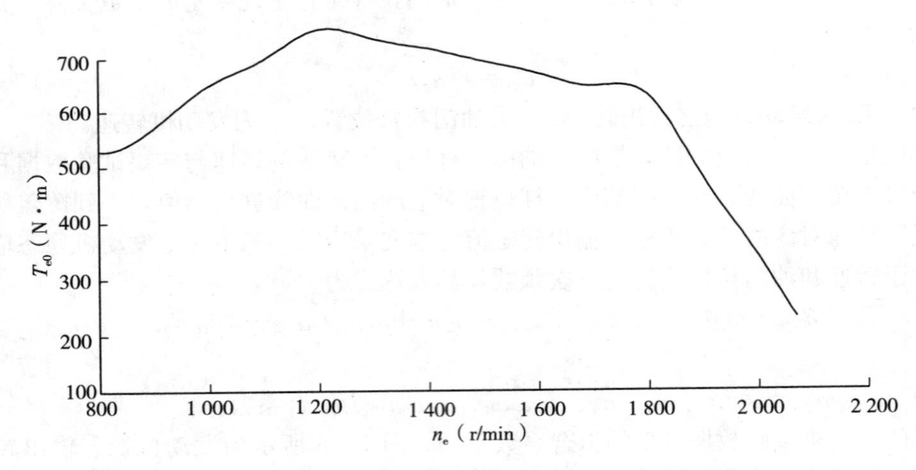

图 7-9　$\alpha=0.8$ 时的发动机输出转矩与转速关系曲线

表 7-2 中的试验数据是在稳态条件下试验测得的，但在车辆运行过程中，发动机处于非稳定工作状态的时间达 60%～80%，对于作业工况复杂多变的拖拉机来说，非稳定工作状态时间所占比重更大。发动机动态输出转矩和稳态输出转矩存在差别。发动机转速升高时，混合气体浓度变小，发动机动态输出转矩低于稳态输出转矩；发动机转速降低时，混合气体浓度增大，发动机动态输出转矩高于稳态输出转矩。因此，发动机仿真模型需对发动机动态输出转矩进行修正。研究表明，发动机曲轴角加速度与发动机转矩下降量近似呈线性关系，且转矩下降量为发动机最大转矩的 4%～5%。修正后的发动机动态输出转矩表示为

$$T_e=T_{e0}-\gamma\frac{d\omega_e}{dt}=T_{e0}-0.104\ 7\gamma\frac{dn_e}{dt} \tag{7-10}$$

式中，γ 为拖拉机发动机转矩下降系数；ω_e为发动机角速度。

7.3.3　拖拉机 DCT 动力传递分析

DCT 是通过 2 组离合器的切换完成换挡的。难点是 2 组离合器切换过程的控制。对切换过程中 2 组离合器的叠加量和接合速度进行控制是 DCT 研究的关键。在切换过程中，2 组离合器存在恰当的叠加。2 组离合器叠加过多会导致冲击度变大，滑摩功增加，加重离合器磨损等，影响换挡平顺性和离合器使用寿命；2 组离合器叠加不足会导致变速器输出转矩过低甚至动力中断，还会造成转矩传递系数过低，产生较大的动载荷，影响拖拉机的动力性和传动系的耐久性。离合器接合速度过快，会造成冲击度增大，影响换挡平顺性；离合器接合速度过慢，会使滑摩时间增长，滑摩功增加，影响离合器的使用寿命。因此，DCT 研发过程中的核心问题是对换挡过程进行精确控制。

下面结合拖拉机特殊的结构与作业工况，再参考汽车 DCT 换挡过程，对拖拉机换挡过程中各个阶段的转矩传递路线和动力学方程进行具体分析。

拖拉机田间作业工况复杂，换挡过程中影响因素较多，建模时需进行如下简化：

①假设拖拉机传动系是由无惯性的弹性环节和无弹性的惯性环节构成。

②忽略轴的振动。

③忽略齿轮啮合弹性以及轴承与轴承座的弹性。

④忽略系统里的阻尼与间隙。

拖拉机在田间进行作业时，车速较低，空气阻力可以忽略不计。由于升挡与降挡原理相同，这里仅以Ⅲ挡升Ⅳ挡为例进行换挡过程研究。由图 7-10 所示拖拉机 DCT 传动简图可知，拖拉机 DCT 换挡过程十分复杂。根据离合器 C1、C2 的分离和接合状态，将 DCT 换挡过程分为 5 个阶段：

①离合器 C1 接合，离合器 C2 分离阶段。

②离合器 C1 接合，离合器 C2 滑摩阶段。

③离合器 C1 滑摩，离合器 C2 滑摩阶段。

④离合器 C1 分离，离合器 C2 滑摩阶段。

⑤离合器 C1 分离，离合器 C2 接合阶段。

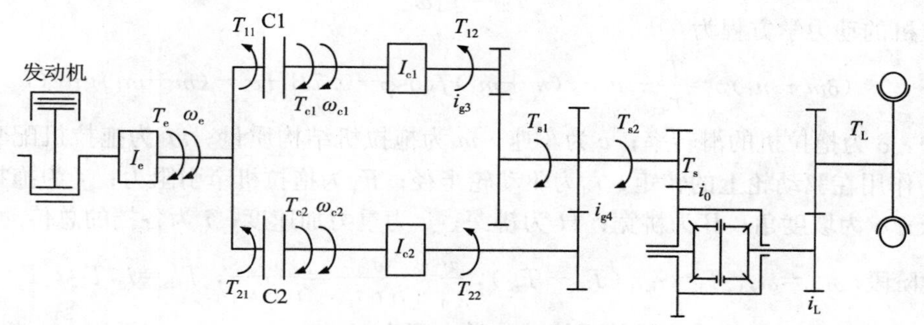

图 7-10 拖拉机 DCT 传动简图

注：T_e为发动机输出转矩；T_{11}、T_{21}分别为离合器 C1、C2 从动部分对发动机和两离合器的主动部分的反作用转矩；T_{c1}、T_{c2}分别为离合器 C1、C2 主动部分对从动部分的作用转矩；T_{12}为Ⅲ挡从动齿轮对主动齿轮的作用转矩；T_{22}为Ⅳ挡从动齿轮对主动齿轮的作用转矩；T_{s1}、T_{s2}分别为Ⅲ、Ⅳ挡输出轴输出转矩；T_s为变速器输出转矩；T_L为作用在驱动轮上的转矩；ω_e为发动机角速度；ω_{c1}、ω_{c2}分别为离合器 C1、C2 角速度；I_e为发动机及离合器主动部分的转动惯量；I_{c1}为离合器 C1 从动部分（包括变速器输入轴及其上的齿轮）的转动惯量；I_{c2}为离合器 C2 从动部分（包括变速器输入轴及其上的齿轮）的转动惯量；i_{g3}为Ⅲ挡传动比；i_{g4}为Ⅳ挡传动比；i_L为轮边减速器传动比；i_0为主减速器传动比。

从 5 个阶段的动力传动路线和动力学方程 2 方面内容具体阐述双离合器分离和接合的过程。

第一阶段（C1 接合，C2 分离）：在此阶段，离合器 C1 转速等于发动机转速。挂上Ⅳ挡，离合器 C1 上的油压从最大值开始下降，离合器 C2 上的油压从零开始上升。离合器 C1 处于接合状态，传递全部的发动机转矩；离合器 C2 处于分离状态，不传递发动机转矩，且离合器 C2 从动部分连同与其连接的输入轴和主动齿轮一起空转，消耗从离合器 C1 传递过来的转矩。此阶段的动力传递路线如图 7-11 所示。

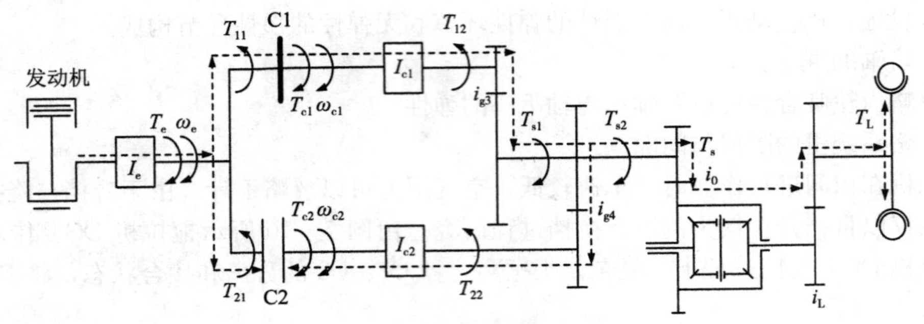

图 7-11　第一阶段动力传递路线图

发动机与离合器 C1 部分的动力学方程为

$$T_e - T_{11} = I_e \dot{\omega}_e \tag{7-11}$$

$$T_{c1} - T_{12} = I_{c1} \dot{\omega}_{c1} \tag{7-12}$$

发动机与离合器 C2 部分的动力学方程为

$$T_{22} = I_{c2} \dot{\omega}_{c2} \tag{7-13}$$

拖拉机的动力学方程为

$$(\delta m + m_1)\dot{v} = \frac{T_t}{r_q} - F_T - (m + m_1) f \cos\varphi - 0.7BHv^2 - (m + m_1) gi \tag{7-14}$$

式中，δ 为拖拉机的滑转率；v 为车速；m 为拖拉机结构质量；m_1 为拖拉机配套机组质量；T_t 为作用在驱动轮上的转矩；r_q 为驱动轮半径；F_T 为拖拉机牵引阻力；f 为拖拉机滚动阻力系数；φ 为坡度角；B 为耕宽；H 为耕深；g 为重力加速度；i 为各挡的总传动比。

在此阶段，$\omega_{c1} = \omega_e$，$T_t = i_L i_0 (T_{s1} - T_{s2})$，$\dfrac{v}{r_q} = \dfrac{\omega_{c1}}{i_L i_0 i_{g3}} = \dfrac{\omega_{c2}}{i_L i_0 i_{g4}}$，$T_{s1} = i_{g3} T_{12}$，$T_{s2} = i_{g4} T_{22}$。

根据以上关系，可得此阶段的系统动力学方程为

$$T_e - \frac{r_q[F_T + (m + m_1) g f \cos\varphi + (m + m_1) g \sin\varphi]}{i_L i_0 i_{g3}} = \left[\frac{(\delta m + m_1) r_q^2}{i_L^2 i_0^2 i_{g3}^2} + \frac{i_{g4}^2}{i_{g3}^2} I_{c2} + I_e + I_{c1}\right]\dot{\omega}_e \tag{7-15}$$

第二阶段（C1 接合，C2 滑摩）：在此阶段，离合器 C1 转速仍等于发动机转速，离合器 C1 上的油压继续下降，离合器 C2 上的油压继续上升。离合器 C1 仍处于接合状态，传递大部分发动机转矩；离合器 C2 开始处于滑摩状态，传递少部分发动机转矩。此阶段的动力传递路线如图 7-12 所示。

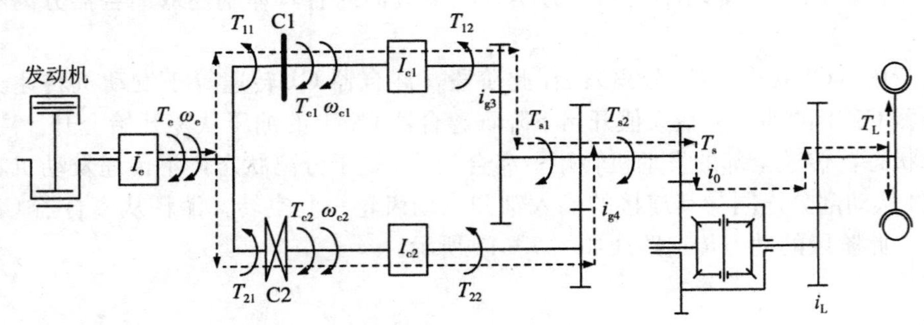

图 7-12　第二阶段动力传递路线图

发动机与离合器 C1 部分的动力学方程为

$$T_{e}-T_{11}-T_{21}=I_{e}\dot{\omega}_{e} \tag{7-16}$$

发动机与离合器 C2 部分的动力学方程为

$$T_{c2}-T_{22}=I_{c2}\dot{\omega}_{c2} \tag{7-17}$$

在此阶段，$\omega_{c1}=\omega_{e}$，$T_{t}=i_{L}i_{0}(T_{s1}+T_{s2})$，$\frac{v}{r_{q}}=\frac{\omega_{c1}}{i_{L}i_{0}i_{g3}}=\frac{\omega_{c2}}{i_{L}i_{0}i_{g4}}$，$T_{s1}=i_{g3}T_{12}$，$T_{s2}=i_{g4}T_{22}$。

根据以上关系，可得此阶段的系统动力学方程为

$$T_{e}-\frac{i_{g3}-i_{g4}}{i_{g3}}T_{c2}-\frac{r_{q}[F_{T}+(m+m_{1})gf\cos\varphi+(m+m_{1})g\sin\varphi]}{i_{L}i_{0}i_{g3}}=\left[\frac{(\delta m+m_{1})r_{q}^{2}}{i_{L}^{2}i_{0}^{2}i_{g3}^{2}}+\frac{i_{g4}^{2}}{i_{g3}^{2}}I_{c2}+I_{e}+I_{c1}\right]\dot{\omega}_{e} \tag{7-18}$$

第三阶段（C1 滑摩，C2 滑摩）：在此阶段，发动机转速与离合器 C1、C2 的转速均不相等，离合器 C1 上的油压仍继续下降，离合器 C2 上的油压仍继续上升。离合器 C1 开始处于滑摩状态，传递的发动机转矩继续下降；离合器 C2 仍处于滑摩状态，传递的发动机转矩继续上升。此阶段的动力传递路线如图 7－13 所示。

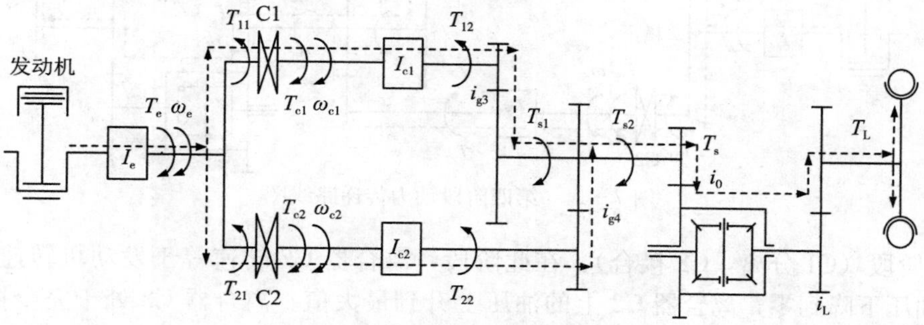

图 7－13　第三阶段动力传递路线图

在此阶段，发动机与离合器 C1 部分的动力学方程与式（7－12）、式（7－16）相同，离合器 C2 部分的动力学方程与式（7－17）相同，拖拉机的动力学方程与式（7－14）相同。

在此阶段，$\omega_{c1}\neq\omega_{e}$，$\omega_{c2}\neq\omega_{e}$，$T_{t}=i_{L}i_{0}\ (T_{s1}+T_{s2})$，$\frac{v}{r_{q}}=\frac{\omega_{c1}}{i_{L}i_{0}i_{g3}}=\frac{\omega_{c2}}{i_{L}i_{0}i_{g4}}$，$T_{s1}=i_{g3}T_{12}$，$T_{s2}=i_{g4}T_{22}$。

根据以上关系，可得此阶段的系统动力学方程为

$$T_{e}-T_{11}-T_{21}=I_{e}\dot{\omega}_{e} \tag{7-19}$$

$$T_{c1}-\frac{i_{g4}}{i_{g3}}T_{c2}-\frac{r_{q}[F_{T}+(m+m_{1})gf\cos\varphi+(m+m_{1})g\sin\varphi]}{i_{L}i_{0}i_{g3}}=\left[\frac{(\delta m+m_{1})r_{q}^{2}}{i_{L}^{2}i_{0}^{2}i_{g3}^{2}}-\frac{i_{g4}^{2}}{i_{g3}^{2}}I_{c2}+I_{e}+I_{c1}\right]\dot{\omega}_{c} \tag{7-20}$$

第四阶段（C1 分离，C2 滑摩）：在此阶段，发动机转速仍介于离合器 C1 转速与离合器 C2 转速之间，离合器 C1 上的油压持续下降，离合器 C2 上的油压持续上升。离合器 C2 仍处于滑摩状态，传递发动机大部分转矩；离合器 C1 处于分离状态，不再传递发动机转矩，且离合器 C1 从动部分连同与其连接的输入轴和主动齿轮一起空转，消耗从离合器 C2 传来的转矩。此阶段的动力传递路线如图 7－14 所示。

发动机与离合器 C1 部分的动力学方程为

$$T_{12}=I_{c1}\dot{\omega}_{c1} \tag{7-21}$$

发动机与离合器 C2 部分的动力学方程为

$$T_{e}-T_{21}=I_{e}\dot{\omega}_{e} \tag{7-22}$$

$$T_{c2}-T_{22}=I_{c2}\dot{\omega}_{c2} \tag{7-23}$$

在此阶段，$\omega_{c2}\neq\omega_{e}$，$T_{t}=i_{L}i_{0}(T_{s2}-T_{s1})$，$\frac{v}{r_{q}}=\frac{\omega_{c1}}{i_{L}i_{0}i_{g3}}=\frac{\omega_{c2}}{i_{L}i_{0}i_{g4}}$，$T_{s1}=i_{g3}T_{12}$，$T_{s2}=i_{g4}T_{22}$。

根据以上关系，可得此阶段的系统动力学方程为

$$T_{e}-T_{21}=I_{e}\dot{\omega}_{e} \tag{7-24}$$

$$T_{c2}-\frac{r_{q}[F_{T}+(m+m_{1})gf\cos\varphi+(m+m_{1})g\sin\varphi]}{i_{L}i_{0}i_{g4}}=\left[\frac{(\delta m+m_{1})r_{q}^{2}}{i_{L}^{2}i_{0}^{2}i_{g4}^{2}}+\frac{i_{g3}^{2}}{i_{g4}^{2}}I_{c1}+I_{c2}\right]\dot{\omega}_{c2} \tag{7-25}$$

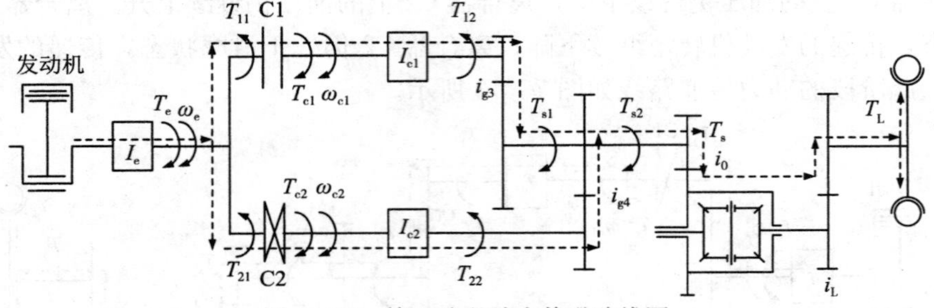

图 7-14　第四阶段动力传递路线图

第五阶段（C1 分离，C2 接合）：在此阶段，离合器 C2 转速等于发动机转速，离合器 C1 上的油压下降到零，离合器 C2 上的油压上升到最大值。离合器 C2 处于完全接合状态，传递发动机全部的转矩；离合器 C1 最终处于完全分离状态。此阶段的动力传递路线如图 7-15 所示。

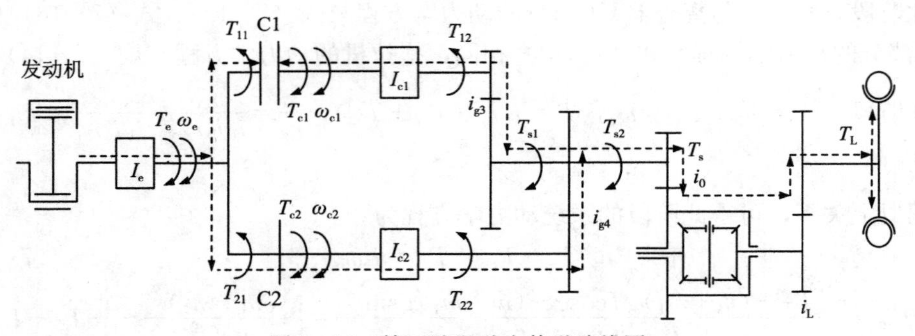

图 7-15　第五阶段动力传递路线图

在此阶段，$\omega_{c2}=\omega_{e}$，$T_{t}=i_{L}i_{0}(T_{s2}-T_{s1})$，$\frac{v}{r_{q}}=\frac{\omega_{c1}}{i_{L}i_{0}i_{g3}}=\frac{\omega_{c2}}{i_{L}i_{0}i_{g4}}$，$T_{s1}=i_{g3}T_{12}$，$T_{s2}=i_{g4}T_{22}$。

根据以上关系，可得此阶段的系统动力学方程为

$$T_{e}-\frac{r_{q}[F_{T}+(m+m_{1})gf\cos\varphi+(m+m_{1})g\sin\varphi]}{i_{L}i_{0}i_{g4}}=\left[\frac{(\delta m+m_{1})r_{q}^{2}}{i_{L}^{2}i_{0}^{2}i_{g4}^{2}}-\frac{i_{g3}^{2}}{i_{g4}^{2}}I_{c1}+I_{e}+I_{c2}\right]\dot{\omega}_{e} \tag{7-26}$$

在这整个换挡过程中，离合器 C1 转速 n_1 和离合器 C2 转速 n_2 始终呈比例关系；在第一和第二阶段的换挡过程中，发动机转速 n_e 与离合器 C1 转速 n_1 相等；在第三和第四阶段的换挡过程中，发动机转速 n_e 介于离合器 C1 转速 n_1 和离合器 C2 转速 n_2 之间；在第五阶段的换挡过程中，发动机转速 n_e 与离合器 C2 转速 n_2 相等。因此，在换挡时应准确控制发动机转速 n_e，使其在较小范围内波动。离合器 C1 转速 n_1、离合器 C2 转速 n_2 和发动机转速 n_e 在换挡过程中的变化趋势如图 7－16 所示。换挡过程中，离合器 C1 传递的转矩、离合器 C2 传递的转矩以及发动机输出转矩的变化趋势如图 7－17 所示。

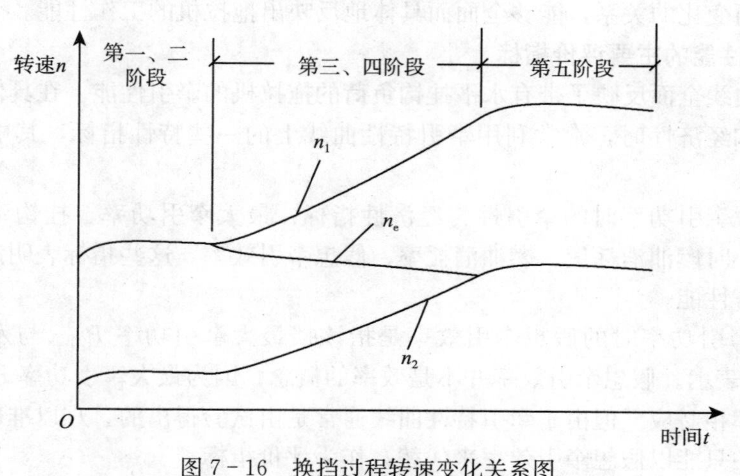

图 7－16 换挡过程转速变化关系图

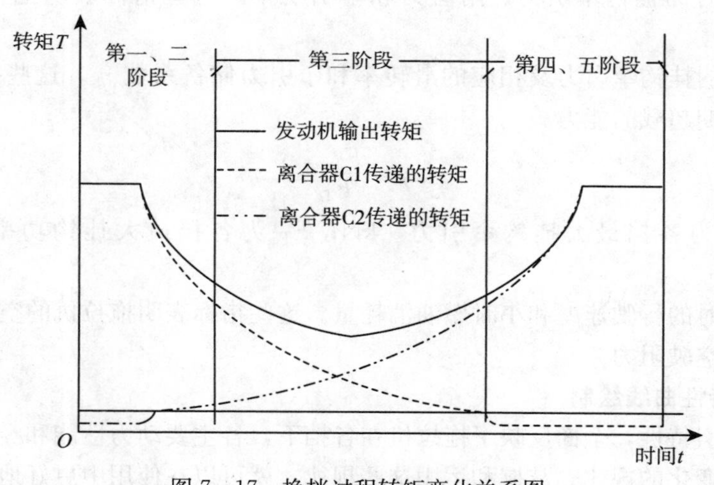

图 7－17 换挡过程转矩变化关系图

7.4 拖拉机 DCT 性能指标

7.4.1 DCT 拖拉机牵引性能

拖拉机的牵引性能是拖拉机使用可靠性的重要评价标准。我国的拖拉机生产或进口之前，必须要按照国家标准进行牵引试验，并绘制牵引特性曲线。此外，在农机使用部门，掌握了拖拉机的牵引特性，就能为拖拉机选型、合理编制机组、制订田间作业方案等做出科学判断。

7.4.1.1 牵引特性曲线的意义

拖拉机的牵引特性曲线，由拖拉机各动力性能和经济性能指标，在各挡下随着牵引力的变化而变化的一系列曲线组成。通过牵引特性曲线，能够清晰地看出拖拉机与其发动机性能之间的联系。拖拉机的牵引特性曲线图，还可表示出发动机的有效功率、转速和有效转矩随牵引阻力变化而变化的关系，能够全面而具体地反映出拖拉机的工作性能。

7.4.1.2 牵引性能的主要评价指标

牵引特性曲线全面反映了带有水平挂钩负荷的拖拉机的牵引性能。在具体分析和比较拖拉机的牵引性和经济性时，常常利用牵引特性曲线上的一些特性指标，其中几项主要指标如下：

①各挡最大牵引功率时的牵引性与经济性指标：最大牵引功率、挂钩牵引力、行驶速度、滑转率、小时燃油消耗量、燃油消耗率、假想牵引效率。这些指标表明满负荷工作时的牵引性能和经济性能。

某挡最大牵引功率时的假想牵引效率是指该挡最大牵引功率 P_{Tmax} 与发动机额定功率 P_{ed} 之比，以 η_T 表示。假想牵引效率并不是效率的概念，因为最大牵引功率 P_{Tmax} 往往不与发动机的额定功率相对应。但由于牵引特性曲线通常是由试验得出的，难以准确确定其真实的牵引效率，往往只能以假想牵引效率来代替，作为评价指标。

②容许滑转时的挂钩牵引力、附着力和牵引功率。这些指标表明拖拉机最大的牵引能力。

③各挡最大的挂钩牵引力及相应的滑转率和牵引力储备系数 η_b。这些指标表明拖拉机不换挡时克服短期超载的能力。

$$\eta_b=\frac{F_{Tmax}}{F_{Te}}$$

式中，F_{Tmax} 为各挡最大挂钩牵引力，kN；F_{Te} 为各挡最大挂钩功率时的挂钩牵引力，kN。

④各挡空驶时的行驶速度和小时燃油消耗量。这些指标表明拖拉机的空驶能力。

⑤拖拉机的空驶阻力。

7.4.1.3 牵引特性曲线绘制

拖拉机的牵引特性，全面反映了拖拉机在各挡下，各主要动力性能和经济性能指标随着牵引力的变化而变化的规律。掌握和运用这些规律，就可以在使用中更好地发挥拖拉机的效能，提高其生产作业的效率和经济性。

影响拖拉机牵引特性的最基本的因素是：发动机特性、拖拉机的质量和质量分配、传动系的传动比和排挡数、行走系结构和土壤条件。只有这些因素合理配合，才能得到较为理想的牵引特性。

（1）*牵引功率特性* DCT 拖拉机的牵引功率特性和传统拖拉机一样，指作业时挂钩处的功率输出随牵引力的变化关系。对 DCT 拖拉机的牵引功率特性进行分析计算，得出 DCT

拖拉机的牵引功率输出特性图，如图 7－18 所示。

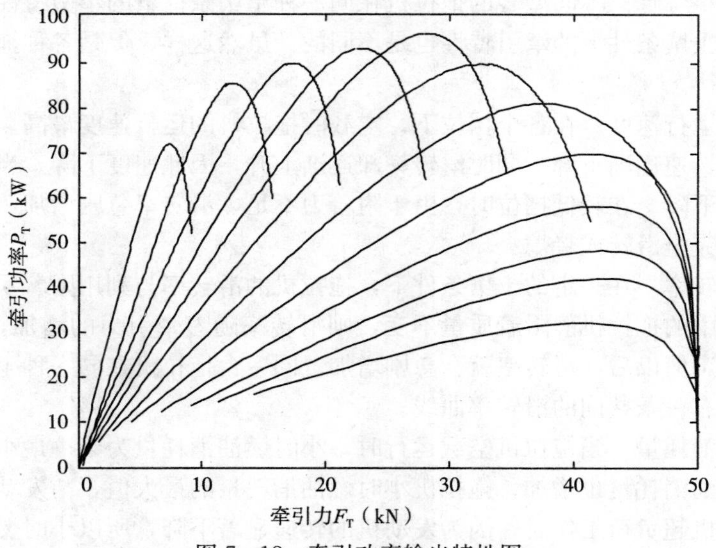

图 7－18　牵引功率输出特性图

DCT 拖拉机以某个挡位运行时，随着被利用的牵引力增长，牵引功率则直接增大，但拖拉机作业速度应有所降低。在此区间，发动机按调速规范运转，驱动轮的滑转率也直接增加。当发动机牵引力增大到某一数值时，拖拉机驱动轮的滑转率急剧增加并引起牵引功率的急剧降低，作业速度也随之下降。

（2）行驶速度特性　根据拖拉机行驶速度计算公式和 DCT 拖拉机输出特性，绘制出其行驶速度特性图，如图 7－19 所示。

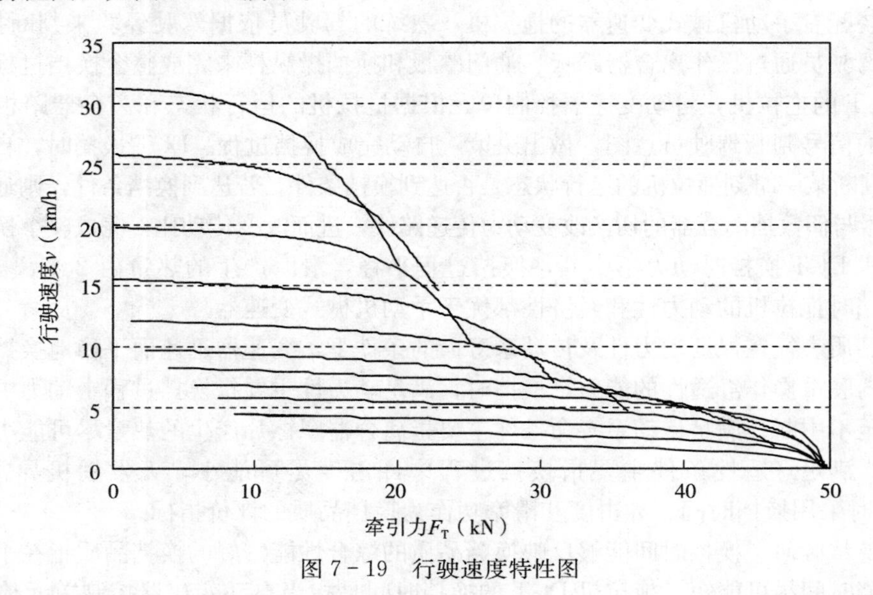

图 7－19　行驶速度特性图

DCT 拖拉机的行驶速度，不仅与驱动轮半径和拖拉机传动比有关，还与发动机转速和驱动轮滑转率有关。

（3）*牵引效率特性* 不同型号的拖拉机在同一种土壤条件下的牵引特性是不同的。同一台拖拉机在不同土壤条件下的牵引特性也是不同的。虽然这样，但是各种拖拉机的牵引特性又有其共同的规律。

①拖拉机的运行速度。在各个挡位下，空载时拖拉机的运行速度最高。以后随着牵引力的增加，发动机转速逐渐下降，同时滑转率却逐渐上升，因此速度下降。当发动机超负荷运行时，速度显著下降。在较低挡位时，由于附着力不足，滑转率急剧增加，拖拉机的速度将显著降低，直到完全滑转或者熄火。

②拖拉机滑转率。在一定的土壤条件下，拖拉机的滑转率与利用附着系数呈一定的函数关系。如果运行中的拖拉机静附着质量不变，则滑转率随着牵引力的增加，开始缓慢增加，当牵引力到达一定值以后，滑转率就会急剧增加。同一台拖拉机在同一种土壤条件下以不同挡位运行时，只有一条共同的滑转率曲线。

③小时燃油消耗量。当拖拉机空载运行时，小时燃油消耗量为某一最小值。随着牵引力的增加，小时燃油消耗量也增加。拖拉机小时燃油消耗量的最大值，与发动机的最大有效功率对应。在发动机超负荷工作时，因为发动机的转速显著下降，所以小时燃油消耗量也随之下降。如果在各挡最大牵引功率时，发动机都发出最大有效功率，则拖拉机各挡的最大小时燃油消耗量都相同，它就是发动机在额定工况下的小时燃油消耗量。

7.4.2 拖拉机DCT换挡性能评价指标

拖拉机在作业过程中，会根据驾驶员给定的油门拉杆位置、离合器踏板位置和挡位运行。当田间作业工况变化时，拖拉机会加速或减速。为了提高拖拉机田间工作的适应能力，拖拉机DCT的自动换挡功能显得尤为重要。

对于装配有手动机械式变速器的拖拉机，熟练的驾驶员依据驾驶经验来判断换挡时机。换挡时，驾驶员通过操作离合器踏板、油门踏板和换挡操纵杆来完成整个换挡过程。而对于装配有DCT的拖拉机，自动变速器控制单元根据拖拉机的运行状态和离合器踏板、油门踏板等给出的信号判断驾驶员意图，做出决策，自动完成换挡过程。DCT换挡时，自动变速器控制单元判断某一时刻拖拉机的运行状态是否达到换挡条件。若达到换挡条件，则通过控制奇数挡离合器与偶数挡离合器的切换改变动力传递路线，进而改变传动比，完成整个换挡过程。

拖拉机DCT换挡时动力不中断，换挡过程平稳，滑摩产生的热量由2个离合器分担。因此，换挡时拖拉机的动力性和经济性都优于手动机械式变速器。

换挡品质表征在保证动力性及传动系寿命的条件下，变速器迅速而平稳地换挡，并在换挡时满足驾驶员操作舒适性的能力。换挡时，满足动力性主要指换挡过程中动力中断时间尽可能短甚至不中断；满足传动系寿命条件主要指离合器摩擦片产生的热量尽可能小，以免烧毁摩擦片；满足舒适性条件主要指换挡过程中冲击度尽可能小，无发动机异常噪声等。DCT换挡时采用换挡时间、冲击度和滑摩功作为换挡品质的评价指标。

（1）*换挡时间* 换挡时间能够反映换挡品质的综合性能。好的换挡品质指在平顺换挡的条件下换挡时间尽可能短。拖拉机DCT的换挡时间是指当自动变速器控制单元检测到换挡需求时，发出换挡指令并对换挡过程进行控制，经过双离合器切换，最后至高挡离合器主、从动盘转速差为零、低挡离合器彻底分离的整个过程所经历的时间。在 DCT 换挡过程中，离合器传递的动力不中断，因此相对于 AMT 和 MT，DCT 换挡时间对换挡品质的影响较小。

（2）*滑摩功*　滑摩功是指换挡过程中离合器主、从动摩擦片因转速不等而产生相对滑动，滑动过程中摩擦力做的功。滑摩功是评价离合器使用寿命的重要指标。离合器产生的滑摩功越大，摩擦片温升越高，摩擦片易烧结，并会导致材料摩擦因数降低，传递转矩减小。换挡过程中的滑摩功表示为

$$W_1=\int_{t_3}^{t_5}T_{c1}(t)\mid\omega_e(t)-\omega_1(t)\mid\mathrm{d}t \tag{7-27}$$

$$W_2=\int_{t_2}^{t_4}T_{c2}(t)\mid\omega_e(t)-\omega_2(t)\mid\mathrm{d}t \tag{7-28}$$

式中，W_1 表示离合器 C1 换挡过程中产生的滑摩功；W_2 表示离合器 C2 换挡过程中产生的滑摩功；$\omega_e(t)$ 为离合器的相对滑摩角速度；$\omega_1(t)$ 为离合器 C1 的滑摩角速度；$\omega_2(t)$ 为离合器 C2 的滑摩角速度；t_3 表示第三阶段开始时刻；t_5 表示第五阶段开始时刻；t_2 表示第二阶段开始时刻；t_4 表示第四阶段开始时刻。

拖拉机的换挡过程中要尽量降低离合器的滑摩功，以延长离合器的使用寿命。由式（7－27）、式（7－28）可知，离合器滑摩所用的时间越短，滑摩功越小。离合器主、从动片间的相对转速越小，滑摩功越小。离合器主动部分与发动机固接，因此换挡时对发动机转速进行控制可减小滑摩功。

（3）*冲击度*　在拖拉机换挡过程中，以冲击度来评价拖拉机运行的平稳程度。冲击度是指拖拉机纵向加速度随时间的变化率。驾驶员驾驶舒适性和拖拉机作业过程中的动载荷受冲击度影响。选择冲击度作为评价指标，能充分反映人体在换挡过程中的感觉，并可以把路面不平度引起的颠簸加速度排除在外，从而可以较真实地反映换挡品质。其表达式为

$$j=\frac{\mathrm{d}a}{\mathrm{d}t}=\frac{\mathrm{d}^2v}{\mathrm{d}t^2} \tag{7-29}$$

式中，a 为加速度；v 为速度；t 为时间。

离合器传递的转矩与作用于离合器摩擦片上的压力和发动机转矩有关，对压力和发动机转矩的实时控制可以有效减小冲击度。农机具负载的突然增大对冲击度的影响很大。冲击度和滑摩功是换挡过程中 2 个不可调和的评价指标。换挡时间减小，滑摩功减小，必然会引起冲击度的增大；换挡时间增大，冲击度减小，但滑摩功增加。换挡时，通过控制冲击度在许可范围内、以最快速度切换离合器，达到减小滑摩功的目的。

7.5 本章小结

本章首先介绍了拖拉机 DCT 的结构与工作原理，随后讲述了拖拉机 DCT 结构性能分析，阐述了发动机转矩传递特性，建立了稳态和动态工况下的发动机模型。将 DCT 的换挡过程分为 5 个阶段，对每个阶段 DCT 的动力传递路线和动力学方程进行了研究。介绍了 DCT 换挡品质 3 个评价指标（换挡时间、冲击度和滑摩功）的意义及其表征的含义，分析了换挡评价指标对换挡性能的影响。

第8章 拖拉机电控机械式自动变速器（AMT）

8.1 拖拉机 AMT 的结构与工作原理

8.1.1 AMT 的基本结构与类型

8.1.1.1 AMT 基本结构

AMT 是在传统手动机械式变速器的基础上，运用控制理论，结合微机控制技术、传感技术、信息处理技术，以 ECU 为核心，根据车辆实际工况，通过电动、液压或气动执行机构对离合器分离和接合、选挡和换挡操纵以及发动机油门开度调节进行自动控制，实现自动换挡。如图 8－1 所示，AMT 主要由被控制系统、ECU、执行机构及传感器 4 部分组成。

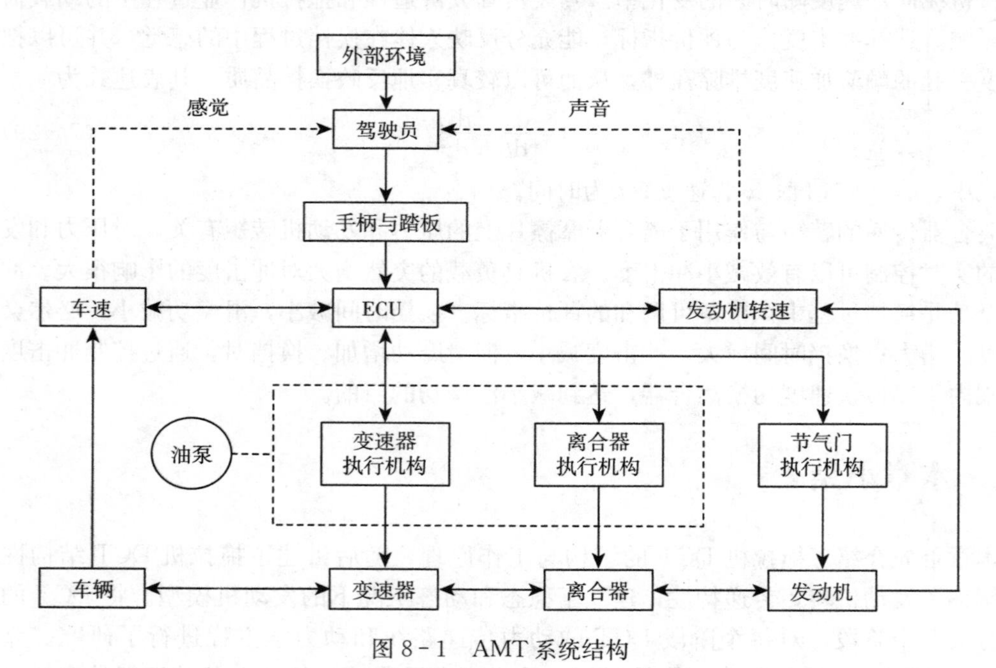

图 8－1　AMT 系统结构

被控制系统包括发动机、离合器、变速器。换挡时，发动机油门开度的调节、离合器的接合和分离、变速器的选换挡都需要进行自动控制。

ECU包括各种信号处理单元、微处理器、程序存储器、数据存储器、驱动电路、显示单元、故障自诊断单元、工作电源等。

执行机构包括离合器执行机构、变速器执行机构及节气门执行机构。变速器执行机构用来完成摘挡、选挡和换挡操作。节气门执行机构由步进电机驱动，完成对油门踏板位置的跟踪以及换挡过程中发动机转速的调节。离合器执行机构实现离合器的自动分离和平稳接合控制。

传感器用来采集控制参数，如拖拉机作业过程中的速度、油门开度和滑转率参数，并将采集到的信号转换成ECU能识别的信息，便于ECU处理，从而对车辆的运行状态做出及时反应，调整车辆行驶状态。

8.1.1.2 AMT类型

根据AMT选换挡和离合器的操纵方式不同，AMT可分为气压驱动式、电动机驱动式和液压驱动式3种。

（1）气压驱动式　气压驱动式AMT中，选换挡和离合器的操纵通过气压来实现。因此，需要有一个气压系统。气压驱动式AMT如图8－2所示。重型汽车上多采用气压驱动式。不过气压系统存在压力波动较大等问题，对选换挡和离合器的精确控制不利。

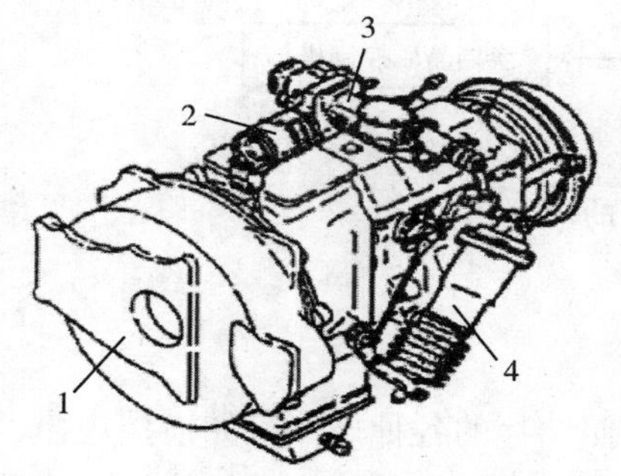

图8－2　气压驱动式AMT简图

1. 离合器　2. 换挡活塞　3. 选挡活塞　4. 离合器控制活塞

图8－3　电动机驱动式AMT简图

1. 控制单元　2. 离合器　3. 电动马达执行机构

（2）电动机驱动式　如图8－3所示，电动机驱动式AMT是采用直流电机来驱动选换挡机构和离合器，即采用电驱动方式。其优点是结构简单，能够灵活控制，适应能力强，制造简单，成本低，能耗小；缺点是电动机的执行动作比液压缸慢，而且不精确。在对选换挡速度要求不太高的情况下，可以选用电动机驱动式。

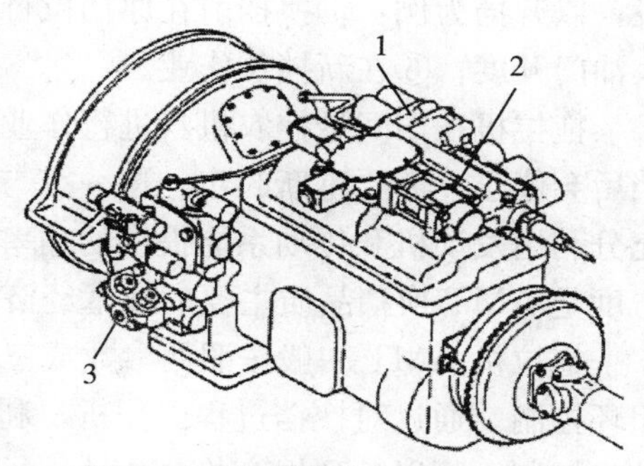

图8－4　液压驱动式AMT简图

1. 选挡油缸　2. 换挡油缸　3. 离合器控制阀组＋油缸

（3）液压驱动式　液压驱动式AMT中，选换挡和离合器的操纵靠液压油来实现，需要建立一个液压控制系统。液压控制系统根据ECU的指令控制电磁阀，使执行机构自动地完成离合器分离、接合及变速器选换挡等动作。图8－4所示为液压驱动式AMT。优点是操作简便，体积小，易于实现安全保护，方便空间布置，具有一定的吸收振动和冲击的能力；缺点是温度变化会使执行机构中液压油的黏度发生变化，另外液压元件对加工精度要求非常高，成本高。

由于气体体积可以压缩，换挡时间会增加，但在有气源的车辆上，因不再需要增加新的能源设备，成本会降低，这时选择气压驱动式就比较适合。虽然电动机驱动式具有价格优势，但大量生产比较困难。液压驱动式是目前广泛采用的一种形式。在拖拉机变速器上应用液压驱动式时，因为整机液压系统的油泵可以为其提供液压源，所以可以节约成本，具有明显的优势。

8.1.2 拖拉机自动变速系统组成

如图 8-5 所示，拖拉机自动变速系统主要由系统能源、换挡规律选择机构、控制参数采集单元、换挡控制器、换挡执行机构和换挡品质控制机构组成。

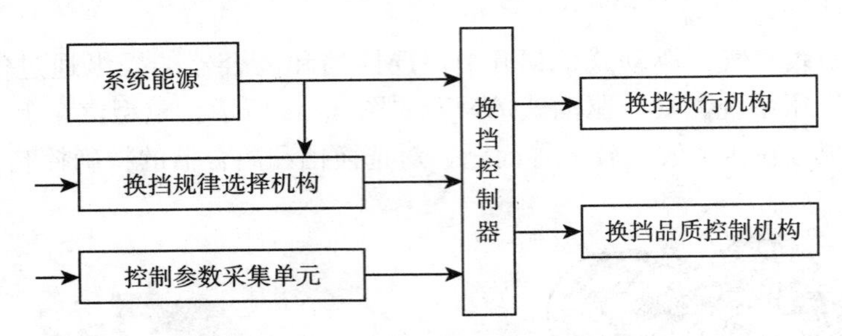

图 8-5 自动变速系统的构成

8.1.3 自动换挡过程分析

自动换挡过程是根据拖拉机机组的作业状态，按照储存的各种规律，如换挡规律、离合器接合规律等，对离合器、发动机油门、变速器换挡进行最佳控制，实现拖拉机变速器传动比的改变。在自动换挡过程中，拖拉机动力传动系的动态工况包括：离合器的分离与接合，发动机不同工况（有负载和空载）的交替、变速器挡位变换等。换挡过程一般包括 6 个阶段，以升挡为例：①换挡前在原挡位行驶；②摘挡至空挡；③换新挡；④离合器接合；⑤增大油门开度；⑥在新挡位作业。

拖拉机在田间悬挂农机具进行作业时，由于阻力比较大、速度比较低，拖拉机在每次换挡后会停止，需要重新起步。这一点与汽车有很大的不同。拖拉机在换挡过程中的要求为：充分利用发动机和传动系能提供的功率，尽量减少换挡冲击和缩短换挡时间。换挡时间和冲击度是 AMT 换挡品质主要的技术经济指标，对拖拉机的动力性和作业效率产生很大影响。

拖拉机 AMT 一般按照两参数或三参数换挡规律自行完成挡位的变换，对换挡过程实现闭环控制。通过对换挡过程的分析，利用模糊控制理论能够实现对变速器换挡拨叉轴位移的精确控制，可以达到提高换挡能力的目的。自动控制的灵活性为达到这一目的提供了前提条件。

当挂新挡时，首先分离离合器，摘挡至空挡位。会出现 2 种状态：一是负载比较大时（如拖拉机处于作业状态），变速器输出轴的转速迅速降到零；二是负载不大时，变速器输出轴的转速降低，而变速器的输入轴由于惯性依然保持一定的转速。当离合器处于完全分离和挡位在空挡位置时，则挂新挡。完成换挡后，挡位传感器检测到齿轮已正确啮合后将信号反馈给ECU，ECU发出指令接合离合器。在离合器接合后，ECU发出指令调节油门开度。在整个换挡的过程中，要避免出现乱挡、错挡或还未挂上挡就接合离合器等现象，这就要求安装相应的传感器来实时检测离合器位置和当前挡位。离合器位置传感器用来检测离合器的位置，挡位可通过挡位传感器获得，同时也需要传感器检测油门的位置，以顺利完成换挡。

8.2 拖拉机AMT结构性能分析

拖拉机AMT传动系是指把发动机的输出转矩传递到驱动轮的装置，主要包括发动机、离合器、变速器、后桥等部件，是拖拉机正常运行的核心部分，也是对拖拉机AMT系统进行研究的基础。

离合器作为拖拉机传动系中的重要部件，具有传递和切断发动机动力传递的功能，在拖拉机运行过程中发挥着重要作用。在起步过程中，通过离合器的接合，使发动机与传动系平稳连接，从而使拖拉机平稳起步；在换挡过程中，必须通过离合器切断发动机和传动系的动力传递，才能使变速器换入新挡位，改变传动系传动比；紧急制动时，离合器可以防止传动系过载，从而避免因载荷突变而对发动机产生冲击。

车辆离合器按结构形式的不同可以分为以下3种：电磁离合器、摩擦离合器和液力离合器。这里研究的拖拉机采用干式摩擦离合器，以碟形弹簧作为压紧机构。

（1）离合器主要参数　拖拉机离合器的主要参数有离合器转矩储备系数β、离合器转矩容量（即所能传递的最大转矩）M_m、离合器摩擦面最大压紧力F_0和离合器的主要结构参数。这些参数决定了离合器的主要性能，是制定离合器控制策略的前提。

离合器转矩储备系数β是指离合器转矩容量与发动机额定转矩的比值。

$$\beta=\frac{M_m}{M_{eb}} \tag{8-1}$$

式中，M_m为离合器转矩容量，N·m；M_{eb}为发动机额定转矩，N·m。

离合器转矩储备系数的数值大于1。离合器转矩储备系数过低，会导致发动机额定转矩与离合器转矩容量相近，从而使离合器滑摩加剧，严重影响离合器使用寿命；离合器转矩储备系数过高，会增大离合器接合过程中产生的动载荷，减小离合器的过载保护功能。因此，合适的离合器转矩储备系数是保证拖拉机离合器良好使用性能的重要因素。

离合器摩擦面最大压紧力F_0是指当离合器传递最大转矩时的压紧力，即离合器完全接合时离合器摩擦面间的压紧力。

$$F_0=\frac{M_m}{\mu RZ} \tag{8-2}$$

$$R=\frac{2(r_2^3-r_1^3)}{3(r_2^2-r_1^2)} \tag{8-3}$$

式中，μ为离合器摩擦面摩擦系数；R为离合器摩擦面等效摩擦半径，m；Z为摩擦面对数；r_1、r_2分别为摩擦片的内径和外径，m。

由此可见，离合器摩擦面最大压紧力和离合器转矩容量密切相关。

（2）碟形弹簧特性　碟形弹簧一般是指用金属板材冲压成的截锥形薄板弹簧，具有刚度大、缓冲能力强、变刚度等特点，在很大范围内正在取代圆柱螺旋弹簧，用作拖拉机和汽车的离合器压紧机构。

碟形弹簧的主要参数：碟形弹簧内外半径 r、R，碟形弹簧内外支撑半径 l、L，初始锥底角 θ，内截锥高 h，弹簧板厚度 e，碟形弹簧在支撑点承受的载荷 P，碟形弹簧支撑点处在载荷作用下产生的变形量 λ。

碟形弹簧的载荷-变形特性主要受高厚比（高厚比 $z=h/e$）的影响。在碟形弹簧内、外半径不变的条件下，改变高厚比就可以使碟形弹簧得到不同类型的载荷-变形特性。

利用离合器碟形弹簧载荷-变形的近似计算法（A-L 法）求出载荷 P 与变形量 λ 之间的关系：

$$P=\frac{\pi E e\lambda \ln \frac{R}{r}}{6(1-\mu_0^2)(L-l)^2}\left[(h-k\lambda)(h-0.5k\lambda)+e^2\right] \tag{8-4}$$

$$k=\frac{R-r}{L-l} \tag{8-5}$$

式中，E 为弹性模量；μ_0 为泊松比；k 为力臂比。

(3) 离合器转矩传递特性　离合器的转矩传递特性是指离合器执行机构位移 L_c 与离合器所传递转矩 M_c 之间的关系。为了得到离合器转矩传递特性，需要对离合器主、从动盘间的法向压力 F_n 与离合器执行机构位移 L_c 之间的关系进行分析。

L_c 是 λ 与离合器从动盘的变形量 χ 的函数，即 $L_c=f_0(\lambda,\chi)$。χ 随着 F_n 的增加而增加，呈一定的函数关系，可表示为 $\chi=f_1(F_n)$。λ 与 F_n 的函数关系可由式（8-4）推出，表示为 $\lambda=f_2(F_n)$。结合上述 3 个函数式以及离合器结构特性可以得到 F_n 和 L_c 之间的关系：

$$F_n=\begin{cases}0 & \text{离合器完全分离}\\ f(L_c) & \text{离合器部分接合}\\ F_{n0} & \text{离合器完全接合}\end{cases} \tag{8-6}$$

式中，$f(L_c)$ 为多项式函数；F_{n0} 为离合器主、从动盘工作位置的压紧力。

当离合器完全分离时，由于离合器主、从动盘在回位弹簧的作用下未接触，不产生压紧力，此时执行机构处于最大位移处；当离合器部分接合时，离合器主、从动盘接触并且有转速差，F_n 与 L_c 呈一定的函数关系；当离合器完全接合时，离合器处于同步状态，碟形弹簧处于工作位置，压紧力为常数。

M_c 与 F_n 之间的关系为

$$M_c=\mu F_n R_c Z \tag{8-7}$$

把式（8-6）代入式（8-7），得到离合器转矩传递特性表达式为

$$M_c=\begin{cases}0 & \text{离合器完全分离}\\ \mu R_c Z f(L_c) & \text{离合器部分接合}\\ \mu R_c Z F_{n0} & \text{离合器完全接合}\end{cases} \tag{8-8}$$

当离合器完全接合时，由于离合器主、从动盘间不存在滑摩，处于同步状态，离合器传递的转矩是静摩擦转矩，与主、从动盘间的压紧力无关，会随着发动机输出转矩的变化而变化，是一个动态的变化量。

8.3 拖拉机 AMT 控制方案

拖拉机 AMT 系统主要由拖拉机 AMT 控制系统和传统手动机械式变速器构成。拖拉机 AMT 电控系统是典型的拖拉机 AMT 控制系统。本文以东方红- MG600 拖拉机变速器为研究对象，分析拖拉机 AMT 控制系统功能，确定系统各部分元器件的类型、参数，制订拖拉机 AMT 系统控制方案。

8.3.1 拖拉机机组动力学

拖拉机机组动力学是指拖拉机和农具机整体在驱动力、外界阻力等的合力作用下的整机运动情况。

8.3.1.1 拖拉机相关参数与机组参数计算

拖拉机的牵引形式有动力输出、液压悬挂 2 种方式。动力输出方式是把一部分发动机的输出转矩通过动力输出轴传递给作业农机具，使发动机的输出转矩双向流动，如旋耕等；液压悬挂方式是通过拖拉机后部的液压悬挂部件牵引作业农机具，农机具不需要旋转作业，如犁耕等。本文以拖拉机牵引铧式犁作为主要研究工况。表 8－1 给出了拖拉机的主要相关参数，以便对其机组动力学进行分析。

表 8－1 拖拉机的主要相关参数

参数名称	参数数值	参数单位
额定转速	2 400	r/min
额定功率	45	kW
最大牵引力	16.8	kN
外形尺寸	4 105×2 040×2 790	mm
最小使用质量	2 750	kg
驱动轮滚动半径	0.665	m
Ⅰ挡传动比	2.44	
Ⅱ挡传动比	1.818	
Ⅲ挡传动比	1.346	
Ⅳ挡传动比	1	
Ⅴ挡传动比	0.72	
倒挡传动比	1.833	
副变速传动比（高/低）	1/4	
主减速器传动比	40.89	

对于不同的拖拉机，在犁耕过程中所牵引的铧式犁也不同。通过下式对犁耕机组进行配套计算，得到与拖拉机配套的机组参数。

$$z_0=\frac{\zeta F_t}{Kh_0 b} \tag{8-9}$$

式中，z_0 为犁铧个数；ζ 为牵引力利用系数，一般取 0.8～0.9；F_t 为拖拉机最大牵引力，N；K 为土壤犁耕比阻，中等犁耕比阻情况下取 5～7N/cm^2；h_0 为作业机组耕深，取 30cm；b 为单个犁铧宽度，取 30cm。

代入式（8-9）后并取整，得到与拖拉机配套的犁铧个数为 3。因此，以牵引三联铧式犁进行田间作业为例，对拖拉机机组动力特性进行分析。

8.3.1.2　机组动力特性构成与分析

拖拉机在行驶和作业过程中由发动机提供动力（即驱动力），同时又受到各种阻力的作用，这些力始终是处在平衡状态，构成了拖拉机机组动力特性，其表示为

$$F_q=F_f+F_T+F_i+F_w+F_j \tag{8-10}$$

式中，F_q 为拖拉机驱动力，N；F_f 为拖拉机滚动阻力，N；F_T 为机组牵引阻力，N；F_i 为拖拉机坡度阻力，N；F_w 为拖拉机空气阻力，N；F_j 为拖拉机机组加速阻力，N。

拖拉机驱动力由发动机提供，经过传动系最终到达驱动轮，驱动拖拉机克服各种阻力向前行驶。

$$F_q=\frac{M_e i_g i_o \eta_n}{r_q} \tag{8-11}$$

式中，i_g 为变速器当前挡位传动比；i_o 为主减速器传动比：η_n 为传动系机械传动效率；r_q 为拖拉机驱动轮滚动半径，m；M_e 为发动机转矩，N·m。

拖拉机滚动阻力是指在拖拉机车轮与地面之间相对滚动时，两者之间的相互作用力，可表示为

$$F_f=Gf\cos\varphi \tag{8-12}$$

式中，G 为拖拉机与机组整体所受到的重力，N；f 为拖拉机的滚动阻力系数（在犁耕过程中取 0.06～0.12）；φ 为拖拉机田间作业过程中经过的田埂或者坑洼的坡度角（用 i 表示坡度，在田间作业时，平均坡度为 0.5%～2%，因此 $\cos\varphi\approx1$，$\sin\varphi\approx i$）。

拖拉机坡度阻力是指拖拉机在田埂或者坑洼工况时，拖拉机重力沿坡度方向的分力：

$$F_i=G\sin\varphi\approx Gi \tag{8-13}$$

拖拉机空气阻力是指拖拉机在行驶过程中与空气之间的摩擦和挤压产生的力。由于拖拉机速度较慢，空气阻力比较小，只有当拖拉机速度大于 18km/h 时才考虑。拖拉机空气阻力大小表示如下：

$$F_w=0.7BHv^2 \tag{8-14}$$

式中，B 为拖拉机驱动轮轮距，m；H 为拖拉机外廓高度，m；v 为拖拉机行驶速度，m/s。

拖拉机机组加速阻力是指拖拉机在田间作业过程中所需要克服的质量（包括平移质量和旋转质量）加速运动惯性力。

$$F_j=(\delta_n m+m_1)\frac{dv}{dt} \tag{8-15}$$

式中，δ_n 为拖拉机旋转质量换算系数；m 为拖拉机整车质量，kg；m_1 为拖拉机配套农

具质量，kg。

机组牵引阻力是指拖拉机配套机组在田间作业过程中，与土壤接触、挤压时土壤对其的反作用力。在不同速度下，机组牵引阻力也不同，表达如下：

$$F_T = bz_0 F_{a0}[1+\varepsilon(v-v_0)] \tag{8-16}$$

式中，z_0 为犁铧个数；F_{a0} 为在标准速度 $v_0=1.11$m/s 时农机具的单位阻力，在犁耕工况下 $F_{a0}=100Kh_0$，N/cm；ε 为速度增加时的牵引阻力增长系数，耕地工况下取 0.03。

把拖拉机各行驶阻力以及驱动力表达式代入式（8-11）得到拖拉机作业动力学方程：

$$\frac{M_e i_g i_0 \eta_n}{r_q} - Gf - Gi - 0.7BHv^2 - bz_0 F_{a0}[1+\varepsilon(v-v_0)] = (\delta_n m + m_1)\frac{dv}{dt} \tag{8-17}$$

拖拉机作业动力学方程表明，拖拉机机组在作业过程中受到诸多外界因素的影响。发动机动态输出转矩、变速器挡位的变化均能引起拖拉机速度以及加速度的变化，直接影响拖拉机的作业性能。对于确定的挡位与工况，拖拉机作业速度与发动机动态输出转矩密切相关。因此，对拖拉机起步过程和换挡过程都要基于拖拉机作业动力学方程进行研究，对拖拉机机组动力学的分析是制定离合器接合策略以及自动换挡策略的理论基础，是制定拖拉机 AMT 控制策略的重要依据。

8.3.2 拖拉机 AMT 电子控制系统结构

拖拉机 AMT 电子控制系统主要由传感器、自动变速器控制单元和执行机构等组成。传感器完成拖拉机运行工况的采集；自动变速器控制单元存储控制算法并对输入信号进行判断，输出控制信号；执行机构完成离合器分离、接合及换挡动作。明确各部分功能及相互关系，能为 AMT 性能提升奠定一定的理论基础。

8.3.2.1 传感器

拖拉机 AMT 控制系统通过传感器感知其运行状态并进行信号采集，采用的传感器主要有转速传感器、位移传感器及温度传感器。

（1）*转速传感器* 在拖拉机 AMT 控制系统中，转速传感器主要用于采集车轮转速和变速器输入轴转速，发动机转速通过 CAN 总线从发动机 ECU 获取。在拖拉机上应用较多的转速传感器主要有霍尔式转速传感器和电磁式转速传感器。电磁式转速传感器成本低、结构简单，但存在响应频率不高、抗电磁干扰能力差等缺点。霍尔式转速传感器主要由永磁体、霍尔元件以及电子电路等组成，响应频率可达 20kHz，并且具有较强的抗电磁干扰能力，可靠性高。SZHG-01 霍尔式转速传感器的技术参数见表 8-2。它具有体积小、启动力矩小、使用寿命长及频率特性好等特点，且内部集成有放大整形电路，可输出幅值稳定的矩形波信号，能够满足拖拉机 AMT 的性能要求。

车轮转速传感器安装在驱动轮上用来采集车轮转速，变速器输入轴转速传感器安装在变速器输入轴上，当车轮转速传感器失效时作为备用传感器。转速传感器输出的矩形波信号经过整形、滤波电路后，输入微处理器捕获单元。

表 8-2 SZHG-01 霍尔式转速传感器的技术参数

参数名称	数值	参数名称	数值
工作电压	DC 12V±0.5V	输出幅值	高电平 5V±0.5V，低电平<0.5V
测量范围	1～10 000r/min	响应频率	0.3～20 000Hz
输出电流	<30mA	输出波形	矩形波
使用湿度	<90%（RH）	使用温度	−40～+120℃
外形尺寸	ϕ52mm×109mm	质量	210g

（2）位移传感器 拖拉机 AMT 控制系统中，位移传感器主要用于采集制动踏板位置、离合器位置以及换挡液压缸活塞位置。直线位移传感器能够直接将机械变化量转变成标准电信号输出，具有行程大、精度高、安装使用方便等优点。制动踏板最大行程为 80mm，可选用量程为 100mm 的位移传感器 WYDC-100L；离合器最大行程为 20mm，可选用量程为 30mm 的位移传感器 WYDC-30L；换挡液压缸活塞最大行程为 35mm，可选用量程为 40mm 的位移传感器 WYDC-40D。

位移传感器采集到的制动踏板位置信号、离合器位置信号以及换挡液压缸活塞位置信号，经分压电路、低通滤波器及电压跟随器输入到微处理器 ADC 引脚，完成数模转换。表 8-3 所示为 WYDC-100L 位移传感器的技术参数。

表 8-3 WYDC-100L 位移传感器的技术参数

参数名称	数值	参数名称	数值
工作电压	12V（DC）	输出电流	4～20mA
测量范围	0～100mm	响应频率	0～200Hz
使用精度	0.05%	分辨率	0.001μm
负载阻抗	20kΩ	使用温度	−20～+70℃

（3）温度传感器 拖拉机 AMT 控制系统中，温度传感器主要用于采集发动机冷却水和变速器润滑油的温度。温度传感器将温度信号转换成电压信号传送至控制器，具有热响应时间短、能够弯曲安装、机械强度高、测量范围大等特点。发动机冷却水温度传感器通常被安装在发动机气缸盖或发动机冷却水出口水道中，需具有足够的可靠性。

发动机冷却水及变速器润滑油的温度一般在−40～+130℃。由于发动机冷却水工作温度在 90℃左右，拖拉机 AMT 控制系统中选用 TS10214-11B1 型温度传感器，测量范围为−40～+145℃，误差为±0.5℃。

8.3.2.2 自动变速器控制单元

自动变速器控制单元作为 AMT 电子控制系统的核心部件，通常由信号处理整形电路、驱动电路、最小系统及通信模块 4 部分组成。

（1）信号处理整形电路 信号处理整形电路主要完成对传感器输出信号的转换，使其能够满足微处理器电气特性。在拖拉机 AMT 控制器中，主要有 A/D 信号调理电路、转速信号整形电路以及 I/O 接口电路。

（2）驱动电路　驱动电路主要完成对电机、电磁阀控制信号的放大整形，需要满足以下性能指标要求：

①输出的电流和电压能够满足电机和电磁阀的最大功率。

②确保功率器件的开关工作状态，防止共态导通，提高驱动电路的效率，从而减少电路发热。

③防止电路输入端出现的大电流、大电压影响后续电路，保证系统信号隔离效果，确保电路具备较高的安全可靠性。

（3）最小系统　最小系统由微处理器以及电容、电阻等外围器件组成，能够独立运行，实现系统最基本的功能。其中，微处理器需要具备以下性能：

①具有较高的运算速度和运算能力，能够保证拖拉机AMT控制系统的实时性。

②丰富的外设模块。需要丰富的外设接口来简化复杂的信号输入电路，并能够支持串口通信和CAN总线通信。

③大容量存储器。AMT控制算法复杂，需要较大容量的程序存储器和数据存储器。

④良好的环境适应性。拖拉机工作环境恶劣、多变，微处理器要能够适应拖拉机的工作环境。

为了满足拖拉机AMT控制系统对微处理器的性能要求，选用TI公司开发的TMS320F28335 DSP芯片（以下简称28335）作为微处理器。其功能原理图如图8-6所示。

该芯片主要具有以下特性：

①高性能、单精度的浮点CPU，哈佛总线结构，工作频率高达150MHz。

②6通道DMA处理器，可用于ADC、McBSP、XINTF及SARAM。

③片上存储器：256K×16位的Flash，34K×16位的SRAM，8K×16位的Boot ROM，1K×16位的OPT ROM。

④增强型控制外设：18路脉宽调制输出，16通道、12位精度ADC，3通道SCI，2通道CAN，1通道SPI，1通道IIC，1个看门狗电路。

⑤88个多路复用通用GPIO引脚，支持JTAG（联合测试行为组织）边界扫描，支持DSP/BIOS操作系统。

由此可见，28335丰富的功能特性能够满足拖拉机AMT使用要求，且具有一定的性价比。

（4）通信模块　通信模块主要包括串口通信和CAN总线通信。串口通信模块用于控制器与故障诊断设备或上位机进行数据传递，CAN总线通信模块用于控制器与发动机ECU及拖拉机上的其他智能节点实现数据共享。

8.3.2.3　执行机构

东方红-MG600拖拉机变速器设有主、副变速杆，两者相结合可实现拖拉机10（5×2）个前进挡、2个倒挡工作。本文在原固定轴式拖拉机变速器的基础上增加了执行机构液压系统，使离合器执行机构、换挡执行机构均采用电控液动驱动方式工作，实现快速、稳定自动换挡功能。执行机构液压系统原理图如图8-7所示。

执行机构液压系统主要由液压源、离合器液压控制系统及换挡液压控制系统组成。其中，离合器液压控制系统主要由离合器液压缸、进油阀及放油阀构成。自动变速器控制单元

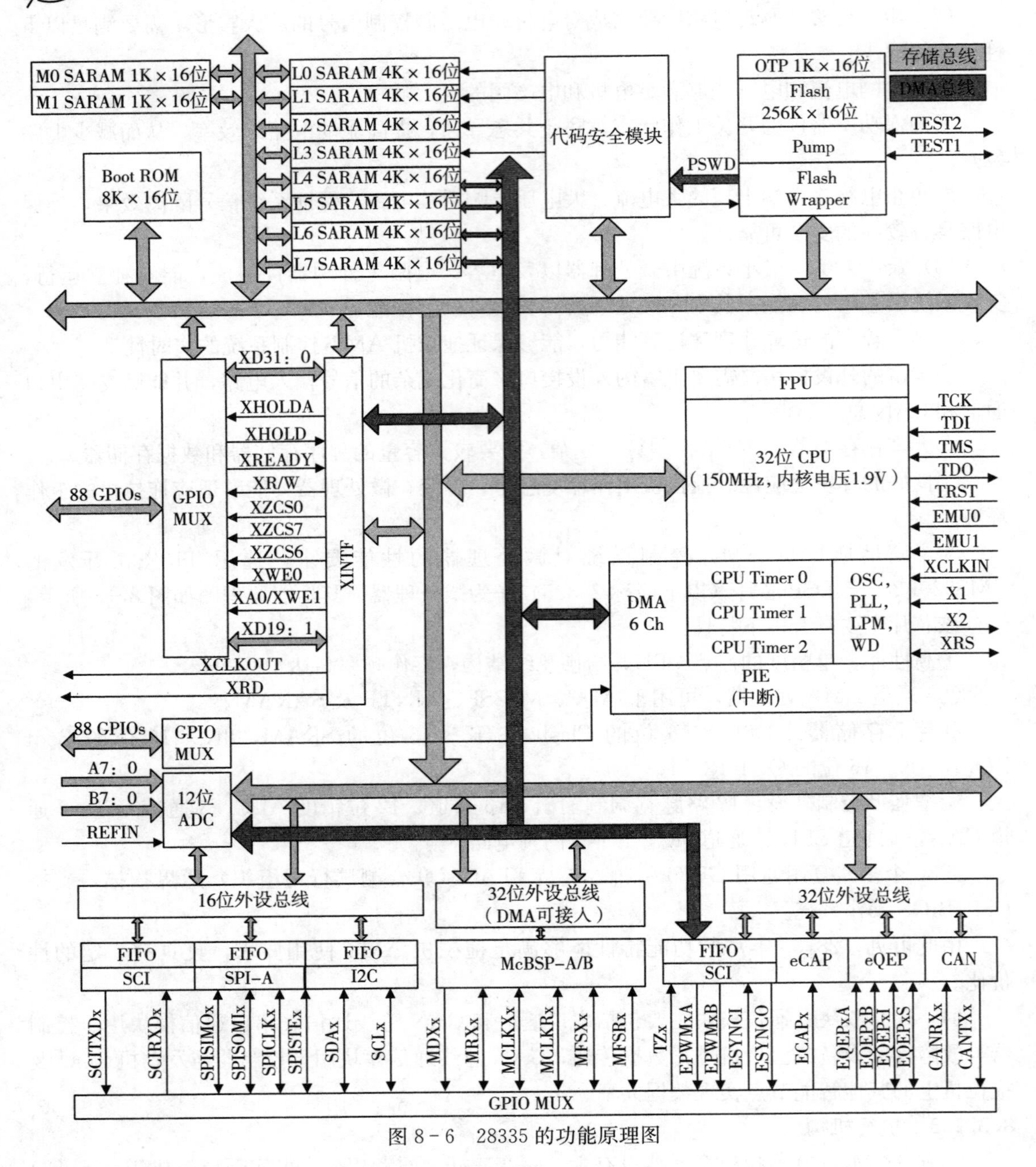

图 8-6　28335 的功能原理图

通过输出不同脉宽调制信号调节进油阀和放油阀的开闭，进而控制执行机构动作，实现离合器不同工作状态。换挡液压控制系统主要由换挡液压缸和两位三通高速电磁阀构成。自动变速器控制单元通过输出不同脉宽调制信号调节电磁阀开闭，进而控制执行机构操作拨叉，实现自动换挡。

图 8-7 中，M_{v1}、M_{v2} 电磁阀控制离合器液压缸动作，M_{v3}、M_{v4} 电磁阀控制副变速液压

缸动作，M_{v5}、M_{v6}电磁阀控制换挡液压缸Ⅰ动作，M_{v7}、M_{v8}电磁阀控制换挡液压缸Ⅱ动作，M_{v9}、M_{v10}电磁阀控制换挡液压缸Ⅲ动作。

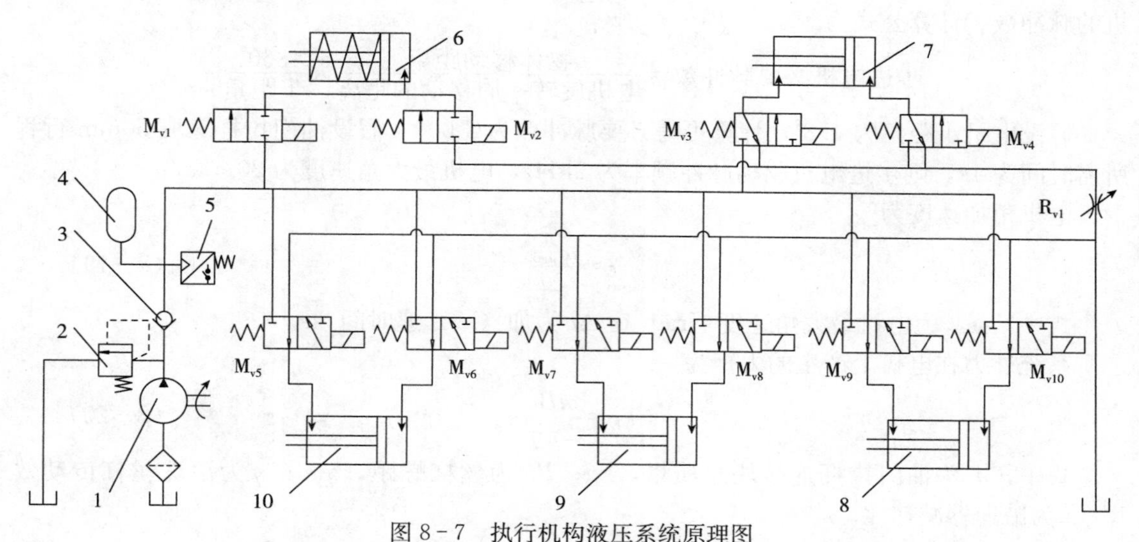

图 8－7　执行机构液压系统原理图

1. 液压泵　2. 溢流阀　3. 单向阀　4. 蓄能器　5. 压力继电器　6. 离合器液压缸
7. 副变速液压缸　8. 换挡液压缸Ⅲ　9. 换挡液压缸Ⅱ　10. 换挡液压缸Ⅰ

对油门拉杆的控制：通过滚珠丝杠装置将步进电机的旋转变成油门拉杆的直线运动，进而改变油门拉杆的位置。由于油门拉杆运动行程较短，动作频繁，转矩要求不高，且步进电机控制性能好，不会出现误差累积，可以实现开环控制，因此选用步进电机作为油门拉杆驱动机构。

步进电机可以对油门拉杆的运动速度和位置进行精确控制。步进电机的选取主要从电机步距角、静力矩及电机电流3个方面考虑。步距角为1.8°能够满足油门拉杆的定位精度，步进电机速度一般在600～1 200r/min。根据电机工作时的负载及滚珠丝杠简化装置图（图8－8），可得出步进电机的静力矩。

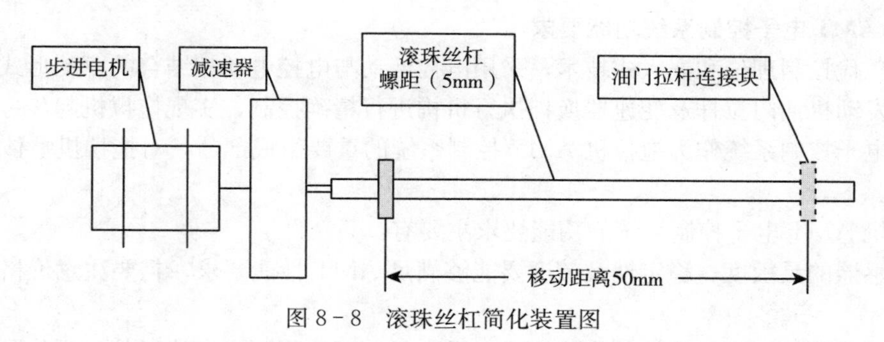

图 8－8　滚珠丝杠简化装置图

图8－8中，减速器减速比为10∶1，滚珠丝杠螺距为5mm，效率为90％。滚珠丝杠装置中，将负载质量换算到步进电机输出轴上的转动惯量为

$$J=m\left(\frac{1}{2\pi}\frac{B_{\mathrm{P}}}{10^{3}}\right)G_{\mathrm{L}}^{2} \tag{8-18}$$

式中，m 为油门拉杆连接块总质量，kg；B_P 为滚珠丝杠螺距，mm；G_L 为减速比。

步进电机必要脉冲数指传动装置将物体从起始位置传送到目标位置所需要提供给步进电机的脉冲数。计算公式为

$$\text{步进电机必要脉冲数}=\frac{\text{物体移动距离}}{\text{电机旋转一周移动的距离}}\times\frac{360°}{\text{步距角}}$$

假设电机步距角为 1.8°，计算可得必要脉冲数为 2 000。假设油门拉杆完成 50mm 行程所需时间为 1s，则步进电机驱动脉冲频率为 2kHz，电机最大角速度为 20πrad/s。

电机角加速度为

$$\varepsilon=\frac{\omega_{max}}{\Delta t} \tag{8-19}$$

式中，ω_{max}为电机最大角速度，rad/s；Δt 为加（减）速时间，s。

系统外力在电机上产生的力矩为

$$T_L=\frac{mB_P}{2\pi\eta}\frac{1}{i} \tag{8-20}$$

式中，m 为油门拉杆连接块总质量，kg；B_P 为丝杠螺距，mm；η 为滚珠丝杠传动效率；i 为减速器减速比。

电机静力矩为

$$T=(J\varepsilon+T_L)/\eta \tag{8-21}$$

式中，T_L 为系统外力在电机上产生的力矩，N·m。

计算出系统需要的电机静力矩不足 1N·m。系统选用 85BYGH450A-002 型步进电机，静力矩为 2.1N·m，步距角为 1.8°，机身长度为 75mm，相电压为 3V，相电流为 3A，相电阻为 1Ω，转动惯量为 1.4kg·cm^2，质量为 2.3kg，能够满足拖拉机油门拉杆控制需求。

8.3.3 拖拉机 AMT 电子控制系统分析

针对拖拉机特殊的行驶及作业方式以及我国 AMT 技术研究现状，分析 AMT 电子控制系统的功能要求，总结 AMT 电子控制系统的技术特点，可为电子控制系统方案的确定奠定基础。

8.3.3.1 AMT 电子控制系统功能要求

运用现代控制理论和嵌入式技术，采用电控液动与电控电动相结合的驱动形式对拖拉机离合器、发动机油门拉杆及变速器换挡执行机构进行精确控制，实现拖拉机起步、换挡的自动控制。电子控制系统作为拖拉机 AMT 控制系统的重要组成部分，对拖拉机整体性能有重要的作用。

拖拉机 AMT 电子控制系统的功能要求主要有：

①传感器的灵敏度、稳定性及精度要能够满足 AMT 性能要求，且要注意价格与性能的平衡。

②传感器信号处理电路抗干扰能力强、噪声低，可采用隔离模块对信号进行隔离；电路要注意温漂，保持电路稳定；提高电路分辨率，减小误差；注意电路输入阻抗和传感器输出阻抗的匹配问题。

③控制器微处理器应具有较快速的运算速度、丰富的外设接口、大容量的片上存储器及

良好的环境适应性。

④执行机构驱动电路输出的电流和电压要能够满足电磁阀及步进电机的最大功率要求。与微处理器输出端要有良好的隔离措施，避免高电压、大电流影响控制器性能，电路的可靠性要有保障。

⑤执行机构结构应尽可能简单，对离合器、变速器原有操纵装置的改动要尽可能小，尽量保持原有生产方式以降低制造成本。

8.3.3.2 AMT电子控制系统技术特点

拖拉机AMT电子控制系统的性能优劣主要体现在离合器接合过程及变速器换挡过程的性能评价指标上，电子控制系统对离合器、变速器及发动机的控制要能够满足控制算法中的评价指标要求。

（1）离合器接合评价指标　除了驾驶员对拖拉机起步过程平顺性的主观评价外，冲击度和滑摩功2个定量指标能够客观地对离合器接合过程进行评价。冲击度定量评价了拖拉机行驶的平顺性，间接反映出拖拉机起步过程中传动系的动负载大小。通过滑摩功（离合器接合过程中主、从摩擦盘相对运动产生的摩擦所做的功）来评价离合器的使用寿命。

在离合器接合性能评价指标中，冲击度和滑摩功是2个相互制约的指标。冲击度要小，则要求离合器接合速度慢，滑摩功会相应增大；滑摩功要小，则要求离合器接合速度快，冲击度会相应增大。因此，电子控制系统要平衡2个定量指标在离合器接合过程中的比重。

（2）换挡品质评价指标　由于AMT动力中断的换挡方式，换挡品质成为评价AMT性能的一项重要指标。换挡品质指在保证拖拉机动力性和动力传动系寿命的前提下，能够实现快速平稳换挡的程度。从简单实用的角度来看，换挡品质评价指标有换挡时间、冲击度以及滑摩功。

换挡时间能够综合反映AMT换挡品质。换挡时间指从控制器发出换挡控制信号开始，到变速器到达目标挡位，离合器摩擦片完全接合，动力完全恢复，这整个过程经历的时间。换挡时间要在保证拖拉机平稳换挡的同时尽量短，减小对拖拉机动力性和燃油经济性的影响。

冲击度和滑摩功主要是针对离合器接合的指标。在允许冲击度范围内，应尽量减少接合过程中产生的滑摩功。

AMT电子控制系统除了满足离合器接合过程及变速器换挡过程的性能评价指标外，还应便于今后系统功能的升级与再开发。

8.3.4 拖拉机AMT电子控制系统方案

通过研究拖拉机AMT电子控制系统的结构和功能，选取传感器及控制器微处理器型号，确定执行机构操纵方式，制订AMT电子控制系统方案。针对传感器输出信号的类型和特征，以及执行机构的驱动形式，对控制器电路板电路进行分析设计，并对主要电路进行仿真，完成对控制器的设计。

拖拉机AMT控制器的主要功能包括信号信息的采集及整理、数据的运算及存储、程序的存储、控制信号的输出等。同时，拖拉机AMT控制器对工作实时性和稳定性要求高，需要丰富的外设电路，这要求核心芯片有足够的处理速度和内存空间。拖拉机AMT通过

CAN 总线与发动机 ECU、仪表 ECU 等网络节点完成通信，所以控制器需要设置 CAN 接口。同时，为了系统后续的功能扩展，控制器还配备了外部扩展接口。拖拉机 AMT 控制系统总体方案框图如图 8-9 所示。

为便于控制器的调试及二次开发，拖拉机 AMT 控制器采用主板与核心板分离的结构。核心板用于完成数据采集、存储、运算及通信功能；主板主要提供各种信号的 I/O 接口、信号调理电路、执行机构驱动电路以及串口通信电路。

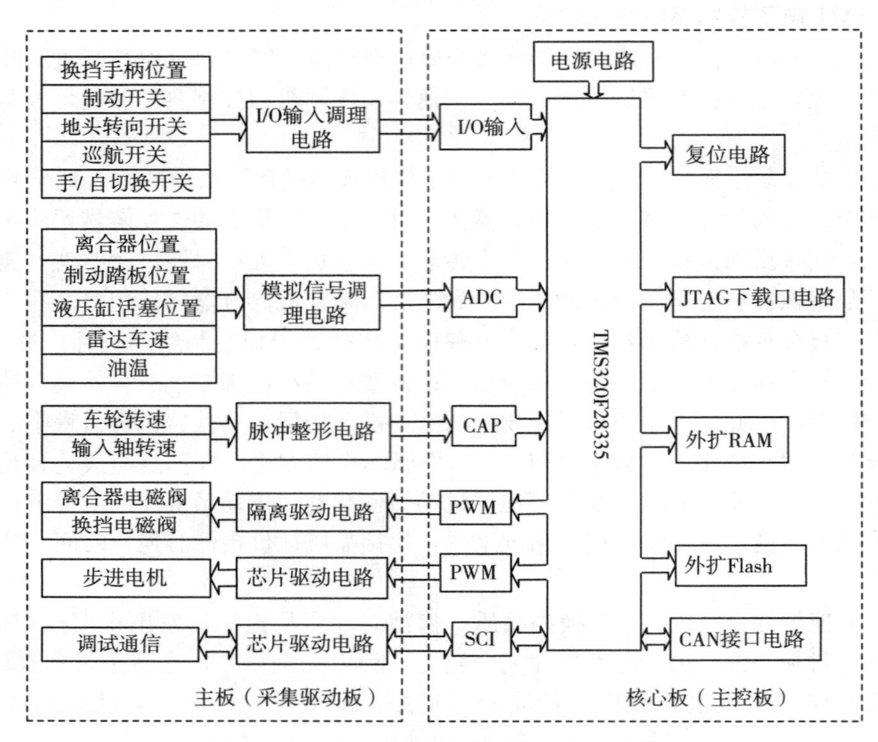

图 8-9　拖拉机 AMT 控制系统总体方案框图

I/O 输入调理电路用来对输入的开关信号进行变压及隔离。模拟信号调理电路对模拟信号进行变压、滤波以及阻抗匹配处理。脉冲整形电路对脉冲信号进行滤波、隔离整形，使进入微处理器引脚的信号满足芯片的电气特性要求。隔离驱动电路把控制信号转换为电磁阀的驱动信号，实现对执行机构的驱动。通信模块包括 CAN 总线通信和串口通信，主要完成自动变速器控制单元与发动机 ECU 及拖拉机其他智能节点的通信、数据共享，以及自动变速器控制单元与其他通信设备及诊断设备的通信。核心板上的电源电路、复位电路、JTAG 下载口电路，以及外扩 Flash、外扩 RAM，构成了微处理器的基本工作条件。

8.4　拖拉机 AMT 控制器半实物仿真技术

拖拉机 AMT 控制器由硬件和软件 2 部分组成。为了检验和提高控制器软件的性能，基于 dSPACE 采用半实物仿真技术并参考拖拉机实际台架试验数据建立 AMT 控制器仿真平

台，使控制器在虚拟环境中工作，完成拖拉机AMT控制器仿真试验，分析验证拖拉机AMT控制器软件的实用性。

8.4.1 拖拉机AMT半实物仿真简介

拖拉机AMT半实物仿真平台由被控对象模型工控机、控制器实物、接口装置和实时交互监控系统4部分组成。被控对象模型工控机是用于代替发动机、变速器、AMT液压执行机构等真实拖拉机部件的仿真模型。在进行仿真测试时，它会对系统输入信号进行实时计算和处理以模拟真实被控对象的实际运行状态。接口装置使用dSPACE的硬件系统AutoBox，集成了处理器、I/O接口等硬件系统，能够满足绝大部分工程应用要求。控制器实物由硬件和软件2部分组成。控制器硬件包括核心板和主板；软件包括嵌入式实时操作系统DSP/BIOS和拖拉机AMT控制系统应用程序。其中，核心板含有最小系统和存储单元，主板包括输入信号处理电路和执行机构驱动电路。实时交互监控系统通过监控软件显示系统运行的实时数据。拖拉机AMT半实物仿真平台的组成如图8-10所示。启动该系统就可以对拖拉机AMT控制器软件进行仿真。基于dSPACE进行拖拉机AMT半实物仿真测试可以保证系统的实时性，用仿真系统替代实际试验系统可使试验次数不受试验条件限制，可以有效避免试验测试中被控对象多、体积大，试验平台搭建困难、搭建时间长等问题。

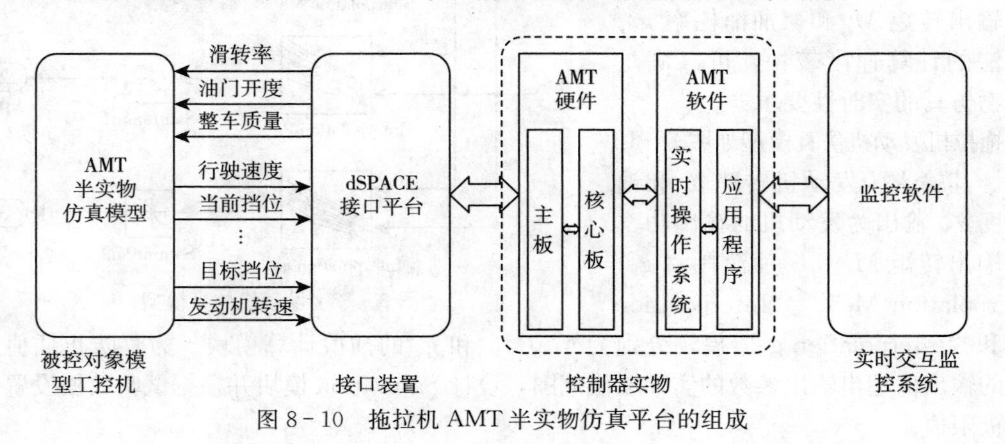

图8-10 拖拉机AMT半实物仿真平台的组成

8.4.2 拖拉机AMT半实物仿真模型建立

拖拉机AMT控制器软件半实物仿真平台整体结构如图8-11所示。仿真模型由发动机仿真模型、变速器仿真模型、拖拉机机组动力学仿真模型和拖拉机AMT液压执行机构仿真模型组成。鉴于拖拉机离合器在换挡过程中分离与接合占用的时间较短，构建系统半实物仿真模型时忽略离合器对换挡过程的影响。

8.4.2.1 发动机仿真模型

发动机仿真模型可以根据发动机万有特性台架试验数据，采用多项式拟合法求解输出功率、输出转矩、燃油消耗率与转速、油门开度的关系式，然后使用SIMULINK语言将关系式转换为M函数文件。在仿真时输出量通过计算得到。这种方法一般在离线仿真中使用，仿真过程中计算输出量需要的时间较长。本文的发动机模型基于拖拉机发动机万有特性台架

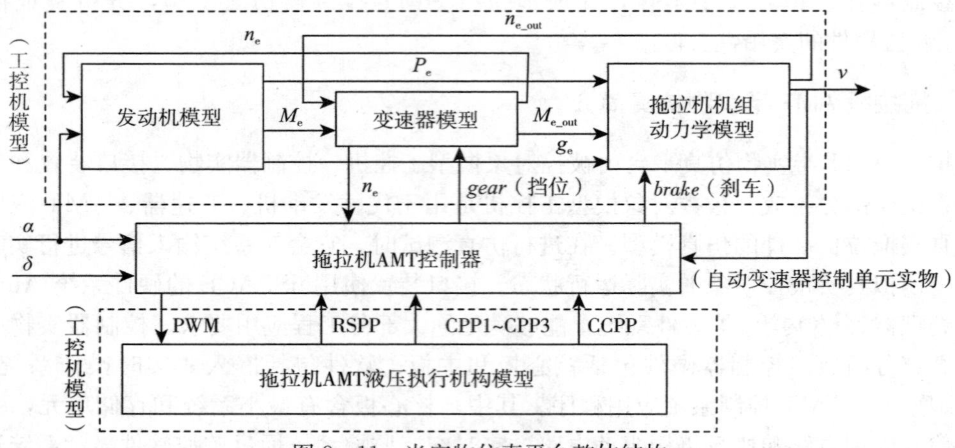

图 8-11 半实物仿真平台整体结构

试验数据，使用 SIMULINK 提供的 Look-Up Table 模块，对试验数据进行插值计算得到发动机的输出功率 P_e、输出转矩 M_e 和燃油消耗率 g_e。该方法的计算速度较快，可以满足半实物仿真的实时性要求。

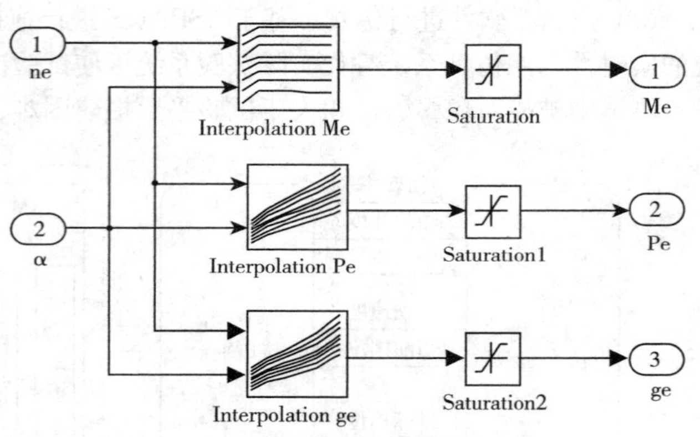

图 8-12 发动机仿真模型

拖拉机发动机仿真模型如图 8-12 所示。其输入为发动机转速 n_e 和油门开度 α，输出为发动机的输出功率 P_e、输出转矩 M_e 和燃油消耗率 g_e，“Interpolation Me”、“Interpolation Pe”和“Interpolation ge”模块分别为 M_e、P_e 和 g_e 的插值计算模块。为了防止插值计算模块的输出值超出输出参数的实际取值范围，设计 Saturation 模块并根据试验数据设置各参数的极限值。

8.4.2.2 变速器仿真模型

为了满足不同的作业要求，拖拉机通过变速器改变系统传动比达到改变发动机转速和转矩的目的。在搭建模型的过程中可以将拖拉机变速器作为一个比例环节。拖拉机变速器各个挡位的传动比如表 8-4 所示。式（8-22）和式（8-23）为变速器系统的运动学方程。

表 8-4 变速器各个挡位的传动比

	Ⅰ挡	Ⅱ挡	Ⅲ挡	Ⅳ挡	Ⅴ挡
低速区	9.780	6.270	5.380	4.000	2.890
高速区	2.440	1.820	1.350	1.000	0.720

$$n_{e\_in}=i_g \cdot n_{e\_out} \tag{8-22}$$

$$M_{e\_out}=i_g \cdot M_{e\_in} \tag{8-23}$$

式中，n_{e_in}为变速器输入轴转速；i_g 为变速器当前挡位的传动比；n_{e_out}为变速器输出轴转速；M_{e_out}为变速器的输出转矩；M_{e_in}为变速器的输入转矩。

因系统忽略离合器的影响，变速器输入轴转速 n_{e_in}等于发动机转速 n_e，变速器的输入转矩 M_{e_in}等于发动机的输出转矩 M_e。

拖拉机变速器仿真模型如图 8－13 所示。“ig convert”模块是根据表 8－4 建立的变速器传动比 i_g 和挡位 *gear* 的一维关系查询表。输入挡位 *gear*，通过该查询表即可输出当前挡位对应的变速器传动比。

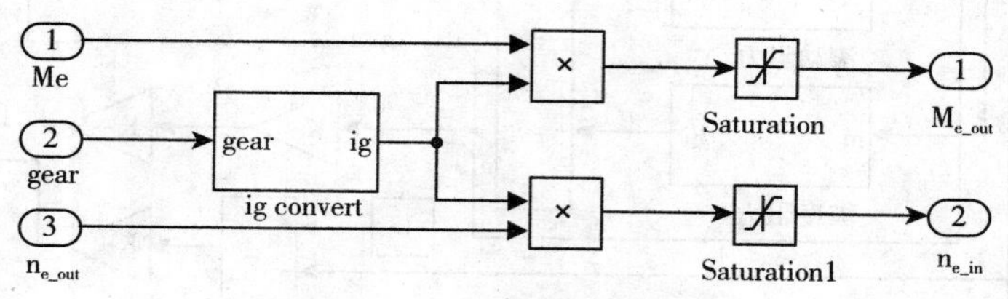

图 8－13 变速器仿真模型

8.4.2.3 拖拉机机组动力学仿真模型

拖拉机机组工作时，系统能源由发动机提供，机组运动依靠拖拉机驱动轮所受到的土壤反力。为了保证拖拉机机组在犁地、耙地、收获等生产过程的作业效能，必须对其进行动力学分析。由于拖拉机机组工作过程中所受的牵引阻力和滚动阻力与具体的作业工况、土壤本身的性质等多种因素有关，为了简化计算，通常使用拖拉机机组的运动方程表示其动力学关系：

$$F_q = F_f + F_i + F_T + (m_1 + m_2)\frac{dv}{dt} \tag{8-24}$$

式中，F_q 为拖拉机受到的驱动力，N；F_f 为滚动阻力，N；F_i 为坡度阻力，N；F_T 为牵引阻力，N；m_1 为拖拉机质量，kg；m_2 为农机具质量，kg；v 为拖拉机机组的行驶速度，km/h。

F_q、F_f、F_i 和 F_T 可以分别表示如下：

$$F_q = \frac{M_e i_g i_o \eta_n}{r_q} \tag{8-25}$$

式中，M_e 为发动机转矩，N·m；i_g 为变速器当前挡位的传动比；i_o 为主减速器的传动比；η_n 为拖拉机传动系的机械传动效率；r_q 为驱动轮的滚动半径，m。

$$F_f = (m_1 + m_2) f g \tag{8-26}$$

式中，f 为滚动阻力系数；g 为重力加速度。

$$F_i = (m_1 + m_2) g \sin\gamma \tag{8-27}$$

式中，γ 为拖拉机机组作业坡度角。

$$F_T = \frac{367(P_e - P_m - P_f - P_\delta)}{v} \tag{8-28}$$

式中，P_e 为发动机的输出功率，kW；P_m 为传动系的损失功率，kW；P_f 为机组移动消耗的功率，kW；P_δ 为拖拉机驱动轮滑转损失的功率，kW。

拖拉机机组动力学仿真模型如图 8－14 所示。在系统工作过程中，系统输出量拖拉机机组行驶速度 v 被反馈至模型输入端并参与对系统输出量的控制，构成了闭环控制系统。

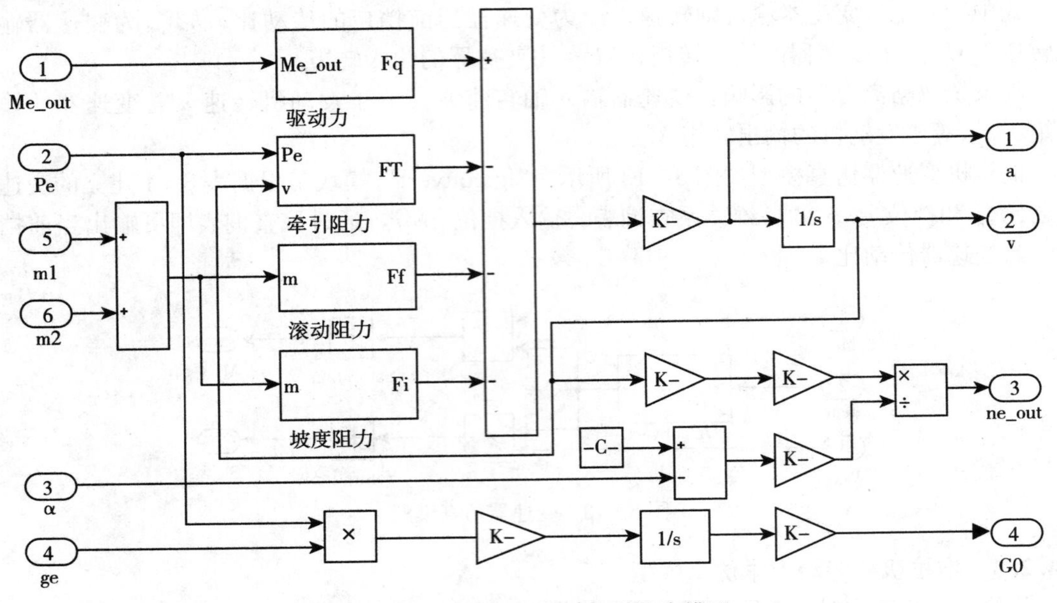

图 8-14 拖拉机机组动力学仿真模型

8.4.2.4 拖拉机 AMT 液压执行机构仿真模型

拖拉机 AMT 控制器软件在运行过程中，需要液压执行机构为其提供反馈信号作为判断和计算的依据，使用 Simscape 工具箱建立液压执行机构仿真模型来模拟实际离合器和换挡执行机构的动作，为控制器软件提供输入参数和控制对象。拖拉机 AMT 液压执行机构仿真模型如图 8-15 所示。PWM1A～PWM5A、PWM1B～PWM5B 是 AMT 控制器输出的 10

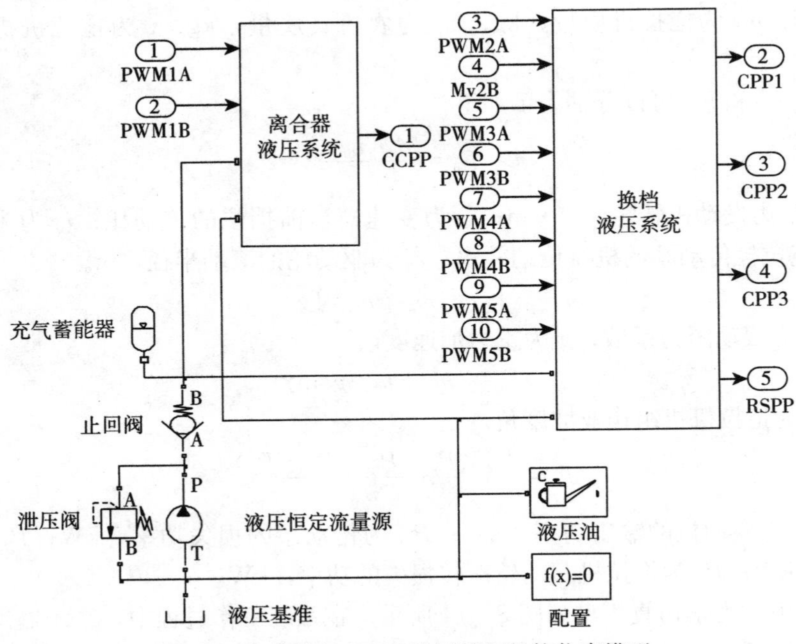

图 8-15 拖拉机 AMT 液压执行机构仿真模型

路脉冲波；CCPP、RSPP、CPP1～CPP3 是液压执行机构输出的液压缸活塞位置信号，直接反馈至 AMT 控制器输入端。

8.4.3 拖拉机 AMT 半实物仿真软硬件实现

8.4.3.1 半实物仿真测试原理

dSPACE 仿真系统是一套基于 MATLAB/SIMULINK 的系统开发与性能测试平台。dSPACE 仿真平台由软件和硬件 2 部分组成。硬件平台是进行半实物仿真所需要的设备，包括 MicroAutoBox 1401/1505/1507 仿真系统和拖拉机 AMT 控制器。其中，MicroAutoBox 是仿真系统模型运行的载体。

拖拉机 AMT 半实物仿真系统的硬件系统连接图如图 8－16 所示。仿真系统模型控制器 MicroAutoBox 通过串行接口与实时监控电脑和拖拉机 AMT 控制器进行通信。

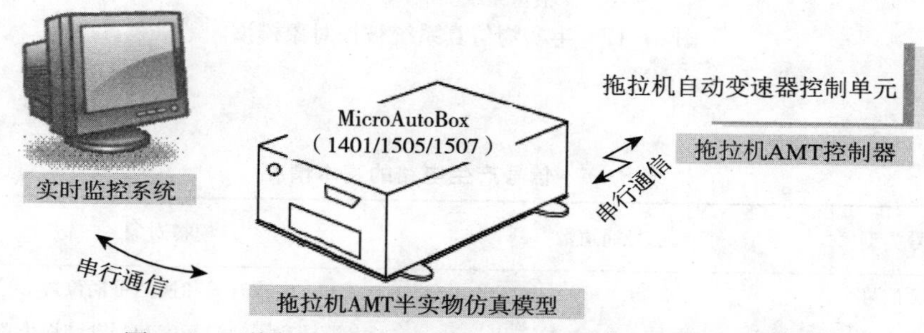

图 8－16 拖拉机 AMT 半实物仿真系统的硬件系统连接图

8.4.3.2 拖拉机 AMT 半实物仿真测试软件实现

在进行拖拉机 AMT 仿真测试时，实际的 DSP 控制器与虚拟的仿真模型构成了拖拉机 AMT 半实物仿真试验平台。半实物仿真试验结果是控制器软件和拖拉机仿真模型优化、改进的基础。依据拖拉机 AMT 半实物仿真试验结果可以快速修改工控机上的系统模型，进行一次仿真试验仅需几分钟，经过反复仿真试验可以使拖拉机 AMT 系统达到最佳的控制效果。

拖拉机 AMT 半实物仿真测试软件包括被控对象模型和监控软件 2 部分。被控对象模型是在设计的模型的基础上加入 RTI 接口模块（图 8－17）。监控系统的软件平台为 dSPACE 提供的 ControlDesk 试验软件，用于采样数据的处理和仿真系统的实时监控。监控软件是拖拉机 AMT 半实物仿真系统的重要组成部分，软件平台 ControlDesk 能够对仿真过程进行综合管理，使用简单的拖拽方式就可以轻松建立虚拟仪表，提供良好的同步机制，实现系统参数与变量的可视化管理。

8.4.3.3 拖拉机 AMT 半实物仿真测试硬件实现

基于 dSPACE 的拖拉机 AMT 半实物仿真的重点在于检验真实驾驶员操作输入条件下拖拉机传动系的综合性能，从而验证控制器软硬件的可行性和可靠性。信号产生电路用来模拟实际拖拉机驾驶员的操作，产生仿真系统所需要的模拟信号和开关信号。信号产生电路的基本情况如表 8－5 所示。

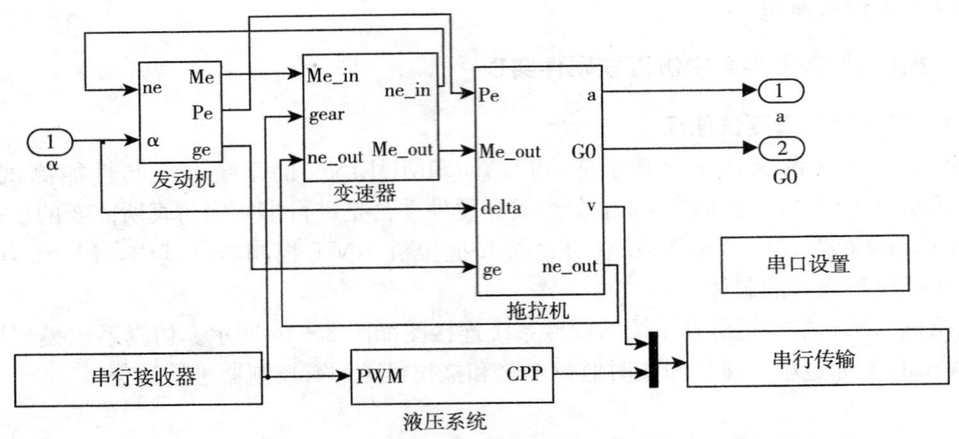

图 8-17 半实物仿真系统被控对象模型

表 8-5 信号产生电路的基本情况

信号类型	信号通道数	模拟对象
开关信号	6	模式开关和换挡手柄位置
模拟信号	3	滑转率、油门开度和制动踏板位置

开关信号产生电路的原理如图 8-18 所示。当开关 S1、S2、S3、S4、S5、S6 闭合时，发生器相应输出端产生 12V 高电平；当开关断开时，产生 0V 低电平。可用来模拟拖拉机工作过程中经济/动力挡、巡航挡、高/低速挡等模式开关产生的开关信号。

模拟信号产生电路的原理如图 8-19 所示。定值电阻 R_1、R_2、R_3 的阻值都为 100Ω，滑动变阻器（R_4、R_5、R_6）的阻值都为 1kΩ。通过调节滑动变阻器滑片位置，可以调整输出端输出 0～5V 直流电压。可以用来模拟制动踏板位置传感器等传感器输出的模拟信号。

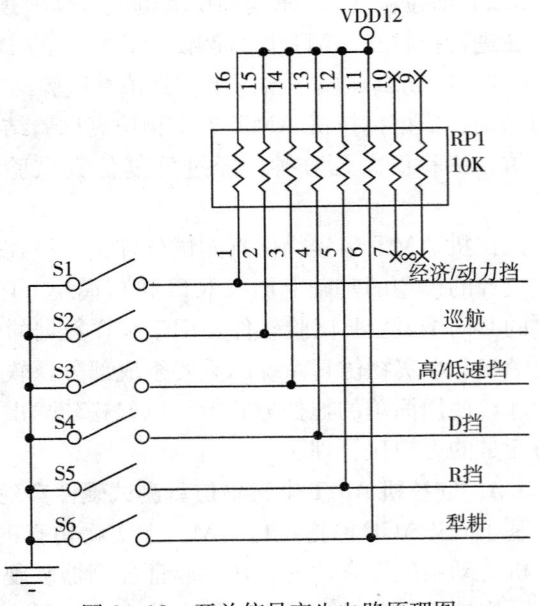

图 8-18 开关信号产生电路原理图

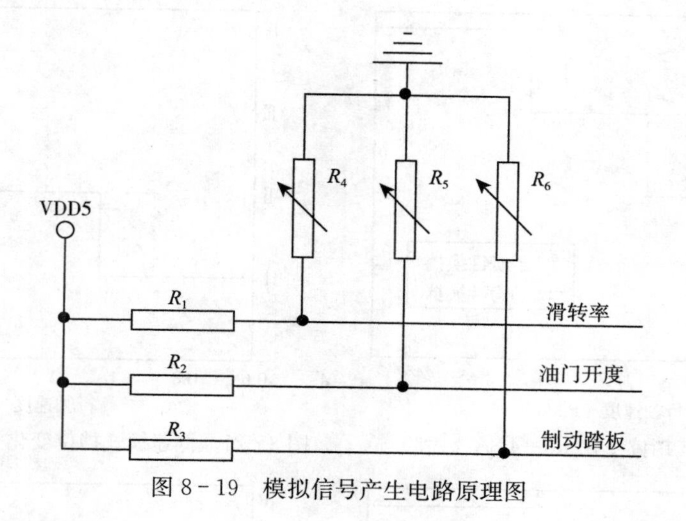

图 8-19　模拟信号产生电路原理图

8.4.4　拖拉机 AMT 半实物仿真测试

8.4.4.1　测试方法与步骤

拖拉机自动换挡规律以行驶速度 v、油门开度 α 和驱动轮滑转率 δ 为控制参数。测试时拖拉机行驶速度信号由被控对象模型的输出反馈至仿真系统，油门开度信号和驱动轮滑转率信号通过模拟信号产生电路输入。通过模拟信号产生电路控制油门开度从 0%到 100%变化（每次增加 5%），驱动轮滑转率从 0%到 20%变化（每次增加 2%）。每一次测试都要记录换挡时刻速度、当前挡位和行驶速度信息。

8.4.4.2　仿真测试结果分析

半实物仿真结果可以用来分析拖拉机 AMT 控制器软件的控制效果。图 8-20 和图 8-21 所示为低速模式下驱动轮滑转率为 4%，油门开度分别为 30%和 60%时对应的拖拉机挡位与行驶速度关系曲线。图 8-22 和图 8-23 所示为低速模式下驱动轮滑转率为 12%，油门开度分别为 30%和 60%时对应的拖拉机挡位与行驶速度关系曲线。

对以上拖拉机 AMT 控制器软件半实物仿真结果进行分析：

①由图 8-20、图 8-21、图 8-22 和图 8-23 可以得到，作业环境相同时，经济换挡模式下拖拉机换挡时刻（升挡）的行驶速度低于动力换挡模式下换挡时刻的行驶速度。

②由图 8-20 和图 8-21 可以得到，当驱动轮滑转率一定（为 4%）时，拖拉机换挡时刻（升挡）的行驶速度随油门开度的增大而增大（由图 8-22 和图 8-23 也可以得到相同结论）。

③由图 8-20 和图 8-22 可以得到，当油门开度一定（为 30%）时，拖拉机换挡时刻（升挡）的行驶速度随驱动轮滑转率的增大而减小（由图 8-21 和图 8-23 也可以得到相同结论）。

以上分析的结论符合拖拉机 AMT 实际作业情况。因此，应用程序能够在拖拉机 AMT 控制器中稳定运行。

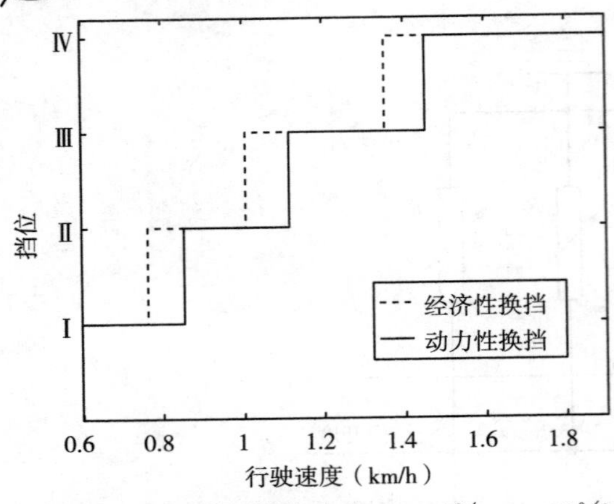

图 8-20　低速模式挡位变化（$\delta=4\%$，$\alpha=30\%$）

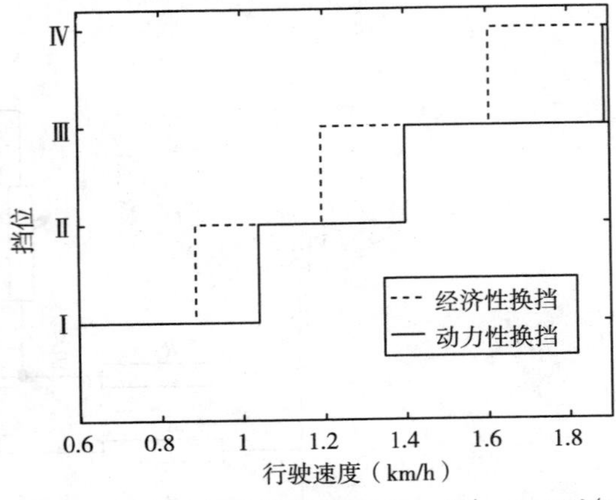

图 8-21　低速模式挡位变化（$\delta=4\%$，$\alpha=60\%$）

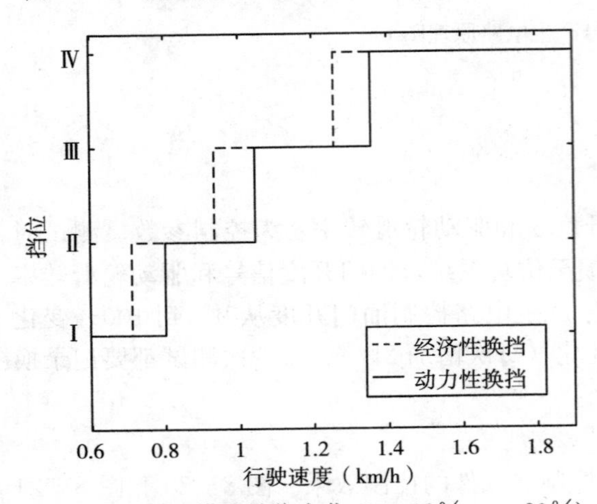

图 8-22　低速模式挡位变化（$\delta=12\%$，$\alpha=30\%$）

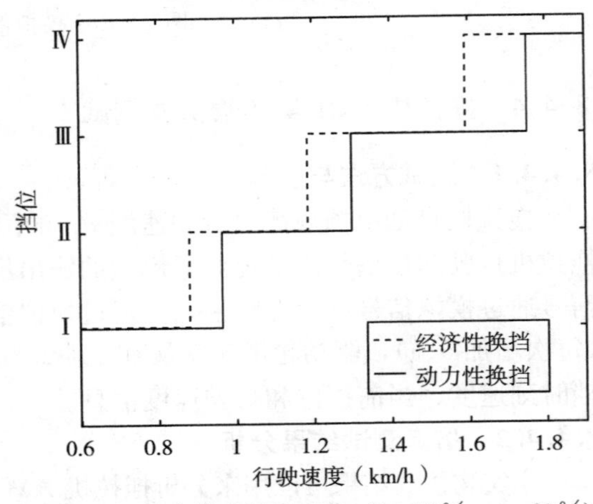

图 8-23　低速模式挡位变化（$\delta=12\%$，$\alpha=60\%$）

图 8-24 所示为低速模式下三参数换挡规律曲线与半实物仿真换挡规律曲线比较图。由图可以看出，拖拉机 AMT 半实物仿真测得的换挡规律曲线与设计的换挡规律曲线存在一定偏差，最大偏差控制在 3%左右，可以满足拖拉机 AMT 系统要求。该偏差产生的原因主要有 2 个方面。从硬件上讲，信号调理电路、信号采集电路和片内 ADC 模块在电压转换计算时存在误差；从软件上讲，控制参数实际值计算环节产生的误差、任务线程调度时出现的响应时间延迟等都是系统仿

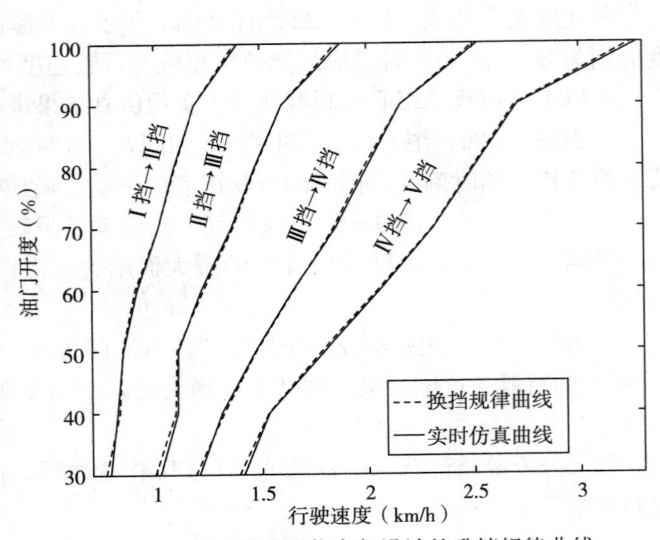

图 8-24　低速模式下仿真与设计的升挡规律曲线

真时换挡规律曲线产生偏差的原因。

8.5 本章小结

本章首先在概述拖拉机变速传动发展的基础上，阐述了拖拉机 AMT 的基本原理、组成和类型。根据机械式变速器挡位布置情况，结合拖拉机的工况、传动系、整车液压油源的特点及对换挡执行机构的设计要求，采用液压驱动式平行换挡执行机构。分析了拖拉机发动机的速度特性，利用最小二乘法对发动机的稳态输出转矩进行拟合，并给出了发动机稳态输出转矩的计算方程。对碟形弹簧的结构进行了分析，根据碟形弹簧载荷-变形的近似计算法求得碟形弹簧载荷与变形量之间的关系，绘制了拖拉机离合器转矩传递特性曲线。根据拖拉机的相关参数计算得到与其配套的铧式犁的具体参数，并结合田间犁耕作业工况，对拖拉机机组整体动力学进行了分析，推导了拖拉机机组作业动力学方程。

然后对拖拉机 AMT 电子控制系统结构进行了分析，对传感器类型及型号、微处理器型号以及执行机构形式进行了选取。明确了拖拉机 AMT 电子控制系统的功能，对 AMT 电子控制系统的技术特点进行了研究。制订了 AMT 系统总体方案，确定了控制器结构形式及各个功能模块的作用，为硬件电路的设计提供了理论基础。

最后使用 dSPACE 和 SIMULINK 软件搭建了拖拉机 AMT 软件半实物仿真平台，分析了模型搭建原理和方法，建立了发动机仿真模型、变速器仿真模型、拖拉机机组动力学仿真模型和拖拉机 AMT 液压执行机构仿真模型。分析了拖拉机 AMT 软件半实物仿真的原理，设计了硬件测试电路和仿真软件模型。利用搭建的拖拉机 AMT 软件半实物仿真平台进行了仿真，分析了仿真的换挡规律曲线与设计的换挡规律曲线出现偏差的原因，验证了拖拉机 AMT 电子控制系统软件的正确性。

第9章 拖拉机动力换挡自动变速器（PST）

9.1 拖拉机 PST 的结构与工作原理

9.1.1 PST 的结构组成

PST 由传动离合器、动力输入行星齿轮装置和输出行星齿轮装置 3 部分组成（图 9－1）。

（1）传动离合器　这种变速器中有 2 个传动离合器：C1 和 C2。C1 和 C2 的轮毂一体并与发动机飞轮一起转动，轴 Z1 从空心轴 Z2 中穿过，直接把动力传递给太阳齿轮 S3。

（2）动力输入行星齿轮装置　动力输入行星齿轮装置，由 1 组行星齿轮（图 9－1 中的 35、36）及制动器 BHi 和离合器 CL0 组成。离合器 CL0 轮毂和行星齿轮架与空心轴 Z2 的花键连接。离合器 CL0 和制动器 BHi 两者的轮毂一体，并且与太阳齿轮 S1 的花键连接。该装置的动力从空心轴 Z2 输入，经行星齿轮架、小行星齿轮和齿圈 R1 传递给太阳齿轮 S2。此装置有 2 种传动：

①离合器 CL0 接合。行星齿轮架和太阳齿轮 S1 锁成一体，从空心轴 Z2 传来的动力经齿圈 R1 以发动机转速直接传递给太阳齿轮 S2。

②制动器 BHi 接合。太阳齿轮 S1 固定不转，空心轴 Z2 驱动行星齿轮架以发动机转速转动，使与其一体的小行星齿轮以比发动机转速大约快 15%的转速驱动齿圈 R1 和太阳齿轮 S2 超速转动。

（3）输出行星齿轮装置

①多级转速行星齿轮装置。由 2 组行星齿轮（图 9－1 中的 29、31），制动器 B1、B2 组成。该装置可从太阳齿轮 S3 或 S2 处获得动力，经行星齿轮架把动力传递给多级方向行星齿轮装置。

该装置可传递 5 种转速：当动力从太阳齿轮 S3 传入时，若与制动器 B1 接合则减速 85%，若与制动器 B2 接合则减速 77%；当动力从太阳齿轮 S2 传入时，若与制动器 B1 接合则减速 66%，若与制动器 B2 接合则减速 55%；离合器 C1 和 C2 同时接合，太阳齿轮 S2 和 S3 锁成一体，并以发动机转速传入动力，驱动行星齿轮架旋转。

②多级方向行星齿轮装置。由 2 组行星齿轮（图 9－1 中的 12、28），制动器 B3、B4 和离合器 C3 组成。动力从行星齿轮架传入，经变速器动力输出轴 Z3 传出。离合器 C3 和制动器 B4 两者的轮毂一体，并且与太阳齿轮 S5 的花键连接。双联行星齿轮既与行星齿轮常啮合，又与太阳齿轮 S4 常啮合。

该装置有3种传动输出：离合器C3接合时，太阳齿轮S4和S5锁成一体，并把行星齿轮架传来的动力以原速同向直接传递给变速器动力输出轴Z3；制动器B4接合时，太阳齿轮S5固定不转，行星齿轮架传来的动力经行星齿轮（此时该齿轮绕太阳齿轮S5公转并自转）、双联行星齿轮和太阳齿轮S4，超速同向传递给变速器动力输出轴Z3；制动器B3接合时，齿圈R4固定不转，行星齿轮架传递来的动力经行星齿轮（此时该齿轮绕齿圈R4公转并自转）、双联行星齿轮和太阳齿轮S4，超速反向传给变速器动力输出轴Z3。在拖拉机被拖动时为保护变速器，拖动离合器可用来分离后桥和变速器之间的传动。

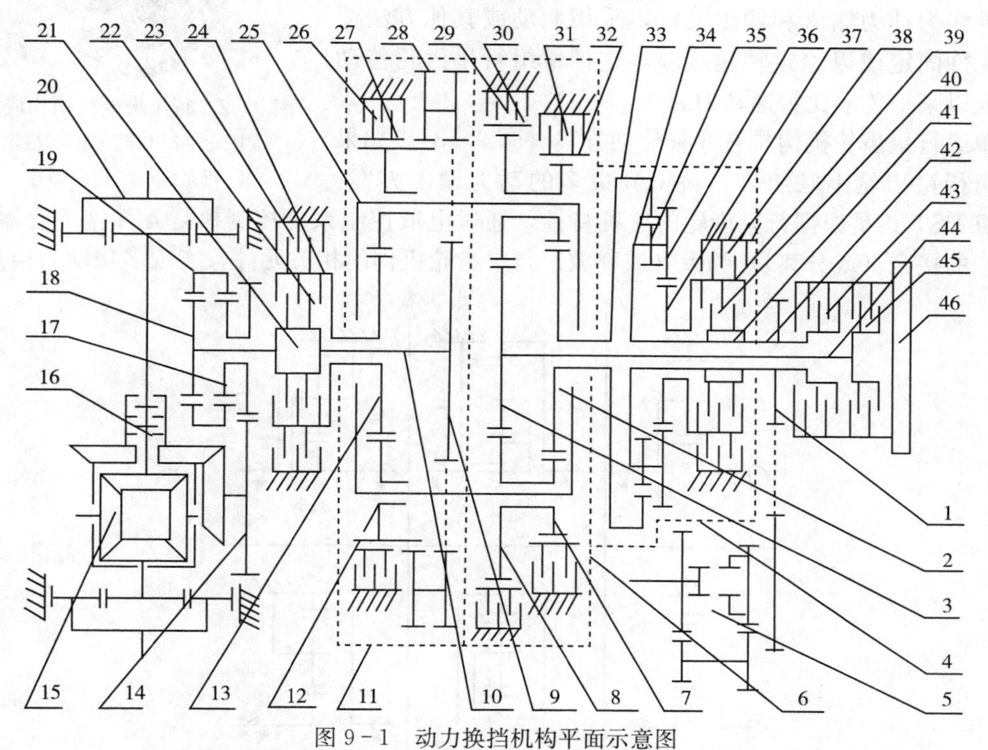

图9－1　动力换挡机构平面示意图

1. 动力输出齿轮　2. 太阳齿轮S2　3. 太阳齿轮S3　4. 动力输入行星齿轮装置　5. 动力输出装置　6. 多级转速行星齿轮装置　7、35. 小行星齿轮　8、36. 大行星齿轮　9. 太阳齿轮S4　10. 变速箱动力输出轴Z3　11. 多级方向行星齿轮装置　12. 行星齿轮　13. 太阳齿轮S5　14、17、18. 齿轮　15. 中央传动及差速器　16. 差速器锁　19. 拖动离合器　20. 最终传动　21. 离合器C3轮毂　22. 离合器C3　23. 制动器B4　24. 离合器C3轮毂-制动器B4轮毂　25、34. 行星齿轮架　26. 制动器B3　27. 齿圈R4　28. 双联行星齿轮　29. 制动器B2　30. 齿圈R3　31. 制动器B1　32. 齿圈R2　33. 齿圈R1　37. 太阳齿轮S1　38. 制动器BHi　39. 离合器CL0轮毂-制动器BHi轮毂　40. 离合器CL0　41. 离合器CL0轮毂　42. 空心轴Z2　43. 离合器C2　44. 轴Z1　45. 离合器C1　46. 飞轮

9.1.2　工作原理

拖拉机PST是利用液压离合器或制动器实现拖拉机在载荷下换挡的机构。PST分定轴齿轮传动和行星齿轮传动2种。定轴齿轮传动具有结构简单、制造容易、便于采用通用的换挡离合器等优点，因此在轮式装载机上，至今仍是一种典型结构。行星齿轮传动具有结构紧

凑［齿轮、换挡离合器（或制动器）的摩擦元件等尺寸较小］、传动效率高、径向力平衡等优点，因此，大多数 PST 采用行星齿轮传动。

行星齿轮传动 PST：先介绍行星齿轮的工作原理。行星齿轮机构具有 4 个基本元件：太阳轮、行星轮、行星轮架和齿圈（图 9－2，包括与离合器的接合部位）。行星轮滑套在行星轮架上，同时与太阳轮、齿圈啮合。行星齿轮机构可以在太阳轮、行星轮架、齿圈 3 个基本元件之间任选 2 个元件作为动力输入和输出元件，采用制动或其他方法使另一元件固定或以给定转速旋转，这样单组行星齿轮传动机构就以某一传动比传递动力。

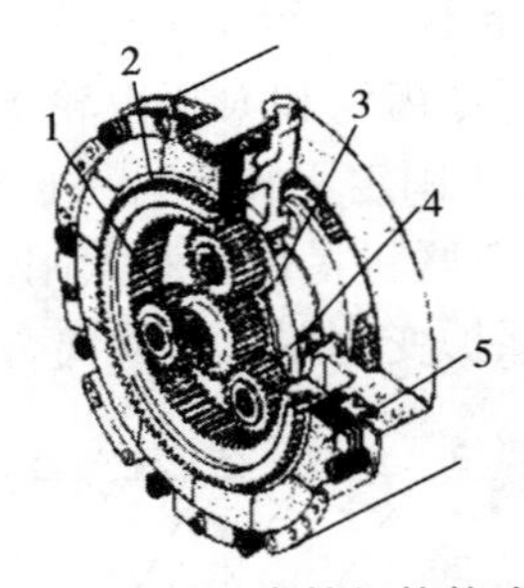

图 9－2　行星齿轮机构构成图

1. 太阳轮　2. 齿圈　3. 行星轮架　4. 行星轮　5. 离合器片

单组行星齿轮机构具有 6 种传动方案（图 9－3）。如果将多组行星齿轮串联组合，将得到更多的动力输出方案。拖拉机 PST 正是根据行星齿轮的这种特性，通过电液控制系统控制执行元件（离合器、制动器）的接合（或分离），约束（或释放）行星齿轮机构的相关元件，实现多挡动力换挡。

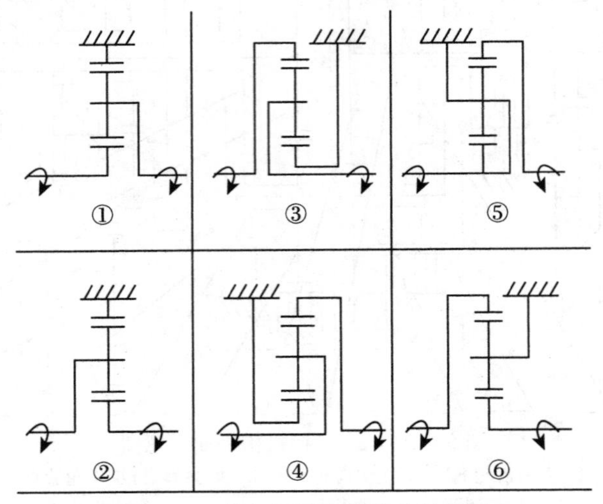

图 9－3　单组行星齿轮传动示意图

为了提高发动机的功率利用率，现代农用拖拉机上，2～4 挡 PST 与机械换挡变速器组成部分动力换挡自动变速器。其中，2 挡动力换挡由于结构较简单、造价较低，已获得广泛采用。由多个行星机构串联成的全动力换挡变速器，其操作方便，可获得较高的生产率，但结构较复杂，成本高，只在部分大功率拖拉机上采用。2 挡动力换挡用于部分动力换挡的变速器中，可实现高低挡间不停车换挡。当负载增大时换入低挡，负载减小则换入高挡。这样，能使有级变速器增加 1 倍的排挡数。内啮合行星式动力换挡机构（图 9－4）在齿圈转动和制动太阳轮时，行星架转动，输出

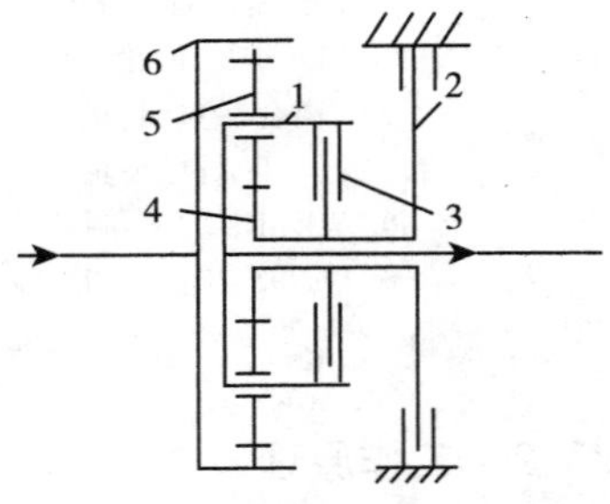

图 9－4　内啮合行星式动力换挡机构示意图

1. 行星架　2. 制动器　3. 离合器　4. 太阳轮　5. 行星轮　6. 齿圈

动力，速比大于 1。放松制动器，接合离合器，使太阳轮与行星架互锁，此时行星机构成为一体并转动，速比为 1。外啮合行星式动力换挡机构如图 9-5 所示。放松制动器，接合离合器，使输入太阳轮与行星架成为一体并转动，速比为 1。放松离合器，制动行星架，此时行星传动转换成定轴传动，速比大于 1。

定轴齿轮传动 PST：定轴齿轮传动 PST 是将变速器的换挡齿轮用离合器与其轴连接起来，通过换挡离合器的分离、接合实现换挡。其特点是传动中齿轮与轴的位置固定。基本原理如图 9-6 所示。它由动力输入轴、中间轴、动力输出轴、离合器等组成。齿轮 2 和齿轮 5 的轮毂固装在一起。齿轮 2 和齿轮 5 滑套在动力输入轴上，与动力输入轴各自单独旋转。齿轮 8 和齿轮 9 固定在动力输出轴上，分别与齿轮 6、齿轮 2 相啮合。齿轮 6 滑套在中间轴上（中间轴在此仅起支承作用），同时与齿轮 5、齿轮 8 相啮合。离合器 3 和离合器 4 都处于分离状态时，动力由动力输入轴传递到离合器 3 和离合器 4 的主动片后再无法传递，变速器处于空挡位置。离合器 3 接合、离合器 4 分离时，动力由动力输入轴经离合器 3、齿轮 2 传递到齿轮 9，最后由动力输出轴输出。此时，齿轮 5、6、8 和离合器 4 的从动片随动力输出轴空转，主动片随动力输入轴旋转，互不干涉。同理，离合器 3 分离、离合器 4 接合时，变速器又实现倒挡。

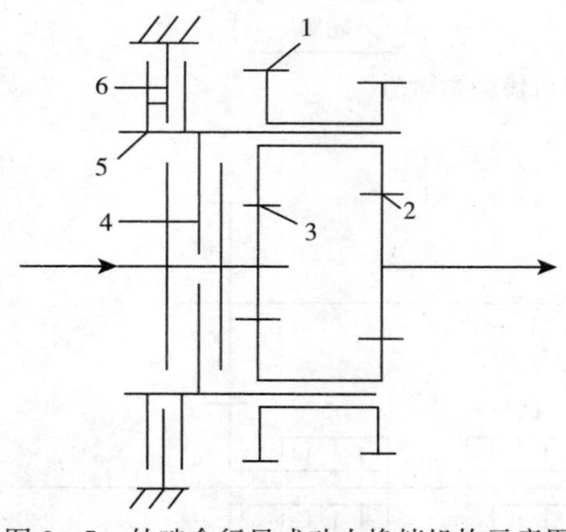

图 9-5　外啮合行星式动力换挡机构示意图

1. 行星轮　2. 输出太阳轮　3. 输入太阳轮　4. 离合器　5. 行星架　6. 制动器

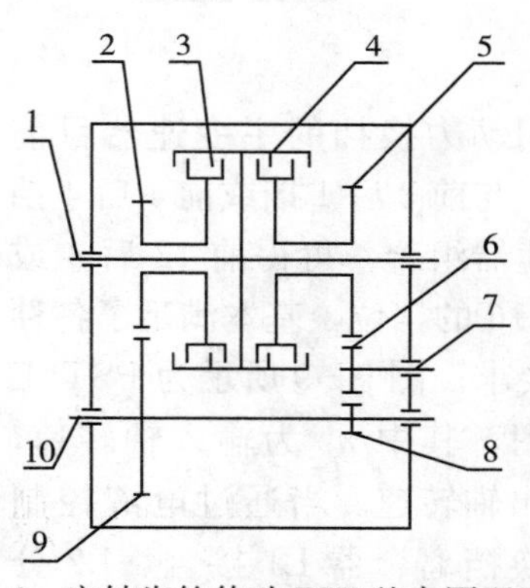

图 9-6　定轴齿轮传动 PST 基本原理示意图

1. 动力输入轴　2、5、6、8、9. 齿轮　3、4. 离合器　7. 中间轴　10. 动力输出轴

PST 和传统变速器的主要区别在于其换挡时能够实现动力不中断，在目前广泛使用的 PST 中，都是通过多个湿式离合器来实现这一功能。典型的 2 挡 PST 的原理如图 9-7 所示。输入端连接发动机，输出端连接主减速器，CLA 和 CLB 为换挡过程中使用的湿式离合器。当 CLA 接合、CLB 断开时为 Ⅰ 挡；当 CLA 断开、CLB 接合时为 Ⅱ 挡。在变速器从 Ⅰ 挡切换到 Ⅱ 挡的过程中，CLA 断开，CLB 接合，通过控制 2 个离合器的接合、断开过程，使 CLA 的断开过程和 CLB 的接合过程有一段时间重合，实现换挡时动力不中断。

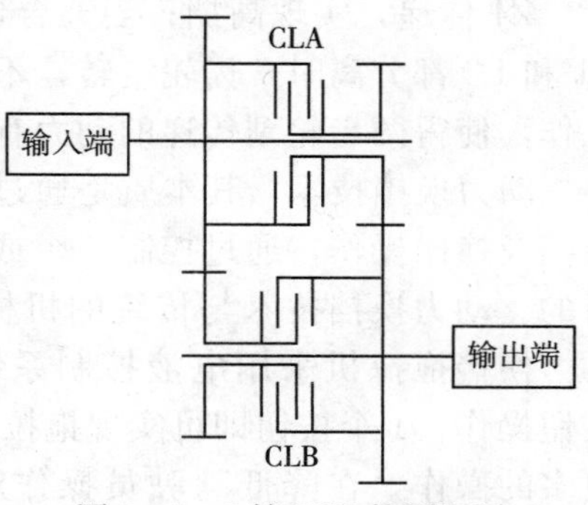

图 9-7　2 挡 PST 的原理图

例如东方红 1804 拖拉机，变速系统由主变速器、副变速器组合而成，主变速器采用动力换挡，副变速器采用同步器换挡。图 9-8 所示为东方红 1804 拖拉机传动系简图。

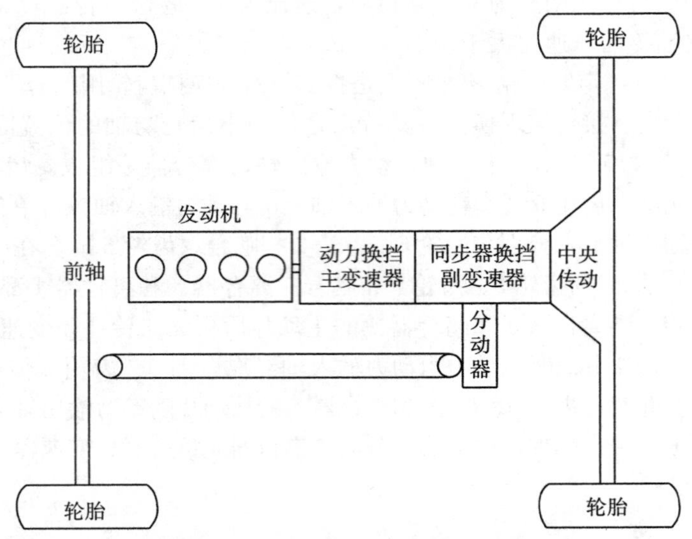

图 9-8　东方红 1804 拖拉机传动系简图

采用动力换挡的主变速器目前为 4 挡，与前 3 后 1 挡或前 4 后 4 挡的副变速器组合，可得前 12 后 4 或前 16 后 16 的挡位，基本满足了各种作业的要求。图 9-9 所示为 PST 工作原理图，其中 n_1 为输入轴转速，n_0 为输出轴转速。当通过电液控制装置使换挡离合器 L1 接合、L2 分离时，动力由左边齿轮副 Z1、Z3 传递，实现低挡；当离合器 L2 接合、L1 分离时，动力由右边齿轮副 Z2、Z4 传递，实现高挡；当离合器 L1 和 L2 都分离时，齿轮空转，不传递动力。通过电液控制系统使离合器 L1 和 L2 协调工作，使得两齿轮副传递的动力有一定重叠，可以实现拖拉机在换挡过程中动力不中断。

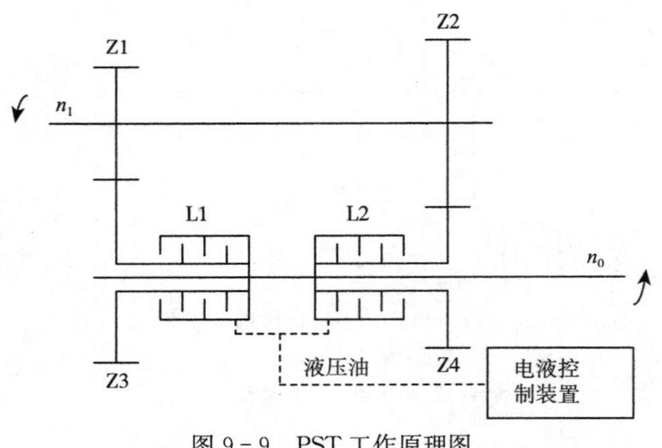

图 9-9　PST 工作原理图

动力换挡技术，其本质是通过液压控制系统控制换挡离合器实现变速器工况所需的换挡及换向操作，通过控制 2 个或多个换挡离合器的通断来达到挡位变换及转向变换的目的。动力换挡技术与传统的机械换挡有很大不同。相较于手动变速器的机械式换挡，动力换挡拖拉机采用电液控制系统，将手动变速器所需的复杂操作方式简化为单独的按钮操作，1 个按钮即可实现拖拉机的换挡、换向操作，驾驶员可以在更短的时间内完成更多的操作，在降低驾驶员操作难度及劳动强度的同时，大大提升了工作质量和工作效率。

9.2 拖拉机PST传动方案

在分析拖拉机作业特点和传动系基本要求的基础上，根据拖拉机对传动系的要求，确定定轴齿轮传动PST的传动方案。

（1）*拖拉机动力换挡传动系基本要求* 典型的轮式拖拉机动力换挡传动系结构如图9-10所示，包括扭转减振器（或液力变矩器）、PST、中央传动、差速器、最终传动和行走机构等部件。对拖拉机动力换挡传动系的特定要求，需要根据柴油发动机性能特点与拖拉机使用要求来确定。基本应满足以下条件：

①发动机载荷仅在等于或接近额定转矩时才具有良好的动力性和经济性指标，而拖拉机需以不同驱动力进行作业，为使拖拉机工作时发动机常处于或接近额定工况，传动系的传动比需根据载荷大小来调节，或根据特定作业速度要求来设定，如栽植作业，虽然所需驱动力不大，但仍要通过增加传动比以获得较低的速度。因此，传动比分配需满足拖拉机各种作业的要求。

②能够切断发动机到驱动轮的动力传递路线，使发动机能够启动，以及避免拖拉机临时停车或制动时发动机熄火。

③应具有较高的传动效率，避免动力传递过程中功率损失过高，以充分利用发动机功率，提高拖拉机的生产率和经济性。

④换挡机构操纵方便。换挡离合器接合时，摩擦转矩应平稳增长，以减小动载荷；分离时应彻底、迅速。换挡时序安排合理，使换挡平顺、无冲击。

⑤配套拖拉机为四轮驱动，由于前后驱动桥垂直载荷、轮胎变形量、前后轮滚动半径均不相同，前后轮走过的路程因道路条件差异也不相等。因此，在前后轮转速相同的条件下，前后轮不可能在路面上皆做纯滚动，必然会产生滑移和滑转。这将加速轮胎磨损，并导致传动系产生寄生功率，从而使传动系的载荷增大，增加功率损失，降低牵引效率。为了消除这一影响，应具有脱桥机构。

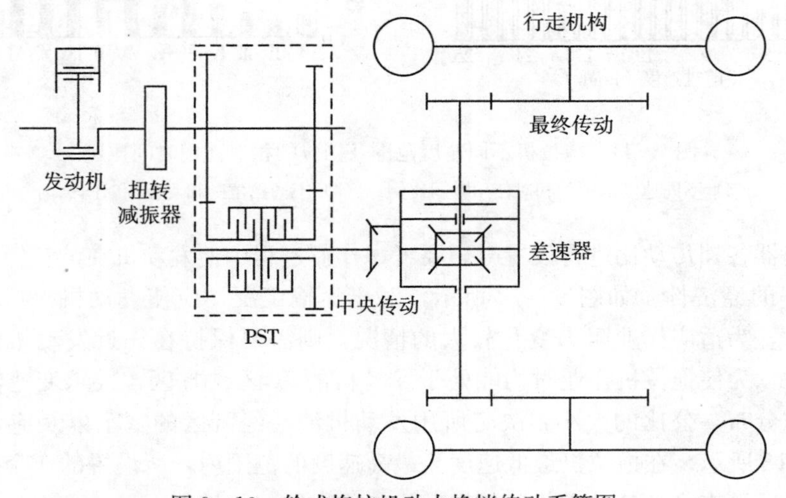

图9-10 轮式拖拉机动力换挡传动系简图

⑥扭转减振器固定在发动机飞轮上，由减振弹簧和阻尼元件构成，用以传递发动机转矩，调谐发动机和传动系的扭振固有频率，缓和冲击，减少噪声，以及提高传动系零件的使用寿命等。

⑦中央传动和差速器在适当减速的同时，将动力分配给左右半轴，并使驱动轮以不同转速转动，以满足转向等行驶工况要求，减少轮胎磨损和功率消耗。

⑧最终传动要求具有一定的传动比，以进一步增加驱动轮转矩和降低速度，并保证后桥有足够的离地间隙，以提高拖拉机的田间通过性能。

（2）变速器挡位分配与传动比设置　拖拉机主要应用于田间作业。以轮式拖拉机为例，常见的拖拉机犁耕作业速度为5～10km/h，旋耕作业速度为2～5km/h，运输速度目前最高可达到50km/h。因此，要满足拖拉机作业的多样性，基本应具备3种速度挡：①爬行挡，速度一般在3km/h以下，主要应用于栽植、开沟等低速作业；②田间作业挡，速度在4～12km/h，主要应用于犁耕、中耕、播种和收获等中速作业；③运输作业挡，通常速度在田间道路上为11～20km/h，在公路上为20～50km/h。图9-11（a）所示为田间作业时拖拉机不同速度范围的相对使用时间比例，4～12km/h速度范围的作业时间占拖拉机整个作业时间的70%，11～25km/h速度范围的作业时间占25%，而0～5km/h速度范围的作业时间仅占5%。图9-11（b）把等比配置的16挡变速器每挡相对使用时间按比例示出。由图可看出，最常用的是Ⅸ、Ⅹ、Ⅺ挡。这3个挡的使用时间共占变速器总使用时间的40%。因此在挡位配置上，在尽可能增加挡位数以提高发动机功率利用率的同时，应把挡位集中在主要作业速度范围4～12km/h，且尽量避免在6～10km/h的速度范围内换段，以便于换挡操作。

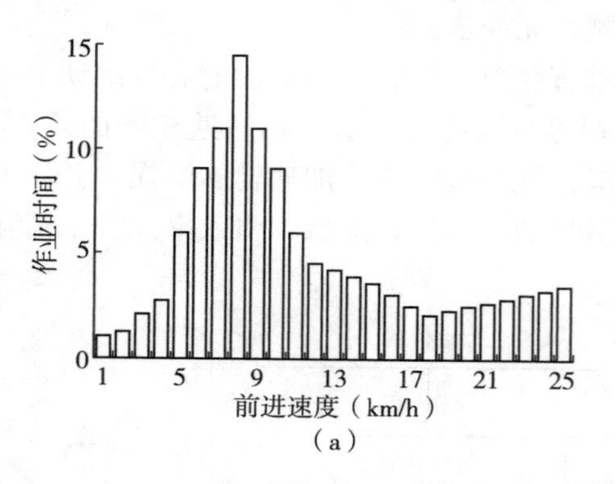

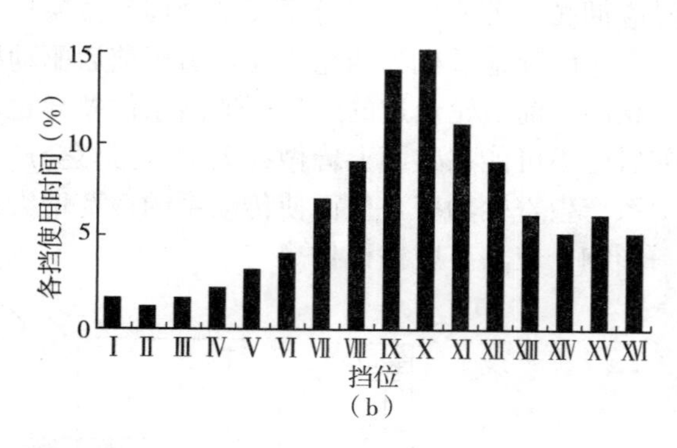

图9-11　拖拉机不同速度范围及挡位的相对使用时间比例

（a）不同速度范围的相对使用时间比例　（b）不同挡位的相对使用时间比例

在对变速器各挡传动比进行设置时，要考虑作业过程中使发动机在油耗经济区工作，以保证具有较好的经济性。如图9-12所示，对于运输工况，应使发动机保持在A区工作。在田间作业时，为适应作业阻力变化较大的情况，则需要保持在靠近发动机调速区段的B区工作。因此，为使拖拉机作业时均能处于发动机的A区或B区，要求变速器各挡传动比保持等比级数分布。公比的大小，决定所用发动机油耗经济区的宽窄以及应设置的挡位数目。如图9-13所示，在拖拉机最低速度至最高速度的范围内，所设置的4个挡位传动比按等比分布，可通过变换挡位的方法，使发动机工作时转速保持在n_{e1}～n_{e2}的经济区内。

图 9-14 所示为挡位配置参考图，纵坐标为变速器相邻挡位传动比的公比，上下 2 条曲线（实线）分别表示在相应速度下合理选择的公比的最高和最低限值。在田间作业时采用较小的公比，以保证在载荷改变时拖拉机速度稳定，并有较大的动力输出以提高生产效率。而在 PTO 作业和运输作业时，采用较大的公比，以避免挡位设置过多，功率利用率低。此外，在选择各挡公比时，还应考虑发动机的平均转矩储备。如在 4～12km/h 的作业速度范围内，公比的最大值确定为 1.28，而平均转矩储备只有 15%左右，则应选处于 1.15～1.20 的小公比。不同区段的部分挡位速度可重叠，若高段最低挡最大转矩时的速度能低于低段最高挡的最大速度，则在高段最低挡以恒速作业时，拖拉机具有一定的转矩储备，且可避免因作业需求频繁更换区段而使作业效率降低。

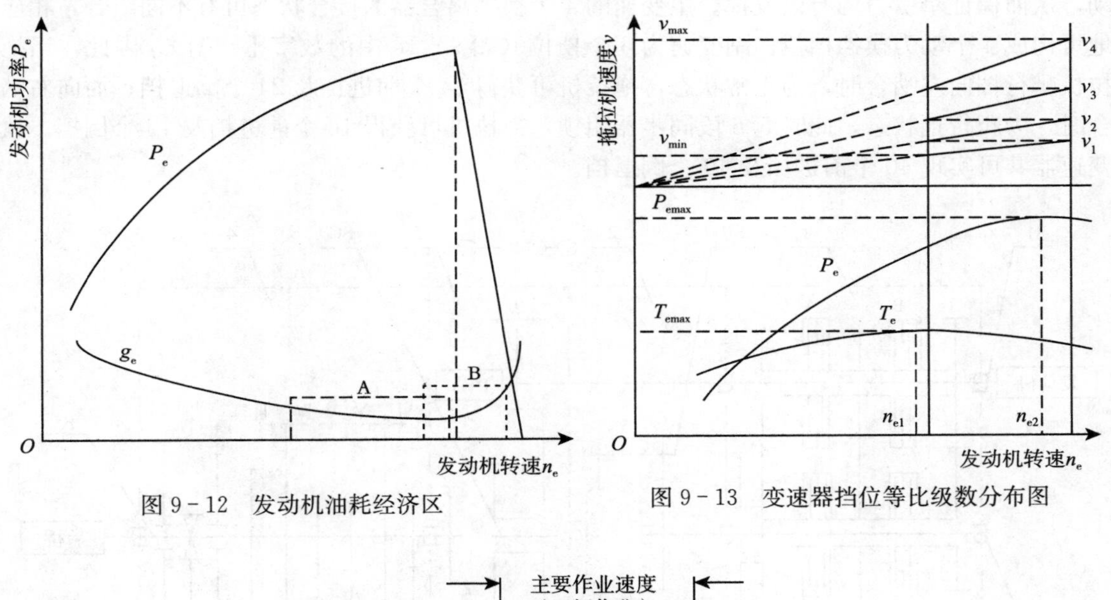

图 9-12　发动机油耗经济区

图 9-13　变速器挡位等比级数分布图

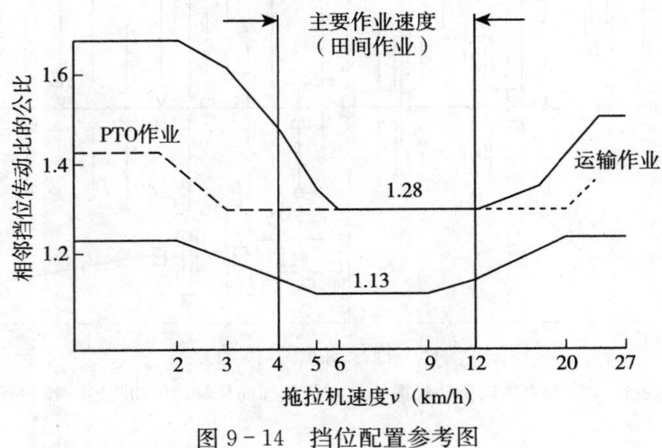

图 9-14　挡位配置参考图

（3）PST 结构方案　综合考虑制造成本与机械结构后确定的 PST 传动方案如图 9-15 所示。总体采用主、副变速串联的二级组成式传动形式，变速机构主要包括动力换挡变速装置、动力换向传动装置、爬行挡和油泵驱动传动装置、区段换挡变速装置。变速器由 7 根轴组成，其中S1、S2为主变速机构轴，S3、SR为换向机构轴，S4、S5为副变速机构轴，SW为前桥驱动离合器轴，SC为爬行挡惰轮轴，各轴轴心连线呈Z形布置。主变速的4个动力换挡离合器A、B、C、D与动力换向离合器F、R，以及前桥驱动离合器W为电液控制湿式多片式离合器。副变速换段机构为同步器操纵。每个区段的挡组所对应的拖拉机牵引力和速度范围相当宽广，因此在拖拉机作业中很少操纵同步器换挡部分。在进行同步器换段时，前进挡离合器F与倒退挡离合器R均可作为主离合器使用，动力在此处切断，使前面的动力换挡变速机构转动惯量加不到同步器上，可减少同步器载荷，提高同步器的使用寿命。前桥驱动离合器W为常态时，离合器靠弹簧压紧接合，拖拉机为四轮驱动，可根据需要驱动电磁阀使离合器分离，转为两轮驱动，而在电气系统发生故障时，拖拉机始终能够以四轮驱动，从而保证牵引力的有效发挥。主变速的4个换挡离合器的接合状态可有不同组合，相应地可构成4个动力换挡挡位；副变速为6个挡位（图9-15中的数字Ⅰ～Ⅵ）。因此，当拖拉机爬行挡向左啮合时，为正常状态，拖拉机可获得24个前进挡及24个倒退挡；而向右啮合时，为爬行挡状态，此时5/6段同步器闭锁，拖拉机可获得16个前进挡及16个倒挡。故变速器共可实现40个前进挡及40个倒退挡。

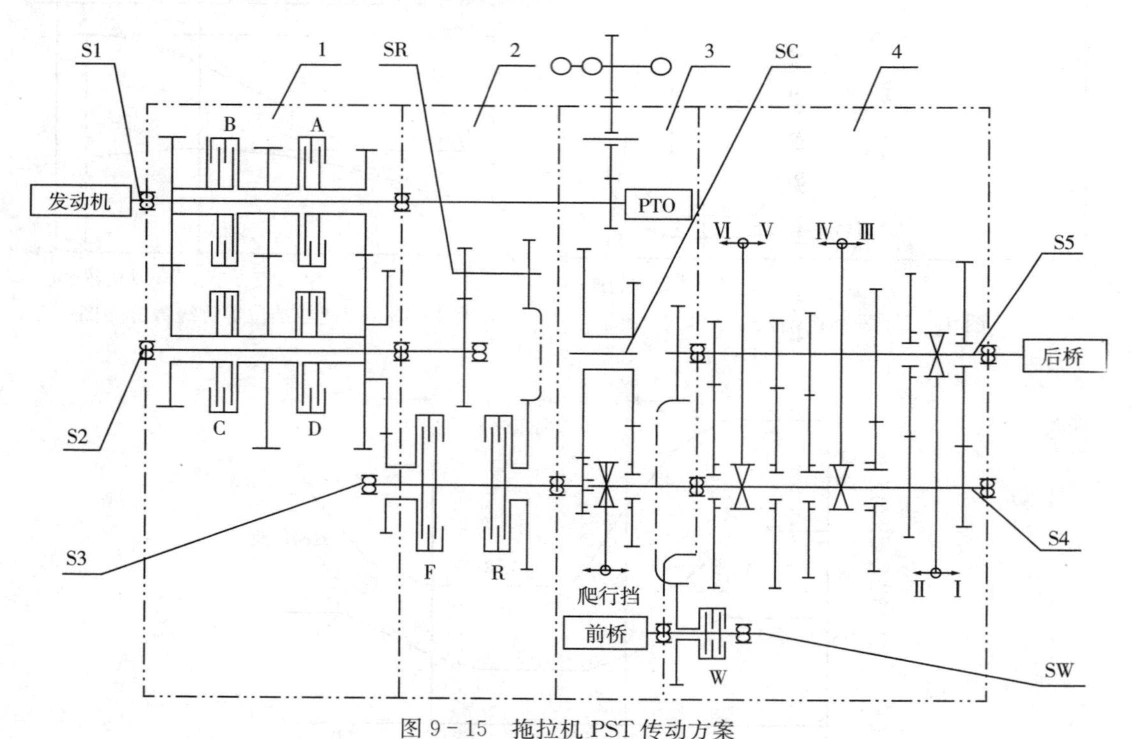

图9-15　拖拉机PST传动方案

1. 动力换挡变速装置　2. 动力换向传动装置　3. 爬行挡和油泵驱动传动装置　4. 区段换挡变速装置

9.3 拖拉机PST性能指标

在变速器的研发过程中，若要尽可能达到换挡快速、平稳、无冲击，则必须考虑影响换挡品质的因素。

换挡品质的3个评价指标分别为换挡时间 t_s、滑摩功 W_s、冲击度 j。

（1）换挡时间 t_s　换挡过程中，控制单元的运行速度、离合器的分离与接合时间以及电磁阀的反应时间等均在一定程度上决定了换挡时间的长短。若换挡时间偏短，则能达到快速换挡的目的，但是换挡品质相应较差；可适当增大换挡时间，在保证合适的换挡速度的前提下尽可能地减少滑摩功、降低离合器的磨损。

（2）滑摩功 W_s　离合器接合时，其主、从动盘在油液的压紧力作用下有相对运动，从而产生很多热量，加大了零件的磨损，离合器的性能及寿命均会受到很大影响。

在某一微小时间 dt 内，离合器的滑摩功等于摩擦转矩 M_m，离合器主、从动盘角速度之差（$\omega_1-\omega_2$）及相应时间 dt 的乘积，即 $M_m(\omega_1-\omega_2)dt$。因此，离合器接合过程中产生的摩擦功 L 为

$$L=\int_0^t M_m(\omega_1-\omega_2)dt$$

从上式可得出，离合器接合所用时间是滑摩功大小的决定性因素之一。接合时间长则会产生较大的滑摩功，反之滑摩功较小。小的滑摩功可以延长离合器的使用寿命，工作过程中生热较少，工作效率较高。

（3）冲击度 j　拖拉机的冲击度 j 是以其纵向加速度的变化率来表征的。其计算公式可表示为

$$j=\frac{da}{dt}=\frac{d^2v}{dt^2}$$

式中，a 为加速度；v 为速度；t 为时间。

忽略系统阻尼，上式可转化为

$$j=\frac{r}{i_0 I_t}\frac{d(T_{T0}-T_w)}{dt}=\frac{r}{i_0 I_t}\frac{dT_{T0}}{dt}$$

式中，r 为车轮半径；T_{T0} 为变速器输出轴转矩；T_w 为车轮上的牵引转矩；i_0 为主减速比；I_t 为与变速器输出轴相连部分的转动惯量。

由上式可知，冲击度与变速器输出轴转矩 T_{T0} 的一阶导数呈正比例函数关系。通过这个式子可以准确判断换挡品质的好坏。在换挡过程中，冲击度越小意味着变速器换挡的平顺性越好。冲击度在不同国家有不同规定，德国推荐的最大冲击度为 $10m/s^3$，我国推荐的最大冲击度为 $17.64m/s^3$。

9.4 本章小结

在分析PST结构和传动原理的基础上，根据拖拉机动力换挡传动系要求，分析了拖拉机变速器挡位分配原理、各挡传动比设置原则，以及拖拉机PST的传动方案和性能指标。

第10章 拖拉机PST系统关键参数辨识算法

系统状态参数的准确测量辨识是实现精确自动控制的前提条件。影响或代表拖拉机运行工况的参数有发动机参数（如发动机转速、发动机转矩、油门开度等），拖拉机载荷（如随机载荷稳态值、随机载荷变异系数等），拖拉机控制系统控制参数（如变速器传动比等），拖拉机性能参数（如驱动轮滑转率、拖拉机牵引力、拖拉机速度、拖拉机加速度等）。这些参数测量的难易程度不同。针对拖拉机控制系统在参数测量方面的难题可采取 2 种解决方法：一是采用合适的控制策略，在控制过程中用替代参数取代不可测、不易测的参数，如用滑转率来表征拖拉机的牵引力和效率；二是根据难测参数的具体特点，采用合适的信息提取技术来估算所需测量的参数。根据拖拉机动力换挡控制策略，控制系统有 2 个关键参数存在测量难度，且无法用其他参数替代，这 2 个参数为滑转率和随机载荷变异系数。滑转率的测量难度在于测量精度不易满足要求，随机载荷变异系数的测量难度在于难以实时获得。为实现滑转率和随机载荷变异系数的测量辨识，针对这 2 个间接测量参数的特点和测量要求，采用数据融合技术估算滑转率，采用二次变频滤波对随机载荷特征进行在线提取。

10.1 基于信息融合的滑转率估算法

拖拉机滑转率用以表明拖拉机作业时行程和速度的损失，直接影响拖拉机牵引特性，是其控制系统需要实时参考的重要参数。目前，传统的拖拉机滑转率测量方法是通过直接测量驱动轮和从动轮转速信号来确定理论车速和实际车速，从而求得瞬时滑转率，滑转率输出误差最大可达

$$\max(\mathrm{error}\delta)=\frac{(1+\delta)(e_1+e_2)}{\delta} \tag{10-1}$$

式中，δ 为滑转率；e_1、e_2 分别为驱动轮、从动轮转速信号相对误差。

在拖拉机的正常工作状态，滑转率值为 0.1～0.25。可见滑转率的计算过程对于输入信号的相对误差有极强的放大作用。因此，这类方法无法完全过滤拖拉机测量系统的随机噪声影响，其测量值存在波动，不能准确而稳定地反映拖拉机牵引力与滑转率的关系。滑转率离线拟合值较为平滑，但只能用于理论研究，无法用于实际控制环节。取得滑转率精确值的关键是拖拉机实际速度和驱动轮理论速度的实时精确测量，仅使用转速传感器达不到测控精度要求，所以需要对多个处于拖拉机不同位置、使用不同测量方法的传感器的测量值进行信息融合，挖掘出组合信息中的内在联系，从而得到更加精确的测量值。卡尔曼滤波算法是一种对过滤高斯白噪声比较有效的多传感器信息融合算法，目前已经被用于针对公路车辆的状态

估计。相比公路行驶车辆，拖拉机作业速度较低，对测控系统的反应速度要求也相应降低，使低速传感器的应用成为可能。同时，拖拉机 CAN 总线技术的发展，使得滑转率测量节点可以依据 ISO 11783 标准共享总线网络上的其他传感器信息，为实现多传感器融合提供了便利条件。但拖拉机车载传感器信号的测量噪声统计特性无法预知（来自总线的信号可能是其他厂家的测控系统提供），这也是算法需要解决的问题。针对上述问题，提出用带噪声观测器的变结构并行自适应卡尔曼滤波融合算法在线估算传感器信号的测量噪声方差，融合多个低成本普通精度的传感器信息，求得高精度的滑转率估值。

10.1.1 滑转率测量系统及建模

拖拉机滑转率测量系统的结构如图 10－1 所示。考虑到信息完整性及嵌入式系统的计算能力，对拖拉机实际速度和驱动轮理论速度进行 3 阶泰勒级数展开并离散化，联立形成系统状态方程；应用 GPS、转速传感器、车身加速度传感器、车轮角加速度传感器对系统进行观测，组成 2 个独立的系统观测器 Z_1、Z_2。系统状态方程分别和 2 个观测器联立组成 2 个局部滤波器 F1、F2。将 2 个局部滤波器求得的结果并行融合得到全局最优系统状态向量估值。

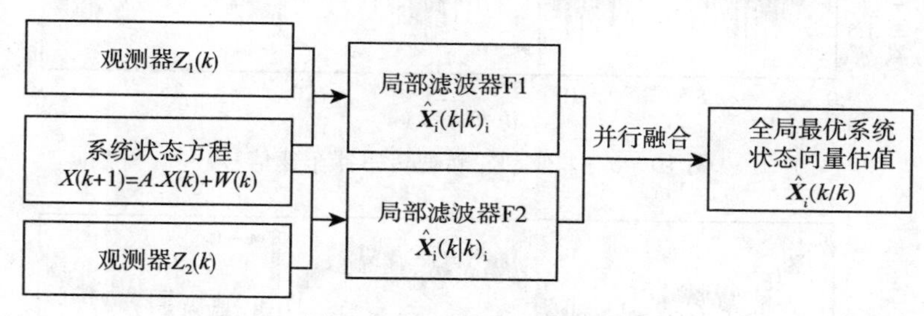

图 10－1　滑转率测量系统

10.1.2 带噪声观测器的变结构并行自适应卡尔曼滤波融合算法

多观测器系统可采用并行观测融合方法，即将局部滤波器 k 时刻的最优估值 $\hat{\boldsymbol{X}}_i(k|k)$ 采用协方差加权方式进行融合，得到全局优化估计值。系统中的 2 个观测器只有实际车速的信号来源不同，所以并行融合仅对实际车速估值有效。普通卡尔曼滤波需要噪声的先验统计特性。针对噪声方差的不确定性，相关领域的学者们提出了基于渐消、神经网络、模糊等理论的自适应卡尔曼滤波方法，其原理都是在每次迭代中通过相应算法改变噪声矩阵或误差协方差矩阵的权值来实现自适应，因而权值的选择是滤波准确性的关键，不适合的权值反而会破坏协方差最优估计，导致误差增大。渐消自适应卡尔曼滤波的权值渐消因子计算复杂，计算过程烦琐；神经网络自适应的权值易陷入局部收敛；模糊自适应方法隶属函数的选择易造成权值突变。因此，采用基于新息过程的噪声观测器法，通过在线统计新息方差，直接在线求得实时噪声方差估值，使模型测量噪声逼近真实噪声水平。

噪声观测器法在每次迭代中使用在线统计得到的噪声统计估值实现自适应滤波，其计算量和计算步骤都明显少于其他自适应算法，但拖拉机嵌入式控制系统的主控芯片的计算速度和存储空间都非常有限，需要进一步简化计算过程。因此，提出变结构自适应以简化计算方法，即系统在拖拉机每个工况初始阶段打开噪声观测器统计噪声方差，并求其均值，待滤波稳定后，噪声观测器停止统计，直接输出均值，系统回到普通卡尔曼滤波状态。采用这种变结构算法虽然在理论上属于次优，但由于计算简化，提高了实时性，在实际应用中可以避免信号输出延迟带来的相位误差，适用于拖拉机嵌入式控制系统。

10.1.3 滑转率算法的仿真分析

10.1.3.1 系统的仿真信号

滑转率测量系统的测量信号先进行预处理，变为恒功率的白噪声信号。仿真信号见图10-2至图10-6（图10-2、图10-3、图10-5的信号为传感器信号与车轮滚动半径的乘积）。所有信号加上均值后成为信号幅值范围在5%左右的高斯白噪声，噪声方差 $\boldsymbol{R}_1=\mathrm{diag}(0.11^2, 0.05^2, 0, 0.2^2, 0.05^2, 0)$ $\boldsymbol{R}_2=\mathrm{diag}(0.15^2, 0.05^2, 0, 0.2^2, 0.05^2, 0)$，并假设在11s时来自转速传感器的非驱动轮速度信号受到干扰A（图10-2），在21s时来自转速传感器的驱动轮车速信号受到干扰B（图10-3），连续10个采样点发生畸变。

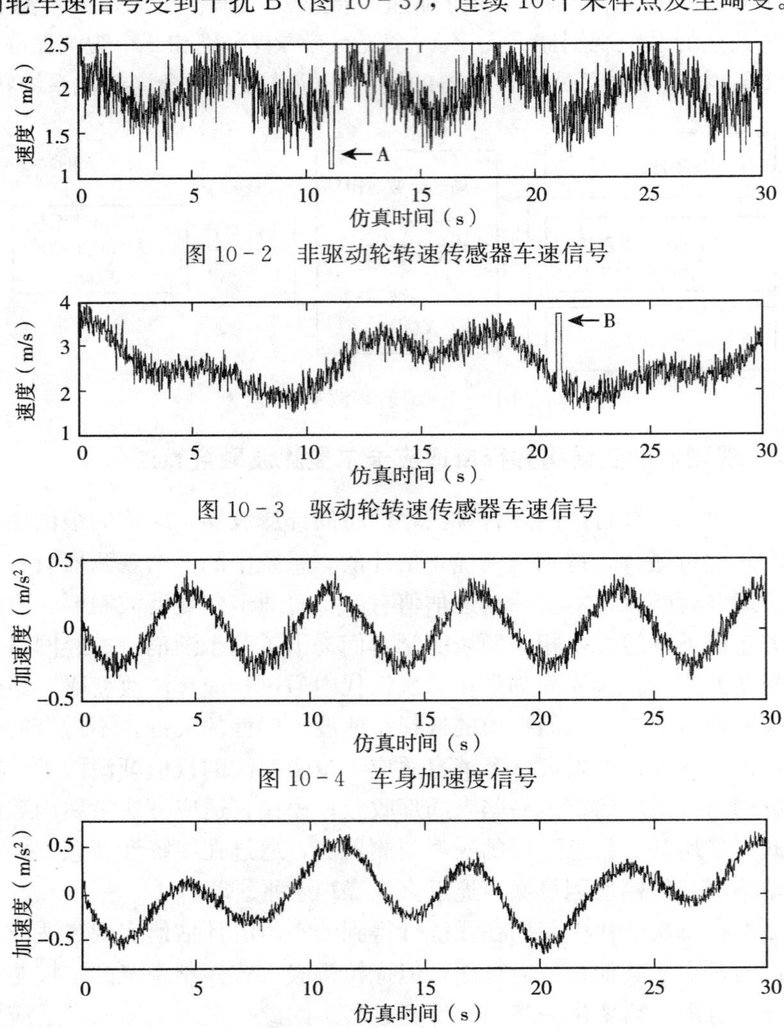

图10-2 非驱动轮转速传感器车速信号

图10-3 驱动轮转速传感器车速信号

图10-4 车身加速度信号

图10-5 由驱动轮角加速度传感器信号求得的加速度信号

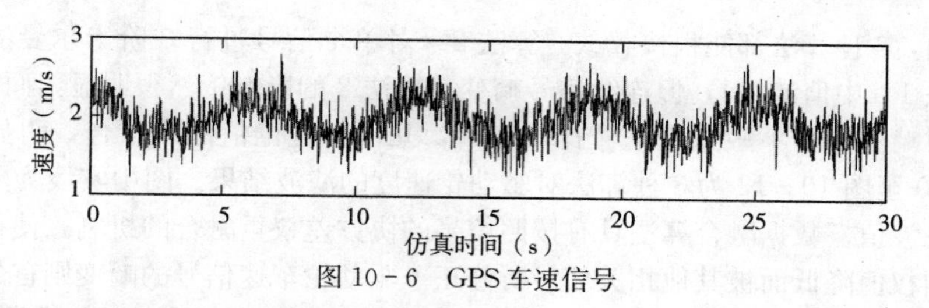

图 10-6 GPS 车速信号

10.1.3.2 同算法下滑转率计算值的仿真分析

用 MATLAB 程序分别比较了 3 种不同算法对驱动轮滑转率估算精度和鲁棒性的影响。

算法 1：分别对来自转速传感器的驱动轮车速信号和非驱动轮车速信号进行滤波窗口宽度为 6 的中值滤波，计算驱动轮滑转率。

算法 2：分别对来自转速传感器的驱动轮车速信号和非驱动轮车速信号进行 3 阶卡尔曼滤波，计算驱动轮滑转率。

算法 3：采用本书所设计的算法对多传感器信号进行数据融合，计算驱动轮滑转率。系统状态向量仿真初值都设置为 0，协方差初值都设为 0.1，采样频率为 50Hz，仿真时间为 30s，系统误差为 $\boldsymbol{Q}=\mathrm{diag}$（0，0.001，0.001，0，0.001，0.001）。

图 10-7 至图 10-9 为 3 种算法对非驱动轮速度的滤波结果，图中实线为非驱动轮速度真值，虚线为滤波值。

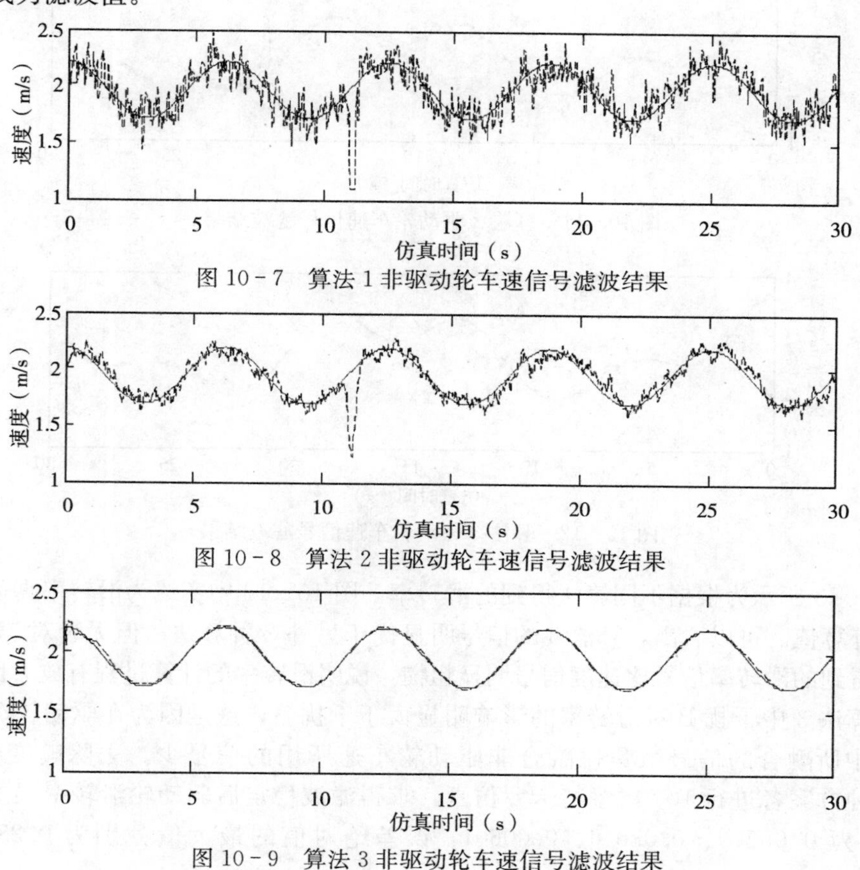

图 10-7 算法 1 非驱动轮车速信号滤波结果

图 10-8 算法 2 非驱动轮车速信号滤波结果

图 10-9 算法 3 非驱动轮车速信号滤波结果

可以看出，3 种算法都能很快收敛。算法 2（对单个信号进行 3 阶卡尔曼滤波）的效果虽然优于算法 1（中值滤波），但连续信号畸变对算法 2 的影响依然很明显，而算法 3（数据融合算法）对畸变信号不敏感且信号比较光滑，几乎与理论值曲线重合，明显优于对比算法。图 10－10 至图 10－12 为 3 种算法对驱动轮速度的滤波结果。图中实线为驱动轮速度真值，虚线为滤波值。数据融合算法具有按照信号的协方差权重融合的机制，使得畸变信号在融合过程中因权值降低而被其他相关信号所修正。驱动轮车速信号的畸变则首先在局部滤波器滤波过程中被车身加速度信号修正，然后又在并行融合计算中被 GPS 信号进一步修正，使得多传感器融合系统滤波效果受单个传感器扰动的影响较小，因而鲁棒性良好。

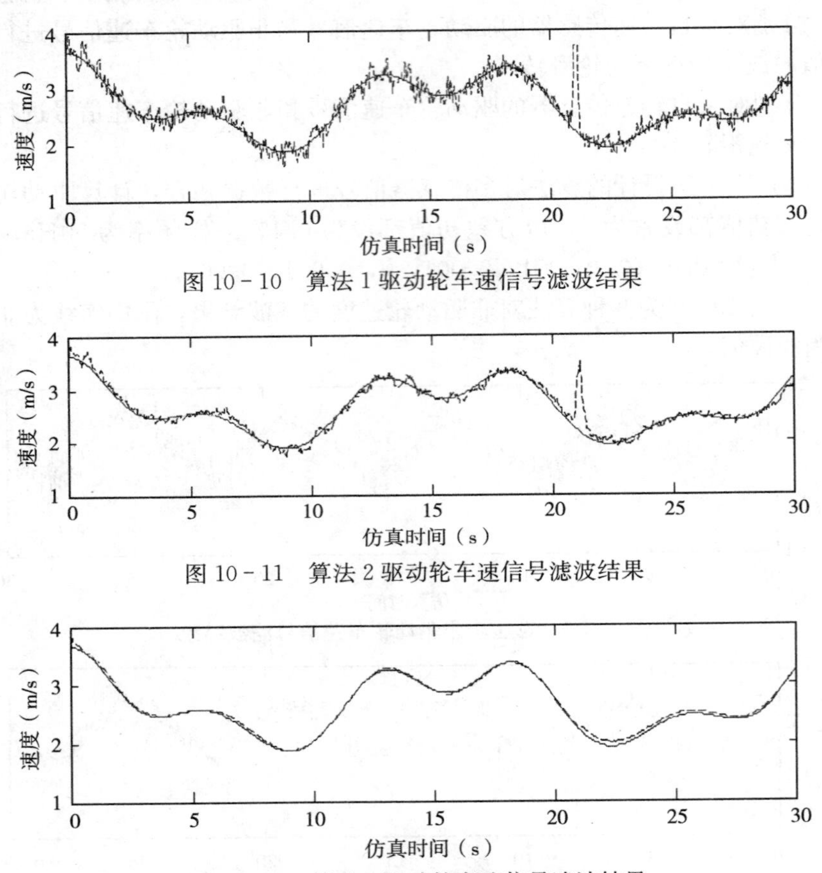

图 10－10　算法 1 驱动轮车速信号滤波结果

图 10－11　算法 2 驱动轮车速信号滤波结果

图 10－12　算法 3 驱动轮车速信号滤波结果

图 10－13 所示为根据不同算法得到的滑转率。图 10－13 中实线为滑转率真值，虚线为滤波后的计算值。可以看出，算法 3 的信号明显优于另外 2 种算法。但无论对于何种算法，其计算后得到的滑转率信号比速度信号明显粗糙，说明滑转率的计算过程有放大信号误差的作用。在算法 3 中干扰 B 对滑转率的影响明显大于干扰 A，这是因为在驱动轮车速的融合计算过程中所融合的信号数量比融合非驱动轮车速所用的信号少。去除畸变干扰信号，对以上 3 种方案各进行 100 次蒙特卡罗仿真，求得滤波稳定后驱动轮滑转率误差绝对值的均值分别为 0.055 9、0.036 6、0.006 1，误差绝对值的最大值分别为 0.287、0.112、

0.027 6。在高斯白噪声的干扰下，数据融合算法的误差为中值滤波的 10%左右，为卡尔曼滤波的 20%。

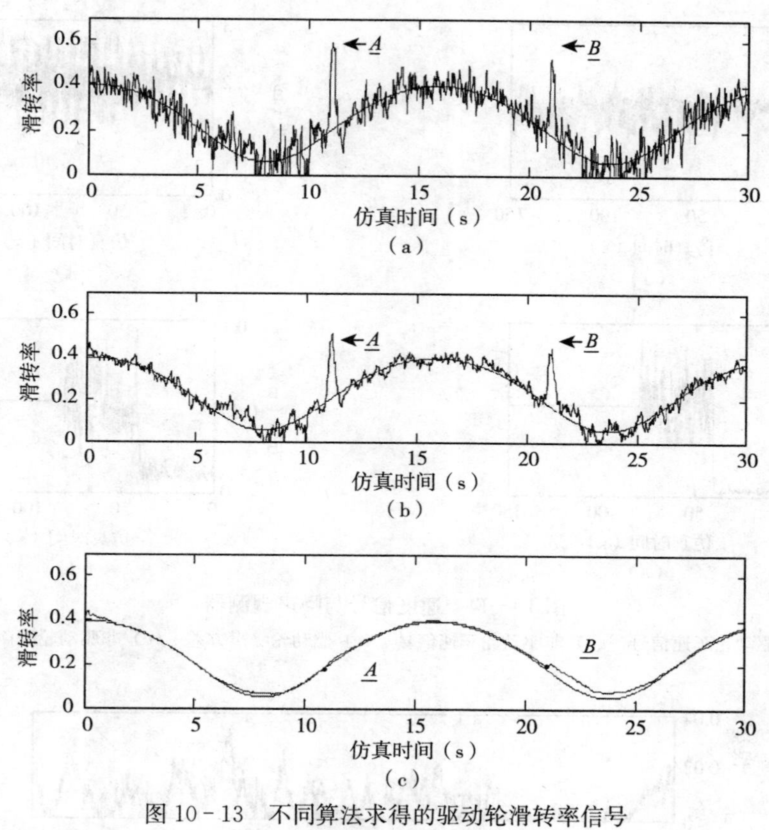

图 10-13 不同算法求得的驱动轮滑转率信号

(a) 算法 1 (b) 算法 2 (c) 算法 3

为了测试噪声观测器在白噪声干扰下的准确性和变结构自适应滤波效果，设置仿真条件为驱动轮车速信号噪声从 40s 开始放大 4 倍，非驱动轮车速信号噪声从 40s 开始放大 2 倍，其他信号误差不变。仿真时间为 150s，采取以下 3 种方案进行对比研究。

方案 1：始终关闭噪声观测器，采用无自适应并行卡尔曼滤波，精确设置噪声方差初始值，但当噪声变化时，滤波所用的方差值不变。

方案 2：采用已知先验误差的无自适应卡尔曼滤波，对于每一段滤波都设置精确的噪声方差。

方案 3：采用变结构稳态自适应卡尔曼滤波，随意设置所有噪声方差初始值，用自适应算法进行信息融合，窗口宽度 mf 为 35。在 80s 时使用在 40～80s 阶段统计的噪声方差均值作为系统噪声方差，开始自适应并行卡尔曼滤波。

仿真结果如图 10-14、图 10-15 所示。图 10-14 为驱动轮车速信号和非驱动轮车速信号以及相应的噪声观测器输出的在线统计噪声方差。噪声观测器的输出可以分为 2 个阶段，即噪声方差实时估值阶段 0～80s、输出噪声方差估值的均值阶段 80～150s。可以看出，噪声观测器在滤波初始阶段和外界噪声变化阶段都能迅速跟踪速度信号的变化。在 120～200s

仿真区间，预设的方差真值分别为0.36、0.048，噪声观测器输出的方差均值分别为0.353、0.052，与真值非常接近。

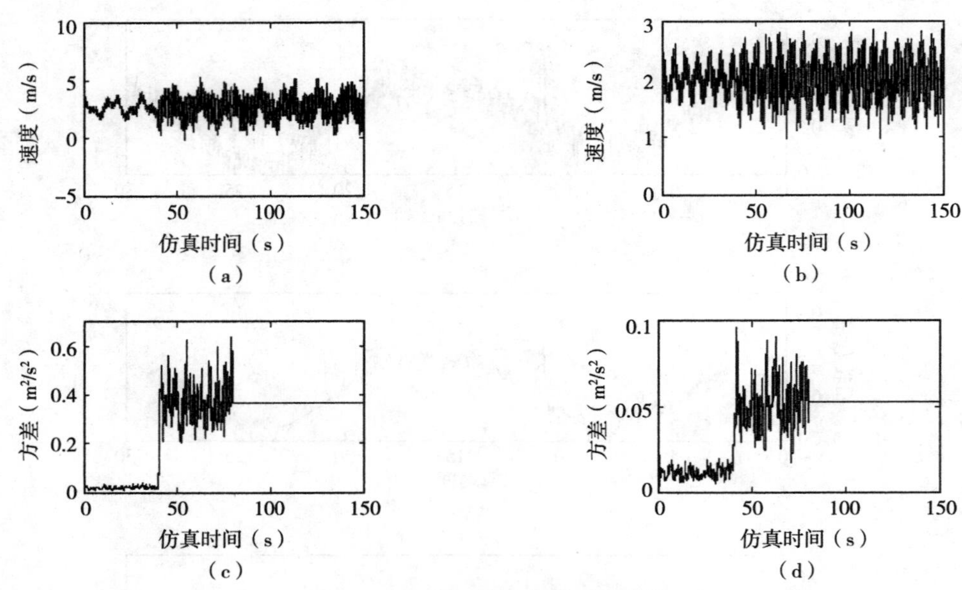

图10-14 速度信号与噪声观测器

(a) 驱动轮车速信号 (b) 非驱动轮车速信号 (c) 驱动轮噪声方差 (d) 非驱动轮噪声方差

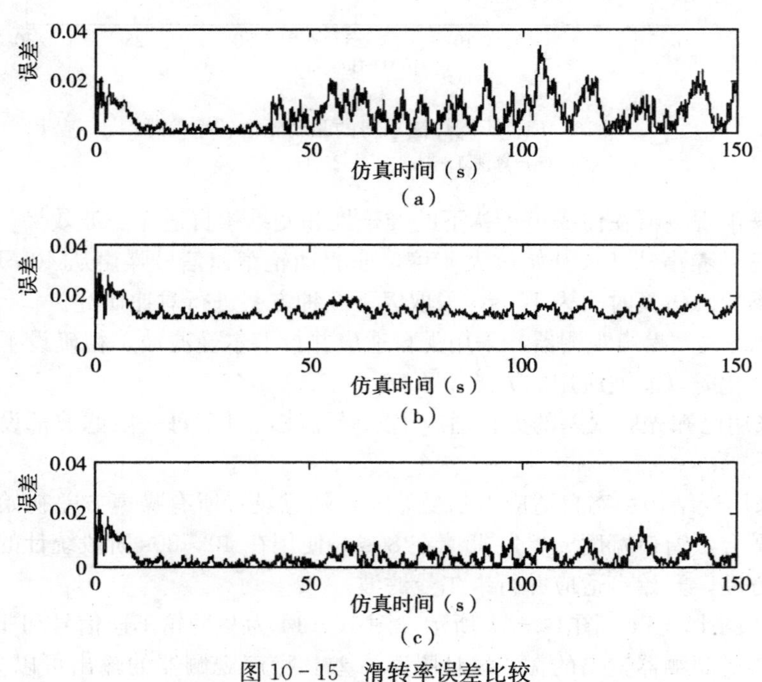

图10-15 滑转率误差比较

(a) 方案1 (b) 方案2 (c) 方案3

图 10－15 所示为 3 种对比方案求出的滑转率绝对误差。可以看出，当在 40s 后系统输入噪声放大时，滑转率输出误差也相应有所增大，但增大的幅度远远低于噪声放大的幅度。无论是噪声方差实时估值阶段还是输出噪声方差估值的均值阶段，方案 3 求得的滑转率绝对误差变化情况和方案 2 几乎一致，而方案 1 的误差则明显大于对比方案。实际上，已知精确噪声统计规律是一种理想状态，即便对于噪声统计规律已知的系统，也不能保证其统计规律不随时间和工况的变化而出现微小变化，而噪声观测器统计的是系统变化后的最新系统信息，其可信度更高。

加入局部地貌干扰信号后的滤波效果：相比公路车辆，拖拉机的工况比较复杂，拖拉机非驱动轮对地面局部地貌变化比较敏感，在局部地貌波动较大的情况下会出现轮速大于实际车速的误差。局部地貌变化是一个低频随机量，信号预处理无法事先对此进行补偿。因此，考虑在非白噪声干扰下算法的滤波精度。在图 10－2 所示非驱动轮车速信号的基础上再加入基频为 2Hz 左右的有色随机噪声的绝对值。在本次仿真过程中，局部地貌噪声仿真信号设为一个大于 0、均值为 0.161 7、方差为 0.015 4、功率集中在低频的有色随机噪声，则非驱动轮车速信号的噪声由白噪声和有色噪声混合而成，如图 10－16 所示。仿真时间为 120s。

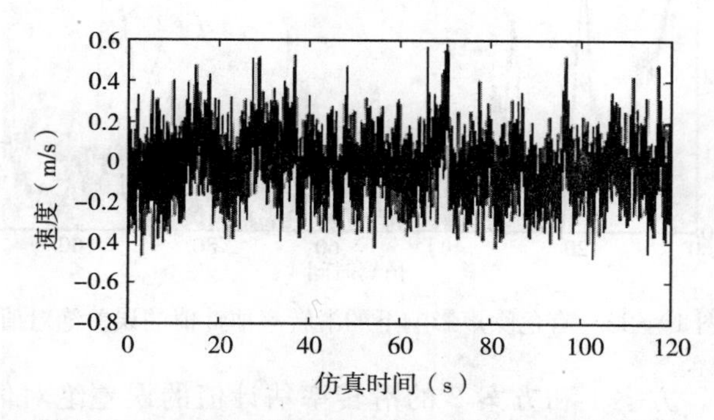

图 10－16　非驱动轮车速信号（白噪声＋有色噪声）

根据中位数法对此信号进行预处理以消除偏置误差，再使用算法 2 和算法 3 进行仿真。仿真结果见图 10－17。由图 10－17 可以看出，对于本次样本，滑转率误差绝对值的均值分别为 0.065、0.015，误差绝对值的最大值分别为 0.25、0.05。由于系统添加了有色随机噪声干扰，算法 2 和算法 3 的滤波精度都有下降，但算法 3 的误差增幅远小于算法 2。有色噪

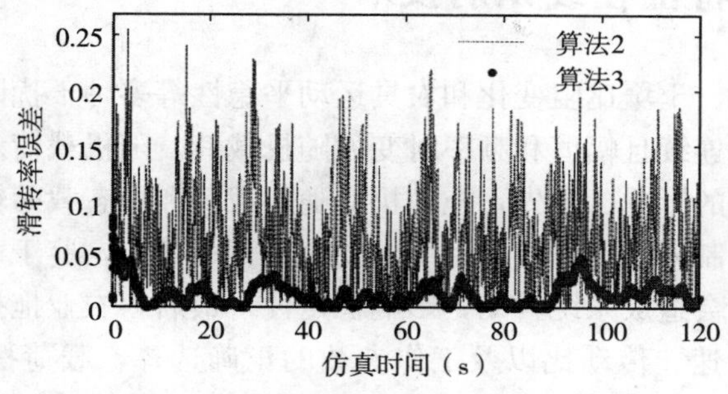

图 10－17　有色噪声对不同算法的影响

声破坏了卡尔曼滤波的前提条件，造成了算法 2 滤波精度下降，算法 3 的数据融合机制则对这种情况下的有色噪声干扰起到抑制作用。

局部地貌明显波动是一个比较恶劣的特殊工况，拖拉机测控系统还可以通过信号预处理辨识出这种工况并主动干预滤波过程，从而进一步抑制干扰。测控系统根据非驱动轮车速观测值（未经预处理）与估值的误差中位数的大小和正负，判断工况及工况恶劣程度，放大相关测量噪声方差以减小受到干扰的信号在融合中的权重，从而尽量抑制干扰带来的误差。对此方法做相关仿真。

方案 1：采用无自适应并行卡尔曼滤波。

方案 2：在 1～40s 采用自适应卡尔曼滤波，并统计噪声方差均值 R。从 40s 开始关闭噪声观测器，根据估值误差中位数的大小对 R 乘以系数 f。对于本次仿真样本，$f=10$。

仿真结果见图 10－18。

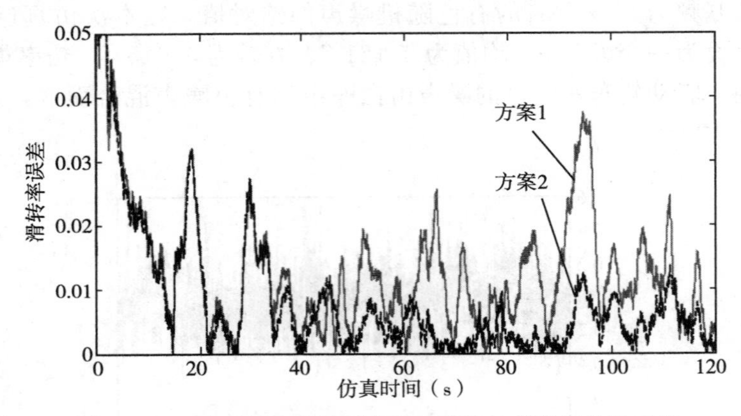

图 10－18　有色噪声影响下的滑转率估计值的误差绝对值

如图 10－18 所示，方案 1 和方案 2 的滑转率估计值的误差绝对值在前 40s 差别不大，可见自适应方法对有色噪声无明显效果。局部地貌噪声的相关性影响了卡尔曼滤波的效果，噪声观测器仅反映系统白噪声的干扰，无法侦测有色噪声信息。在本文算法数据融合机制中，信号噪声方差代表了其在融合中的权重，在这种特殊工况下应对噪声观测器的输出进行主动干预。由图 10－18 可以看出，方案 2 在 40s 之后的滤波误差明显小于对比方案。

10.2 随机载荷特征在线识别技术

受局部地面不平度、土壤比阻变化和农具运动平稳性等多种干扰因素的影响，拖拉机在作业中所承受的载荷为连续且幅值和频率时变的随机载荷。随机载荷对拖拉机的操纵稳定性和牵引效率都产生较大的影响。首先，拖拉机对随机载荷和稳态载荷输入的响应存在较大差别，完全基于稳态的控制方法无法适应系统的动态过程；其次，鉴于载荷的随机性，完全基于瞬时载荷的控制方法会造成系统抖动，影响稳定性；最后，农业拖拉机在各种工况下的工作效率取决于发动机转速、传动比以及工作参数的正确选择，载荷扰动也是重要的参考参数，如农具耕作参数与载荷扰动的离差直接相关。因此有必要在拖拉机作业时即时获取随机载荷的时域特征，对拖拉机工作过程实施有效控制。

10.2.1 随机载荷信号特点

拖拉机随机载荷的时域特征是其控制系统需要在线提取的参数，常用载荷动态幅值、稳态值、扰动方差和随机载荷变异系数来表示。随机载荷变异系数表示载荷的波动性。过大的随机载荷变异系数会造成传动系转矩、车速和滑转率的波动，从而影响拖拉机的工作稳定性和效率。研究拖拉机随机载荷信号的特点是准确提取拖拉机随机载荷特征的基本前提。图 10-19 所示为拖拉机随机载荷信号模型。拖拉机的随机载荷在同一作业模式和土壤条件下是一个各态历经的平稳随机过程，由缓变的稳态部分和具有零均值并且服从高斯分布的随机扰动部分组成。

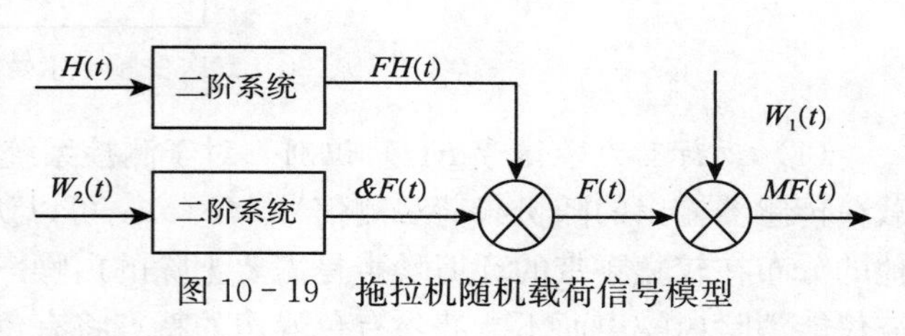

图 10-19　拖拉机随机载荷信号模型

拖拉机随机载荷的频域特征是其区分于其他随机信号的关键。拖拉机随机载荷信号可以由驱动轴转矩传感器或农具拉杆拉力传感器等相关载荷传感器测量。通过实车试验对随机载荷频域特性进行了离线统计分析，证实载荷变化平稳且服从正态分布，载荷的能量主要集中在低频。在拖拉机运输工况，载荷的能量主要集中在 9Hz 以内，载荷峰值出现在 3.9Hz；耕地时能量主要集中在 20Hz 以内，其中犁耕基频在 1Hz 以内，旋耕基频在 2Hz 以内。且不同作业工况下的载荷自相关函数并不相同。

然而，在线准确提取载荷时域特征却非常困难。其难点在于：首先，拖拉机车载传感器测量输出的信号不可避免地混合了环境噪声，图 10-19 所示传感器实际输出的观测信号 $MF(t)$ 是由实际动力学信号 $F(t)$ 与外界其他噪声 $W_1(t)$ 相加而成，因此需要将真实的载荷信号从参杂性噪声中分离出来；其次，载荷的随机扰动部分是能量主要集中在基频处的时间相关的有色噪声，需要在有色噪声的扰动下求得系统的稳态值。

目前针对有色噪声的滤波方法主要有 3 种，分别为状态向量增广法、相邻观测值组差法和滤波残差建模法。前 2 种方法都是将基于噪声的自相关 AR 模型作为有色噪声的函数模型，通过增加状态向量维数或将相邻观测值线性组合使得动力学模型噪声白化，再利用卡尔曼滤波求得状态向量真值。滤波残差建模法不需要自相关模型，而是通过开窗法存储多个历史残差，将之作为有色噪声的样本观测值来拟合噪声函数模型系数。此方法的计算量和存储量都很大，并存在一定偏差。对于拖拉机嵌入式控制系统来说，有色噪声的 AR 模型无法事先获得，而且系统的计算能力和存储能力也非常有限，所以采用上述方法还存在困难。

10.2.2 随机载荷在线实时识别算法

针对拖拉机随机载荷特点，利用噪声的相对性原理，可以采用二次变频卡尔曼滤波算法来解决上述测量难点。算法原理如图 10-20 所示。通过 2 次不同采样频率的滤波，依次过滤信号的白噪声和有色噪声。载荷特征识别过程主要分为识别动力学信号 $F(t)$、识别稳态

部分 $FH(t)$ 和计算随机载荷变异系数 $k_{cv}(t)$ 3 部分。

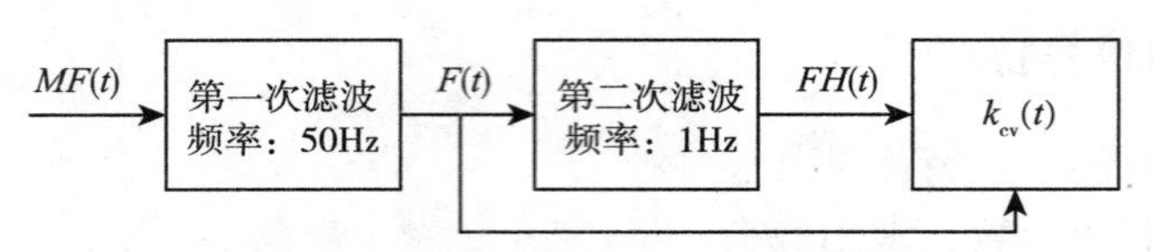

图 10-20　二次变频卡尔曼滤波算法步骤

（1）*载荷动力学信号 $F(t)$ 识别*　对于测控系统来说，噪声和信号是相对而言的。针对载荷传感器输出的随机载荷观测信号 $MF(t)$，可以认为动力学信号 $F(t)$ 是有用信号，而其他的分布在较宽频带的环境噪声是需要去除的白噪声干扰 $W_1(t)$，这样就可以利用卡尔曼滤波仅能消除白噪声而不能滤除有色噪声的特点将有色噪声信号 $F(t)$ 分离出来。系统白噪声主要来源于测量系统并且较为稳定，其先验方差可以事先测得。因此，仅用普通卡尔曼滤波即可实现。

采样时间间隔是影响滤波精度的重要参数。对于滤除测量系统的白噪声来说，采样频率越高越准确，但这样会加大计算量，从而影响实时性。综合考虑拖拉机随机载荷的频率范围和拖拉机总线通信标准要求，选择采样频率为 50Hz，即采样时间间隔为 20ms。

（2）*载荷稳态部分 $FH(t)$ 识别*　卡尔曼滤波器 1 输出的有色噪声信号 $F(t)$ 由稳态部分 $FH(t)$ 和随机部分 $\&F(t)$ 组成，这时可以认为稳态部分 $FH(t)$ 是有用信号，$\&F(t)$ 是干扰。为此，需要进行二次滤波，以 $F(t)$ 为观测输入，$FH(t)$ 为状态向量输出。载荷信号稳态部分是识别的难点。由前述的信号特点分析已知 $\&F(t)$ 是白噪声驱动下的有色噪声，如何将有色噪声白化成为解决问题的关键。在现实世界中理想的白噪声并不存在，噪声的颜色也是相对而言的。文献指出，观测采样间隔是决定时间相关噪声大小的关键因素，时间相关噪声随着采样间隔的增大而减小。因此，有色噪声白化就可以通过减小二次滤波采样频率来实现。基于这样的原理，建立另一个线性卡尔曼滤波 2，对滤波器 1 中输出的有色信号进行采样，将采样得到的信号作为观测信号，减小其采样频率，使得有色噪声相对白化，从而可以求得其稳态部分。根据不同作业方式载荷的基频特征，可确定噪声白化的采样频率，将犁耕的采样频率定为 1Hz，旋耕的采样频率定为 2Hz。

二次滤波时系统的量测噪声方差 $\boldsymbol{R}_2$ 与随机载荷变化相关，并且在滤波初始状态或拖拉机工况突变时，二次滤波采样频率低，使得观测信息时间间隔变大，从而影响了滤波器跟踪信息的能力。所以有必要采用修正算法提高低频卡尔曼滤波的跟踪能力。带 Sage-Husa 后验估值器的渐消自适应滤波算法可以实时估计和修正系统噪声统计特性，减小状态估计误差，以及增加对状态突变的响应速度。

渐消自适应滤波消减了历史数据对目前状态的影响，使得滤波系统对突变信号的识别能力增强，但同时也弱化了有色噪声白化的效果，从而会影响稳态信号的平滑性。为此，需要对自适应滤波做进一步修正。修正方法基于以下 2 个前提：

①在同一土质、同种作业下，载荷波动规律基本稳定。文献证实旋耕机田间试验时拖拉机驱动轮载荷标准差与均值之比的波动幅度只有 6%，并且波动与作业速度和旋耕机转速直接相关。

②拖拉机总线网络的发展使得其控制系统对于工况的识别可以有多个信息来源。因此，随机

载荷测量节点可以通过读取整车电控网络中对作业载荷更为敏感的参数来辅助判断载荷突变。

载荷突变时，拖拉机运行参数的相对变化量以加速度和滑转率最大。这 2 个参数在总线上的信息更新频率为 50Hz，能及时提供载荷突变的信息。针对拖拉机随机载荷测量系统的具体特点，提出一种触发式自适应算法，即系统在滤波初始阶段采用渐消自适应算法以实现滤波快速响应。5 个采样周期后，以之前递推出的噪声方差估计值的均值代替 $\boldsymbol{R}_2$，进入定遗忘因子滤波状态。总线上加速度和滑转率的传感器节点传递来的载荷突变信息（或其他触发重新滤波的信息，如换挡结束信号、作业模式改变信号等）触发滤波器重新开始渐消自适应滤波，并在滤波稳定后重回定遗忘因子渐消滤波状态。这种算法求得的方差估计值存在偏差，滤波精确度也远低于估算滑转率采用的多信息融合的滤波算法。但其优点在于滤波收敛快，所需采样信息少，适合低采样频率的测量系统。拖拉机控制系统对随机载荷时域特征的识别精度要求也远远低于对滑转率的要求，同时卡尔曼滤波的强大滤波能力也保证了在量测噪声方差存在偏差的情况下依然能取得较好的滤波效果。

（3）随机载荷变异系数 $k_{cv}(t)$ 计算　在拖拉机实时控制过程中，需要参考的还有随机载荷标准差和随机载荷变异系数。随机载荷变异系数过大会明显降低拖拉机牵引效率。实际随机载荷是由缓变的稳态部分和具有零均值的随机扰动部分组成，而采用随机载荷均值无法准确表征载荷稳态缓变和扰动零均值的特点，也不能准确表征随机载荷的离散程度和波动性。因此，定义随机载荷变异系数为随机载荷随机扰动部分的标准差与稳态载荷实时估计值之比。

10.2.3　随机载荷特征识别算法仿真分析

（1）随机载荷信号识别效果　图 10-21 所示为牵引载荷突变的随机载荷仿真信号。对该信号，随机载荷稳态值初始值为 47kN·m，随机扰动方差为 41.17。在 100s 时土壤地貌和土质发生变化，随机载荷稳态值初始值变为 66.26kN·m，随机扰动方差为 30.99。测量系统的白噪声方差为 20。对图 10-21 中的仿真信号进行一次卡尔曼滤波信号处理，滤波结果如图 10-22 所示。

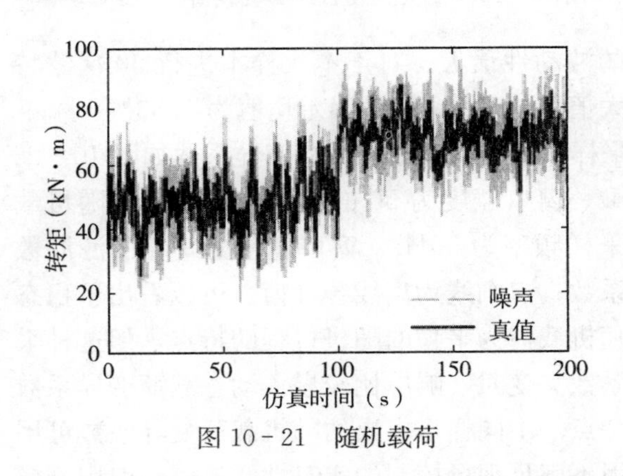

图 10-21　随机载荷

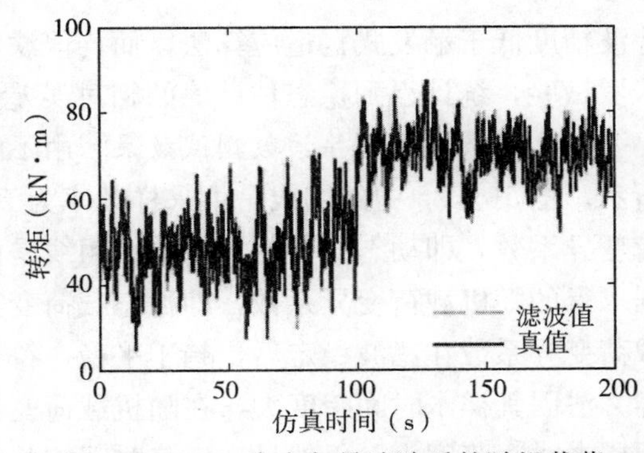

图 10-22　一次卡尔曼滤波后的随机载荷

从图 10-22 中可以看出，采用采样频率为 50Hz 的卡尔曼滤波求得的信号与仿真参考真值几乎重合，并且在载荷突变时无滞后现象。对真值信号和滤波信号进行谱分析，分别求得其功率谱，如图 10－23 所示。由图 10－23 可知，随机载荷信号是一个能量主要分布在 1Hz 以内的窄带信号。真值信号和滤波信号的功率谱无明显差异。

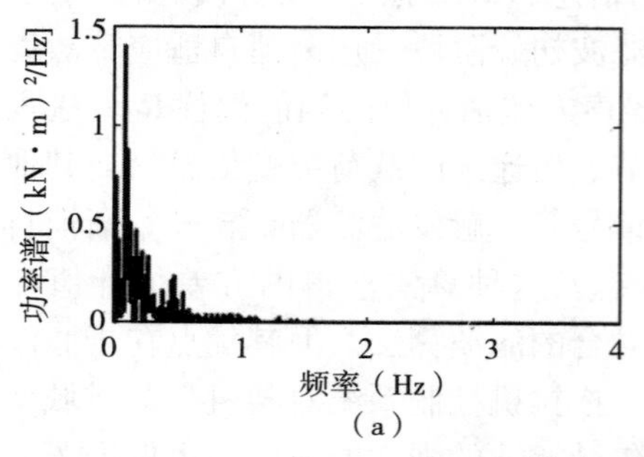

(a)

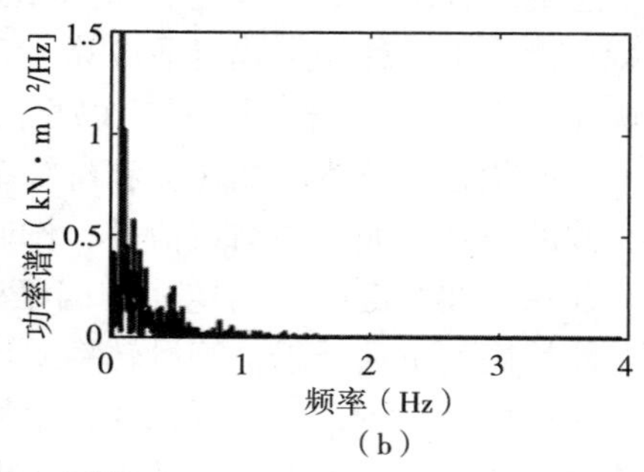

(b)

图 10－23　随机载荷功率谱
(a) 真值信号功率谱　(b) 卡尔曼滤波信号功率谱

（2）*稳态载荷识别效果*　分别采用触发式自适应算法（采样频率为 1Hz）和普通卡尔曼滤波以及均值滤波（窗口宽度为 256，采样频率为 50Hz）对图 10－22 中的有色噪声信号进行滤波，求得稳态载荷。仿真结果如图 10－24 所示。由图 10－24 可知，触发式自适应算法对载荷变化的响应速度最优；均值滤波的窗口宽度不大，且采样频率高，故响应速度也较好；普通卡尔曼滤波最慢。触发式自适应算法与稳态参考值最为接近，普通卡尔曼滤波精度低于触发式自适应算法，而均值滤波的波动性最大。对于本次样本进行 50 次蒙特卡罗试验，统计得到稳态估计值的相对误差最大值为 4.7%，相对误差均值为 1.83%。

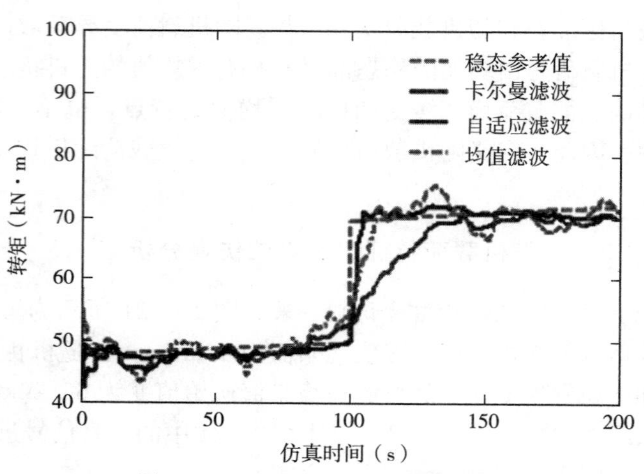

图 10－24　二次滤波后的随机载荷

（3）*随机载荷变异系数测试效果*　由不同采样样本求得的随机载荷变异系数如图 10－25 所示。图 10－25 中的细线是由采样频率为 50Hz、窗口宽度为 50 的滤波数据求得的随机载荷变异系数，即动态载荷变异系数；粗线是由采样频率为 50Hz、窗口宽度为 140 的滤波数据求得的随机载荷变异系数，即稳态载荷变异系数；点画线为离线统计值。可以看出，稳态载荷变异系数在滤波稳定后，趋于平稳，符合随机载荷为平稳的随机过程的特点，但这种采样方法因其样本时间跨度大，在随机载荷变异系数突变时，响应比较慢。动态载荷变异系数因样本时间跨度小，仍然呈现出与时间相关的特点。不同样本求出的随机载荷变异系数可用于不同的目的。随机载荷变异系数离线统计值因不满足现场控制的实时性要求，一般用于拖拉机动力传动部件的疲劳寿命校核计算。对于最优耕深控制类需要作业系统相对稳定的控制判据，可参考稳态载荷变异系数和随机载荷稳态值。鉴于载荷的时间相关性，针对换挡稳定性的换挡规律修正和动力换挡控制，动态载荷变异系数及载荷动态信号则更能反映在换挡点时系统的载荷特点。

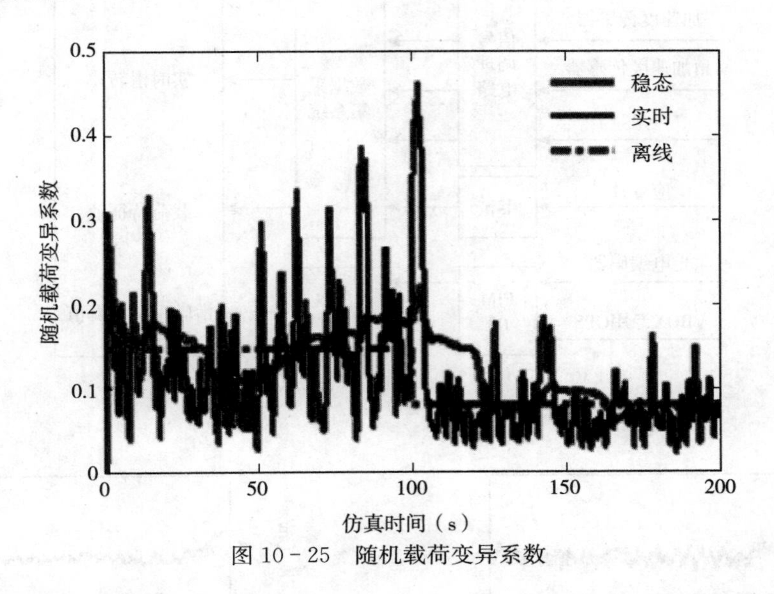

图 10－25　随机载荷变异系数

拖拉机随机动载荷特征表征的是作业种类、土壤地貌、耕深、速度与载荷波动的映射关系，在线求得其特征参数有助于拖拉机电子控制系统根据作业工况选择合适的控制策略以及时调整作业参数，从而获得较好的动态性能。

10.3 滑转率和随机载荷特征的实测验证

根据算法进行了两轮驱动拖拉机驱动轮滑转率和随机载荷特征实测试验，试验车辆为泰山 50 型拖拉机，试验工况为晴好天气下拖拉机犁耕工作挡锁止差速器直行。

试验分 5 次进行，拖拉机起步稳定运行后，保持油门和耕深不变，开始测定数据，每次测量 60s。试验系统组成原理见图 10－26。转速传感器、角加速度传感器、加速度传感器、GPS 的信号经传感器数据采集系统 SAS1064 送入上位机，在上位机中根据算法求得驱动轮滑转率。VBOX 专用 GPS 以及安装在驱动轮上的光电编码器信号经 FIM03 模块送入 VBOXⅢ，得到实际车速和驱动轮转速信号，再由 VBOXⅢ经串行总线送入上位机。在上位机中依据滑转率定义求得驱动轮瞬时滑转率，并进行平滑处理，得到驱动轮滑转率离线真值。采用贴装应变片的方法直接测量驱动轴转矩，电桥输出的信号经数据采集系统送入上位机，根据算法求得随机载荷稳态值和随机载荷变异系数。

图 10－27 所示为试验中驱动轮滑转率估计值与离线参考值的比较数据。通过图 10－27 可以看出，带噪声观测器的变结构并行自适应卡尔曼数据融合算法求出的滑转率精度明显高于对比算法。从图 10－27 中还可以看出，在试验中尽管油门和耕深一直保持不变，车速和滑转率的离线参考值依然出现了低频波动，这种波动与信号测量系统所受到的噪声干扰无关。

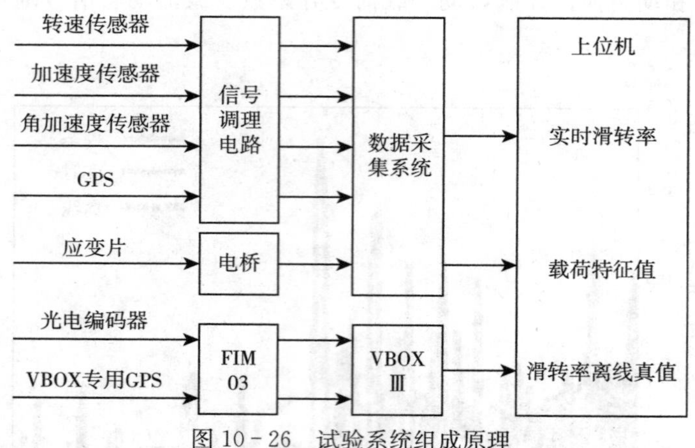

图 10-26 试验系统组成原理

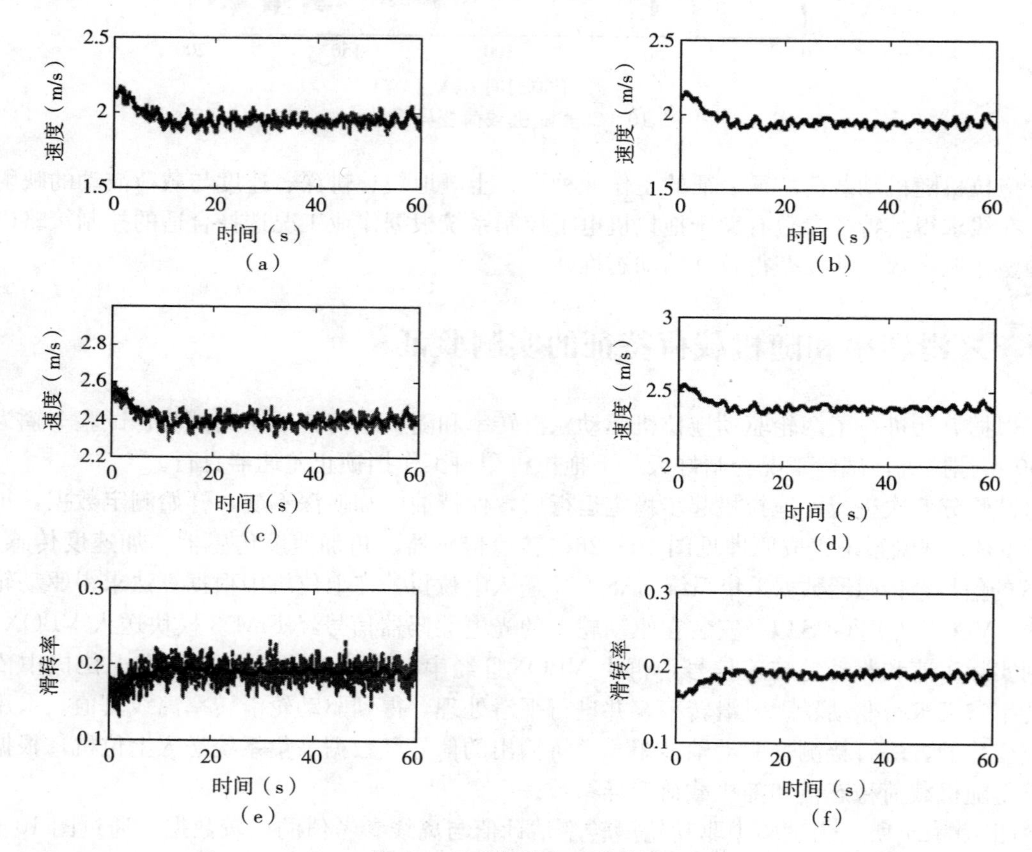

图 10-27 滑转率试验曲线

(a) 从动轮速度中值滤波 (b) 数据融合算法求得的从动轮速度
(c) 驱动轮速度中值滤波 (d) 数据融合算法求得的驱动轮速度
(e) 中值滤波求得的滑转率 (f) 数据融合算法求得的滑转率

因条件所限，试验中所用的各传感器及其信号调理电路的精确方差没有事先测量。但实测试验表明，采用本算法在线求得的各传感器信号的噪声方差在试验中比较稳定，5 次试验所求的传感器方差均值在 5%的范围内波动，试验求得的驱动轮滑转率信号无明显延迟且与离线参考值非常接近。对试验数据进行统计得出本次试验样本的滑转率误差均值为 0.012，误差绝对值最大为 0.027。

本试验验证结论为：采用数据融合算法求得的驱动轮滑转率信号精度和鲁棒性较好；数据融合算法能够实时估算测量噪声方差，为拖拉机总线网络的传感器信息共享提供了技术基础；在同一工况下，噪声方差在线估值平均值的波动小于 5%，可用平均值代替实时估计值，从而提高系统的实时性。

图 10－28 所示为试验中求得的随机载荷与随机载荷特征值。

图 10－28（a）中的实线为自适应滤波求得的载荷稳态值，点画线是窗口宽度为 50 的均值滤波值。能够看出，自适应滤波值比较平滑，而均值滤波值存在波动和滞后。将图 10－28（b）中的随机载荷变异系数与图 10－28（a）中的载荷对照，能够看出所求得的随机载荷变异系数与实际载荷的波动是相关的。将图 10－28（a）中的载荷信号与图 10－27（f）中的滑转率信号对照，可以发现两者的波动趋势一致，因此可以认为拖拉机滑转率和速度的波动是随机载荷扰动造成的。

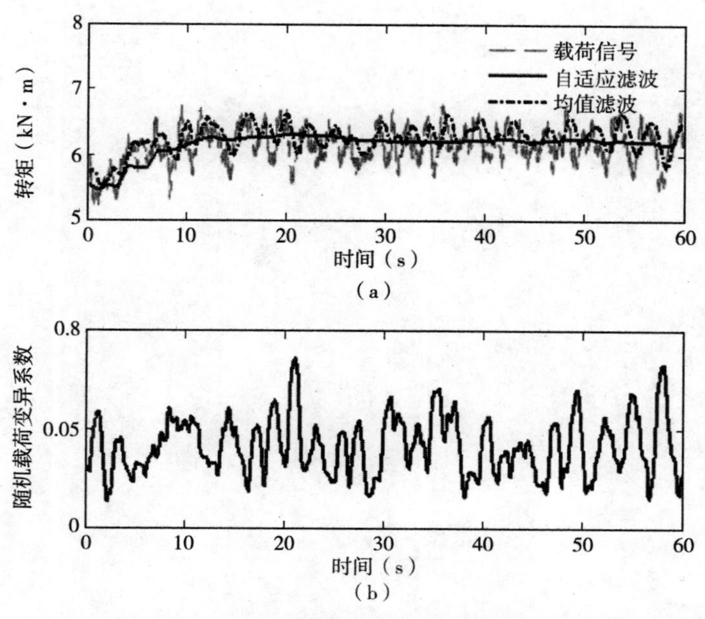

图 10－28 随机载荷特征值试验曲线

（a）随机载荷稳定值 （b）随机载荷变异系数

随机载荷特征实测试验表明：

①本书提出的算法能够反映出随机载荷的稳态变化趋势和扰动特点。

②拖拉机滑转率和速度的波动与信号测量系统所受到的噪声干扰无关，而是随机载荷扰动造成的。

10.4 本章小结

本章解决控制系统关键参数测量问题。提出的带噪声观测器的变结构并行自适应卡尔曼滤波融合算法，可实现拖拉机驱动轮滑转率的实时精确估算。通过对驱动轮转速传感器、角加速度传感器、车身加速度传感器和 GPS 的信号融合，在不需要先验误差统计规律的前提下实现了对拖拉机驱动轮滑转率的在线精确估计。根据拖拉机作业时所承受的随机载荷的时域特征和基频特点，利用噪声的相对性原理，通过二次变频自适应滤波算法实现了随机载荷特征实时提取，从而实现了随机载荷变异系数以及随机载荷稳态值的在线提取。2 个关键参数的在线提取为拖拉机作业过程的动态控制奠定了基础。

第11章 拖拉机PST换挡离合器接合规律

拖拉机动力换挡时，传动系载荷与工作模式和工况参数直接相关。因此，实现负载平稳换挡对换挡离合器的接合规律提出了较高要求。首先，由于换挡时拖拉机所受载荷不同，在离合器滑摩阶段换挡离合器转矩控制也不同，拖拉机载荷的随机性决定了离合器接合规律需要在线生成。其次，PST 的换挡过程是通过 2 个换挡离合器的切换实现的。在换挡过程中，2 个离合器存在同时传递转矩的阶段，尤其是在换挡离合器滑摩时，2 个换挡离合器传递转矩的起止范围和变化率也能够直接影响换挡品质。如果 2 个离合器的工作时域重叠量过大，则会造成发动机反拖，动力传递不稳定，离合器严重滑摩。如果 2 个离合器的工作时域重叠量过小，则出现动力不足或中断，造成换挡停车。因此，合理的换挡离合器接合规律必须能适应时变的工况，同时也必须协调 2 个离合器的转矩变化和配合时序。

11.1 PST 换挡过程建模

11.1.1 考虑换挡过程的拖拉机动力传动系简化模型

图 11-1 所示为 PST 传动结构简图。PST 主要由 3 对齿轮和 A、B、C、D 4 个换挡离合器组成。通过控制不同离合器处于接合和分离状态，使得各挡位下不同的齿轮参与动力传递，从而改变 PST 的传动比。表 11-1 列出了对应各挡位的离合器接合和分离的状态。

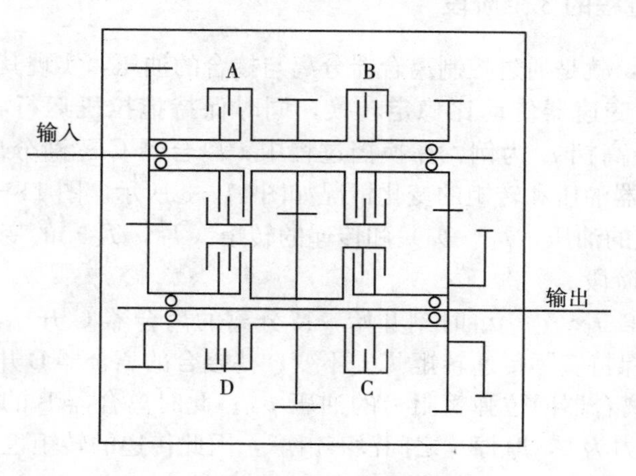

图 11-1 PST 传动结构简图

表 11-1　PST 挡位与离合器状态

挡位	离合器 A	离合器 B	离合器 C	离合器 D
Ⅰ挡	接合	分离	接合	分离
Ⅱ挡	接合	接合	分离	分离
Ⅲ挡	分离	接合	分离	接合
Ⅳ挡	分离	分离	接合	接合

由图 11-1 和表 11-1 可知，PST 的每个挡位都有 2 个离合器处于接合状态，且每次换挡都需要 2 个离合器同时改变状态。

PST 输入端和输出端的转动惯量远大于其内部元件的转动惯量，据此建立忽略 PST 内部元件转动惯量的拖拉机换挡模型（主变速器Ⅰ挡和Ⅱ挡转换过程），如图 11-2 所示。

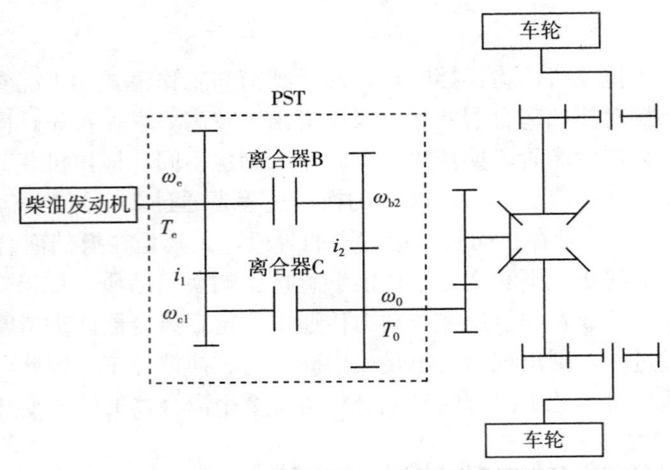

图 11-2　忽略 PST 内部元件转动惯量的拖拉机换挡模型

图 11-2 中各符号的意义为：ω_e为发动机角速度；低挡（Ⅰ挡）传动比为 i_1；高挡（Ⅱ挡）传动比为 i_2；T_0 为 PST 输出转矩；ω_0为 PST 输出角速度；ω_{c1}为离合器 C 主动盘角速度；ω_{b2}为离合器 B 从动盘角速度。由发动机提供的转矩首先经 PST 变速，再由主变速器的定传动比齿轮副和副变速器减速增扭后进入主减速器。因为拖拉机作业速度较低，所以转矩经主减速器减速增扭后需再经行星式轮边减速器减速增扭，之后传至驱动轮。由表 11-1 可知，Ⅰ挡升Ⅱ挡过程中需要控制离合器 C 逐渐分离，离合器 B 逐渐接合，PST 传动比由 i_1 逐渐变为 i_2。

11.1.2　PST 换挡过程的 3 个阶段

动力换挡的过程，就是通过控制离合器分离与接合的油压，实现其所传递转矩的合理配置，从而完成拖拉机变速器传动比稳定转换，同时保持拖拉机运行状态稳定的过程。以图 11-2 中低挡 i_1 转高挡 i_2 为例，在换挡过程中，离合器 C 逐渐分离，离合器 B 逐渐接合。换挡过程中离合器油压和转矩的变化情况如图 11-3 所示。图 11-3 中表达了换挡过程中离合器 B 和 C 对应的油压（p_B，p_C）和传递的转矩（T_B，T_C）的变化情况。整个换挡过程可以分为以下 3 个阶段。

（1）换挡准备阶段 $t_1 \sim t_2$　t_1 时刻开始，待分离的离合器 C 开始卸油，油压从最大值 p_{oc}降低到 p_{sc}，p_{sc}能保持实际传递转矩 T_{start}不变；待接合的离合器 B 开始充油，使得油压从 p_{base}上升到刚好克服离合器回位弹簧阻力的油压 p_{sb}。此时离合器 B 的摩擦片间隙为零，但作用在摩擦片上的压力为 0，摩擦片之间没有滑摩，因此传递的转矩也为零。离合器 C 仍然负责传递所有转矩，变速器传动比不变。

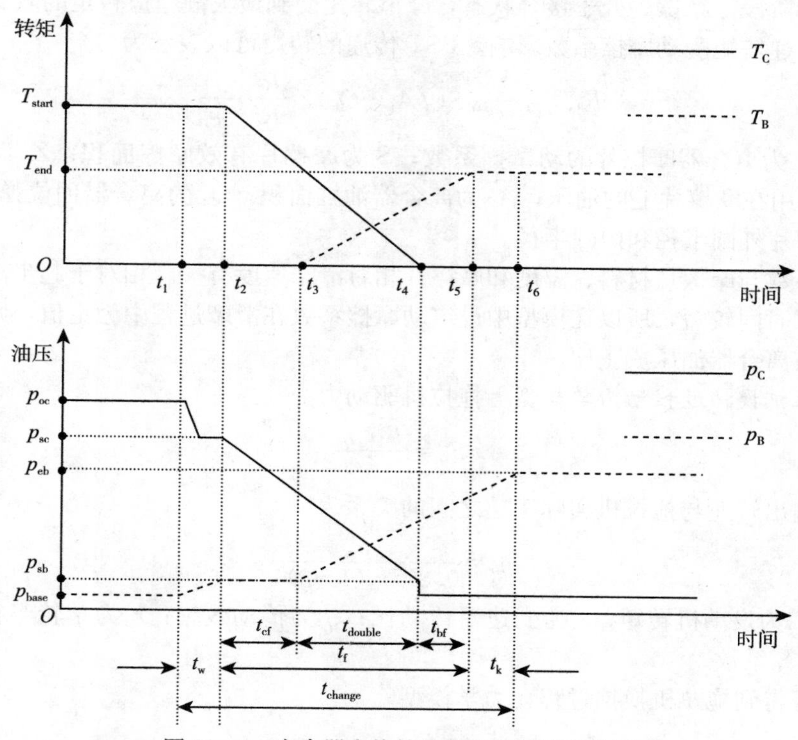

图 11－3　离合器在换挡过程中的转矩和油压

（2）滑摩阶段 $t_2 \sim t_5$　在滑摩阶段，待分离的离合器的油压按一定规律下降，待接合的离合器的油压按一定规律上升，两个离合器根据控制策略单独或同时处于半接合状态。此时，摩擦片有相对转动和滑摩，产生热量，发动机转速、变速器传动比和输出转矩急剧变化。滑摩阶段是影响换挡品质的关键。根据离合器的不同状态，滑摩阶段又细分为原挡转矩相（$t_2 \sim t_3$）、惯性相（$t_3 \sim t_4$）、新挡转矩相（$t_4 \sim t_5$）。

在原挡转矩相，随着油压继续下降，离合器 C 出现滑摩，其所传递的转矩也开始下降，但此时离合器 B 没有传递转矩。在惯性相，离合器 C 和离合器 B 均处于半接合状态，其摩擦片之间都存在滑摩，产生热量，并同时传递转矩。两个离合器各自传递转矩的方向与离合器主、从动盘的相对速度有关。在新挡转矩相，离合器 C 已经完全分离，不再传递转矩，离合器 B 继续滑摩，且所传递的转矩逐渐上升。

（3）新挡保持阶段 $t_5 \sim t_6$　离合器 B 能够传递所有转矩，处于完全接合状态。作用在离合器 B 的油压继续升高到系统油压 p_{eb}，以保证传递最大转矩的能力。离合器 C 上的压力仅能与回位弹簧保持平衡，处于完全分离状态，传递的转矩为零。变速器按新挡传动比工作。

11.1.3　换挡过程动力学模型

（1）换挡离合器模型　湿式离合器通过摩擦副之间的摩擦来传递转矩。由于摩擦副有接合和滑摩两种状态，其传递的摩擦转矩也分为静摩擦转矩和动摩擦转矩两种。在换挡准备阶段和新挡保持阶段，摩擦副处于接合状态，摩擦转矩受到最大静摩擦转矩的限制。在滑摩阶段，离合器传递转矩受动摩擦系数影响。PST 传递的转矩可以表示为

$$T_{clutch}=\frac{2}{3}\mu_d S(pA_f-Q_k)Z_f\frac{R_f^2-r_f^2}{R_f^2-r_f^2} \tag{11-1}$$

式中，μ_d 为离合器摩擦片的动摩擦系数；S 为摩擦片有效摩擦面积；Z_f 为摩擦副接触面数；p 为作用在摩擦片上的油压；A_f 为离合器油缸面积；Q_k 为离合器回位弹簧阻力；R_f、r_f 分别为摩擦片外圆半径和内圆半径。

动摩擦系数与摩擦片材料、温度和摩擦片相对滑摩速度有关。相对于起步离合器，换挡离合器的滑摩时间较短，所以在模型中设定动摩擦系数在滑摩过程中为定值，则换挡离合器的摩擦转矩与离合器油压成正比。

（2）拖拉机换挡过程动力学模型　拖拉机驱动力为

$$F_q=\frac{T_0 i_q \eta_n}{r_q} \tag{11-2}$$

变速器输出转速与拖拉机实际车速之间的关系为

$$n_0=\frac{i_q v_t}{0.377r_q(1-\delta)} \tag{11-3}$$

式中，T_0为发动机转矩；i_q为变速器传动比；η_n为传动效率；r_q为车轮半径；v_t为实际车速；δ为换算系数。

联立即可得到拖拉机换挡过程动力学模型。

11.2 动力换挡过程分析

11.2.1 影响动力换挡过程的重要因素

（1）换挡时间　换挡时间是指换挡离合器经历整个换挡过程所需的时间。换挡时间可表示为

$$t_{change}=t_w+t_f+t_k$$

式中，t_{change}为换挡时间，s；t_w 为换挡准备时间，s；t_f 为滑摩时间，s；t_k 为新挡保持时间，s。

换挡准备时间和新挡保持时间不影响拖拉机运行状态，并且这 2 个参数与电磁阀响应速度和液压系统结构有关，可根据实测结果事先确定。滑摩时间直接影响换挡品质，是控制策略需要优化的参数之一。滑摩时间与离合器接合速度和目标传递转矩有关，需要根据系统状态现场制定。

根据换挡过程中 2 个离合器的滑摩状态，滑摩时间又可细分为

$$t_f=t_{cf}+t_{double}+t_{bf} \tag{11-4}$$

式中，t_{cf}为待分离离合器单独滑摩时间，s；t_{bf}为待接合离合器单独滑摩时间，s；t_{double}为两个离合器同时滑摩时间，s。

（2）离合器摩擦转矩变化规律　离合器摩擦转矩变化规律是指离合器摩擦转矩随时间的变化规律。离合器摩擦转矩受离合器油压控制，因此也称该规律为离合器油压变化规律。离

合器摩擦转矩与时间的关系曲线可分为直线和优化曲线 2 种类型。

优化曲线型目前都采用二次型最优化理论求得离合器最优转矩变化曲线，即根据系统建模建立状态方程，设定约束条件和优化性能指标，通过求解系统的黎卡提方程得到优化解。这种方法在理论上可以实现离合器接合过程的优化，比较适用于起步离合器接合控制。但对于拖拉机动力换挡过程来说，其载荷在不同工况下变化较大，造成黎卡提方程的参数变化，因此优化解需要根据实时工况在线生成；离合器的两个优化指标一般为冲击度 J 和滑摩功 W_f，这 2 个优化指标是互相矛盾的，它们在优化中的权重必须合理，否则接合过程也无法达到最优，而权重的选择也应与工况相关；同时，与起步离合器不同的是，换挡离合器需要确定待分离、待接合两个离合器的转矩变化曲线，造成黎卡提方程的系数矩阵阶数提高，实时求得离合器最优转矩变化曲线对于拖拉机嵌入式控制系统来说比较困难。

直线型的优点在于求解简单，便于在线生成。缺点是换挡过程无法直接体现最优化目标。通过对滑摩功的分析可知，滑摩功与滑摩时间、离合器主从动盘转速差和摩擦转矩有关，因此除确定合理滑摩时间外，应该尽可能控制离合器主从动盘转速差的稳定变化。离合器主动盘转速与发动机转速相关，如果在换挡过程中发动机的转速在长时间内剧烈变化，则势必增大滑摩功。冲击度与拖拉机纵向加速度的变化率有关，而加速度与变速器输出转矩直接相关。滑摩功与冲击度的优化目标可以通过合理控制滑摩时间、发动机转速变化规律和变速器输出转矩来间接实现。因此，直线型变化规律比较适于拖拉机动力换挡过程的控制。

11.2.2 换挡过程仿真分析

通过换挡过程的仿真分析，可以较直观地评定各控制参数对换挡品质的影响，从而为制定合理的在线离合器接合规律奠定基础。首先利用拖拉机动力学模型和换挡规律模型，根据输入的仿真条件判断换挡时机。一旦确定开始换挡，即关闭拖拉机动力学模型和换挡规律模型，停止换挡判断，转入动力换挡阶段。此时采用拖拉机换挡过程动力学模型进行仿真，待换挡结束则关闭拖拉机换挡过程动力学模型，开启拖拉机动力学模型和换挡规律模型，恢复换挡判断。设置的动力换挡仿真输入条件如图 11－4 所示。仿真总时间为 1s，采样周期为 0.02s。油门逐渐加大［图 11－4（a)］，基础工作载荷是基频为 2Hz 的随机载荷［图 11－4（b)］。依据模糊换挡规律判断，换挡起始时间在 0.1s 处，此时由Ⅰ挡开始向Ⅱ挡转换。

在此工况下，采用 2 种离合器接合方案进行对比。方案 1 为 2 个换挡离合器搭接重叠过多；方案 2 为 2 个离合器搭接不足，离合器 B 的油压上升过于缓慢。方案 1 表达了换挡过程中因搭接重叠过多而出现的功率循环的情况。离合器转矩变化规律见图 11－5（a)，换挡过程中相应的发动机转速和功率循环判断转速见图 11－5（b)。

图 11－5（b）中实线为发动机转速 n_e，点画线为转速 $n_0 i_1$，虚线为转速 $n_0 i_2$。从图 11－5 中可以看出，在经过短暂的换挡准备时间后，离合器 C 的转矩降低，而离合器 B 的转矩增高过快，造成发动机转速降低，小于 $n_0 i_1$，破坏了规定的发动机工况稳定条件，形成了功率循环。离合器对发动机进行“推动”，发动机转速随之升高。在双滑摩结束前，系统一直处于振荡状态。方案 1 换挡过程中各参数的变化情况见图 11－6。

在图 11－6（a)、图 11－6（b）中，可以看出无论是离合器 C 的滑摩功率，还是离合器 B 的滑摩功率，都因转速剧烈变化而变大。从图 11－6 中还可以看出，系统各项参数都剧烈振荡，其中冲击度的振荡［图 11-6（c）］最为显著，最大值达到 155m/s³，远远超过许用要求。

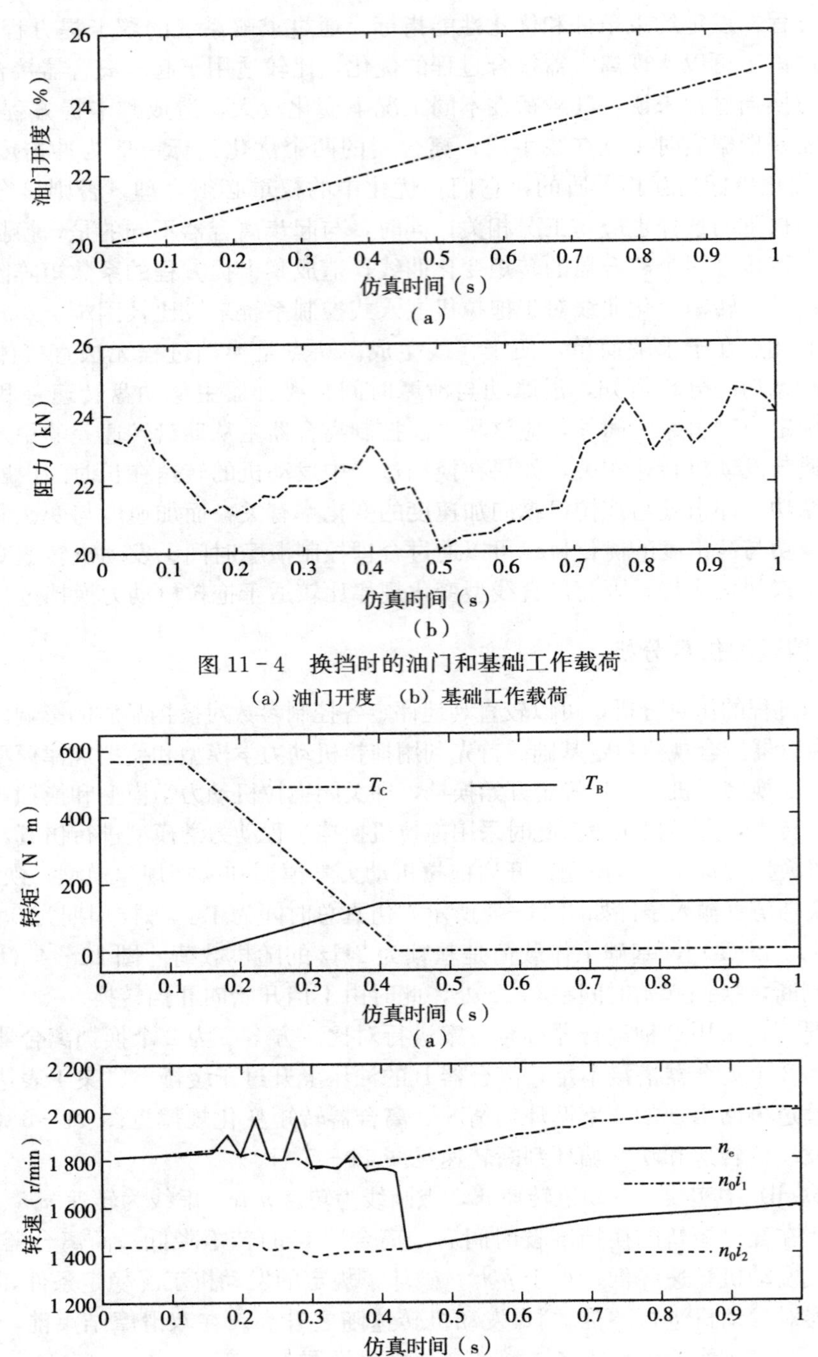

图 11-4　换挡时的油门和基础工作载荷

（a）油门开度　（b）基础工作载荷

图 11-5　离合器接合方案 1

（a）离合器转矩　（b）发动机转速

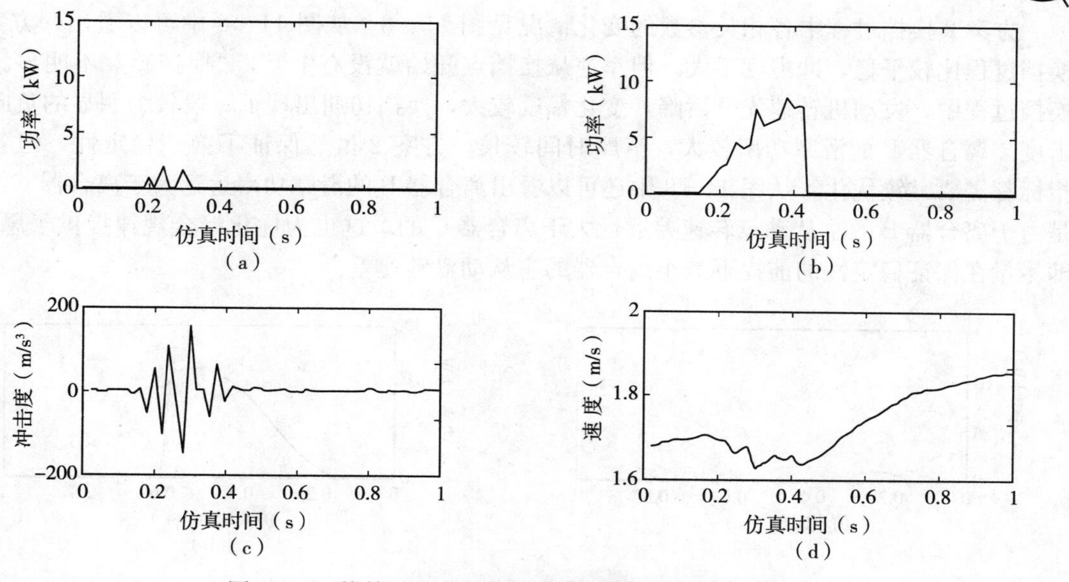

图 11－6　换挡过程中各相关参数的变化情况（方案 1）

（a）离合器 C 的滑摩功率　（b）离合器 B 的滑摩功率　（c）换挡冲击度　（d）车速

方案 2 的离合器转矩变化规律见图 11－7（a），换挡过程中相应的发动机转速和功率循环判断转速见图 11－7（b）。从图 11－7 中可以看出，离合器 C 的转矩首先降低，发动机转速随之升高。在双滑摩结束后，发动机转速才逐渐逼近目标转速。在离合器 C 滑摩期间发动机转速 n_e 大于 $n_0 i_1$，在离合器 B 滑摩期间发动机转速 n_e 大于 $n_0 i_2$，满足发动机工况稳定性条件。

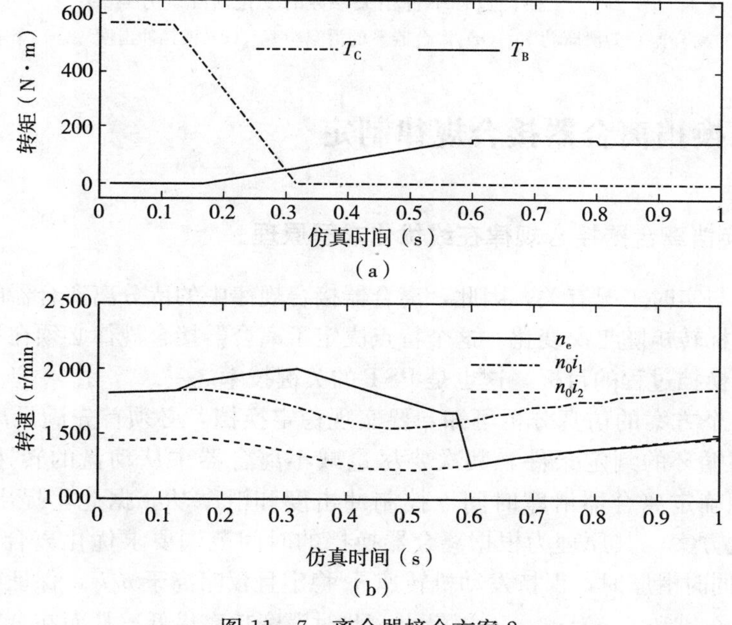

图 11－7　离合器接合方案 2

（a）离合器转矩　（b）发动机转速

方案 2 换挡过程中各相关参数的变化情况见图 11－8。从图 11－8 中可以看出，方案 2 换挡过程比较平稳，冲击度不大。但车速从换挡点开始就没有上升，“换挡感”不明显。在换挡过程中，发动机转速先升后降，变化幅度较大，换挡初期出现了一段较为明显的负向冲击度。离合器 B 的滑摩功率较大，滑摩时间较长。方案 2 虽然保证了换挡稳定性，但各项指标都需要继续优化。从图 11－8 中还可以看出离合器 B 的滑摩功率远远大于离合器 C，这是由于离合器 B 的主从动盘转速差远远大于离合器 C 的，这也为优化接合规律提供了思路，即尽量在保证稳定性的前提下减小离合器的主从动盘转速差。

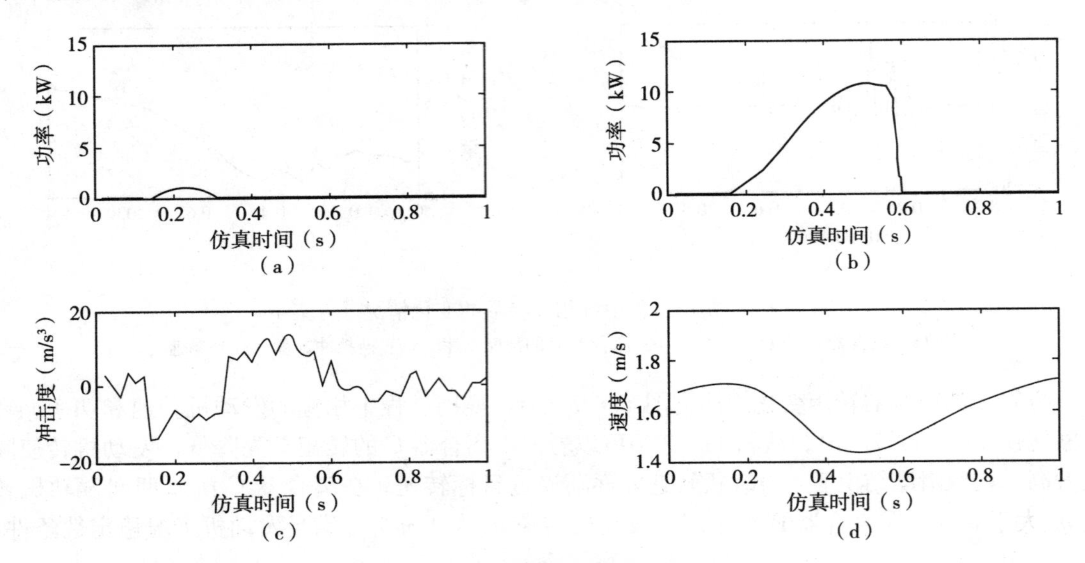

图 11－8　换挡过程中各相关参数的变化情况（方案 2）

(a) 离合器 C 的滑摩功率　(b) 离合器 B 的滑摩功率　(c) 换挡冲击度　(d) 车速

11.3 动力换挡离合器接合规律制定

11.3.1 动力换挡离合器接合规律在线优化求解原理

拖拉机载荷与实时工况有关，因此，离合器接合规律中的待分离离合器的起始转矩和待接合离合器的目标转矩随工况变化。这个特点决定了离合器接合规律必须在控制现场实时产生才能达到优化换挡过程的目标，这也是 PST 的关键技术之一。

从对上述 2 个方案的仿真分析可知，要实现稳定换挡，必须首先满足离合器滑摩期间系统不产生功率循环的判定条件，其次要尽量减小离合器主从动盘的转速差以减小滑摩功率，同时合理确定离合器滑摩时间以控制冲击度和滑摩功。据此，提出一种基于最小滑摩功率的优化方案。其原理为根据离合器换挡的时间范围要求优化离合器的滑摩时间，在离合器 B、C 同时滑摩时，保持发动机转速 n_e 稳定且仅略高于 $n_0 i_1$，保证在稳定性的前提下使 $|\omega_{c1}(t)-\omega_0(t)|$ 和 $|\omega_e(t)-\omega_{b2}(t)|$ 最小，此时滑摩功率最低，从而在合理确定滑摩时间的前提下，实现滑摩功最低。

最小滑摩功率原理的推导过程如下：

设离合器 C 的转矩变化斜率为 k_{cf}，离合器 B 的转矩变化斜率为 k_{bf}，在 t_{double} 时间段内发动机转速保持恒定，则有

$$T_e-T_B-\frac{T_C}{i_1}=0 \tag{11-5}$$

对上式求导，得

$$\frac{dT_B}{dt}=\frac{dT_C}{dt}\frac{1}{i_1} \tag{11-6}$$

对直线型离合器转矩变化规律，转矩的变化斜率为常数，故有

$$k_{bf}=-\frac{k_{cf}}{i_1} \tag{11-7}$$

上式为换挡期间发动机转速变化方向的临界线。从前面的仿真分析可知，2 个离合器同时滑摩时，变速器转速逐步下降。n_e 与 $n_0 i_1$ 的差值越大，滑摩功率越大，因此希望此时发动机转速也同时下降。满足发动机转速下降的条件为

$$k_{bf}>\frac{k_{cf}}{i_1} \tag{11-8}$$

对于一个采样周期 Δt，如拖拉机外界负载阻力不变，则可认为发动机转速的变化量以及变速器输出转速的变化量是离合器转矩的变化量造成的。此时若系统处于稳定状态，则有

$$\begin{aligned}-\Delta T_B-\frac{\Delta T_C}{i_1}&=J_e\Delta\omega_e\\ \Delta T_B i_2+\Delta T_C&=J_0\Delta\omega_0\\ \Delta T_B&=k_{bf}\Delta t\\ \Delta T_e&=k_{bf}\Delta t\end{aligned} \tag{11-9}$$

式中，J_e 为发动机的转动惯量；J_0 为 PST 输出轴的转动惯量。

根据上式分别求出一个采样周期 Δt 内的发动机角速度的变化量以及变速器输出角速度的变化量：

$$\begin{aligned}\Delta\omega_e&=\left(\frac{-k_{bf}}{J_e}-\frac{k_{cf}}{i_1 J_e}\right)\Delta t\\ \Delta\omega_0&=\left(\frac{i_2 k_{bf}}{J_0}-\frac{k_{cf}}{J_0}\right)\Delta t\end{aligned} \tag{11-10}$$

根据系统稳定性条件可知，若满足 $\Delta\omega_e-\Delta\omega_0 i_1\geqslant 0$，则系统趋于稳定。此时有

$$k_{bf}\leqslant\frac{-k_{cf}(J_0+i_1^2 J_e)}{i(J_0+i_1 I_2 J_e)} \tag{11-11}$$

k_{bf} 的理论取值区间为

$$k_{bf}\in\left[\frac{-k_{cf}}{i_1},\frac{-k_{cf}(J_0+i_1^2 J_e)}{i(J_0+i_1 i_2 J_e)}\right] \tag{11-12}$$

在理论上，k_{bf} 越趋近于取值区间上限，离合器滑摩功率越小。但首先，拖拉机质量及载荷转换到变速器输出轴上的转动惯量远大于发动机的转动惯量，使得 k_{bf} 的理论取值区间非常狭窄。另外，由于取值范围上限的获得条件是 2 个离合器滑摩期间拖拉机载荷不变，而载荷的不确定因素会造成取值上限的波动，从而进一步缩小了取值范围。因此，取上式的下

限值，得

$$k_{\mathrm{bf}}=-\frac{k_{\mathrm{cf}}}{i_1} \tag{11-13}$$

11.3.2 动力换挡离合器接合规律在线求解方法

以前述Ⅰ挡升Ⅱ挡过程为例来说明离合器接合规律的在线求解方法。

11.3.2.1 首先根据换挡点的工况初定换挡时间 t_{change}

总换挡时间受下述因素的影响：

（1）换挡时刻工作载荷的大小　拖拉机载荷越大，动力传动系的承载能力和发动机的后备功率也相对越小。离合器如果接合过快，则会引起剧烈的滑摩和较大的换挡冲击。因此，拖拉机在换挡起始时刻的载荷越大，换挡时间相对越长。

（2）换挡前后传动比变化　换挡前后传动比变化越大，拖拉机运行状态的变化就越大，因此也需要相对更长的换挡时间以减小换挡冲击。

在上述2个因素中，换挡时刻工作载荷是滑摩时间的最主要影响因素。载荷越大，则需要的换挡时间越长。对于不同的拖拉机机型，载荷大小是相对的，能够灵敏体现载荷大小的参数为滑转率。在正常的载荷范围内，滑转率与载荷基本呈比例相关，因此控制系统可采用滑转率值来确定基础滑摩时间，再根据传动比变化进行修正。

在正常的载荷范围内，滑转率的范围为0.05～0.25。对于拖拉机动力换挡来说，单对离合器滑摩时间一般为0.25～0.38s，不宜超过0.4s。因此，初定换挡时间取值范围为0.25～0.4s。在换挡起始点，拖拉机滑转率与基础滑摩时间的对应关系为

$$t_{\mathrm{fbase}}=\begin{cases}0.25, \delta \leqslant 0.05 \\ 0.25+\dfrac{\delta-0.05}{0.33}, 0.05<\delta<0.25 \\ 0.4, \delta \geqslant 0.25\end{cases} \tag{11-14}$$

式中，t_{fbase}为基础滑摩时间，s。

对于确定的机型，换挡前后传动比变化是已知的，因此可以直接设定换挡前后传动比变化值对换挡时间的修正系数。修正系数的取值方法和规则如下：

①各相邻2挡间传动比的比值为

$$hi(n)=\frac{i(n+1)}{i(n)}$$

式中，n为当前挡位数；$hi(n)$为相邻2挡间传动比的比值；$i(n)$、$i(n+1)$均为传动比。

②找出$hi(n)$的中位数$hi(m)$，中位数所对应的换挡过程为基础换挡过程。为了便于理解，做如下举例：假设中位数为$hi(2)$，则设定Ⅲ挡换Ⅱ挡（或Ⅱ挡换Ⅲ挡）时的传动比修正系数为1；假设中位数为$hi(1)$，则设定Ⅱ挡换Ⅰ挡（或Ⅰ挡换Ⅱ挡）时的传动比修正系数为1，以此类推。

③其他各换挡过程的传动比修正系数可表示为

$$k_{\mathrm{ci}}(n)=\frac{hi(n)}{hi(m)}$$

式中，$k_{ci}(n)$ 为传动比修正系数；$hi(m)$ 为相邻 2 挡传动比比值的中位数。

④确定换挡时间 t_{change}。

$$t_{change}=k_{ci}t_{fbase}$$

11.3.2.2 确定离合器 C 的单独滑摩时间 t_{cf}

在理论上，在控制好转矩变化斜率的前提下，离合器 B、C 可以同时开始滑摩。然而在换挡初始阶段，离合器 C 的从动盘与主动盘转速一致。如果离合器 B、C 同时开始滑摩，即此时换挡过程处于临界稳定状态，则在相关因素（如载荷扰动）的作用下，很容易出现 $n_e<n_0i_1$，造成功率循环。图 11－9、图 11－10 所示为 t_{cf} 不足（出现功率循环）造成的失稳现象。

图 11－9 表示由于 t_{cf} 不足，换挡初始时刻出现了发动机转速小于 n_0i_1 的情况，从而出现 1 次功率循环，在其后的换挡过程中因为离合器转矩变化斜率是合理的，所以一直处于临界稳定。

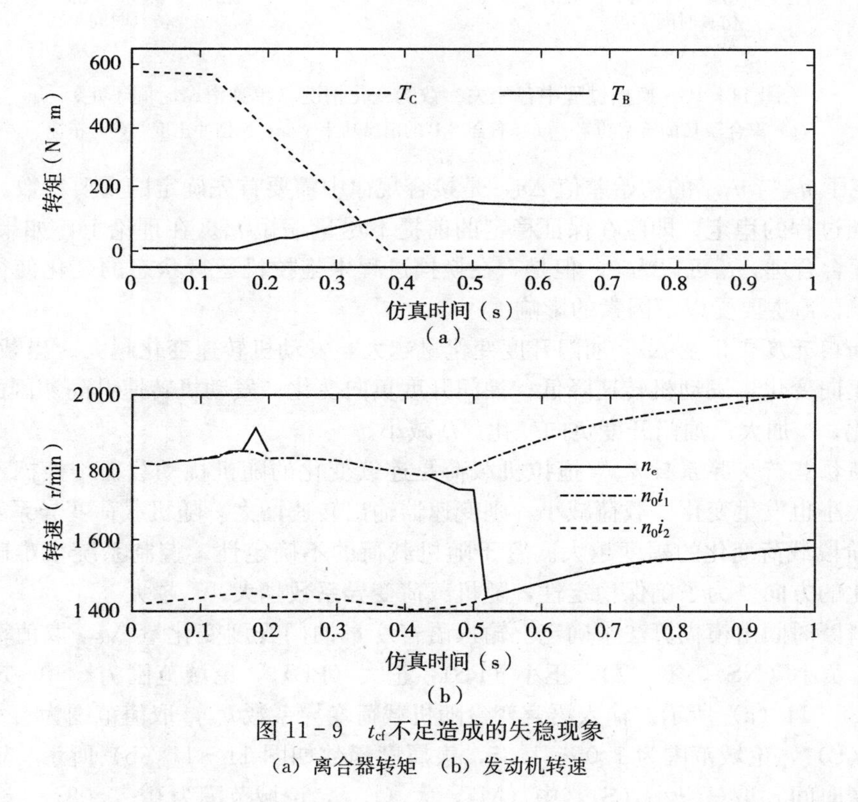

图 11－9 t_{cf} 不足造成的失稳现象

（a）离合器转矩 （b）发动机转速

图 11－10 为此方案下换挡过程中各相关参数的变化情况。可以看出，这种方案会造成较大的换挡冲击。因此，在换挡初始阶段需要迅速提高发动机转速以避免功率循环。在 t_{cf} 时间段内，离合器 C 转矩下降，离合器 B 转矩为零，发动机的载荷降低，转速 n_e 开始升高，则有 $\Delta n=n_e-n_0i_1>0$。Δn 值越大，则越不易产生功率循环，但 Δn 值过大，则表明发动机载荷急剧降低，变速器输出动力也急剧降低。

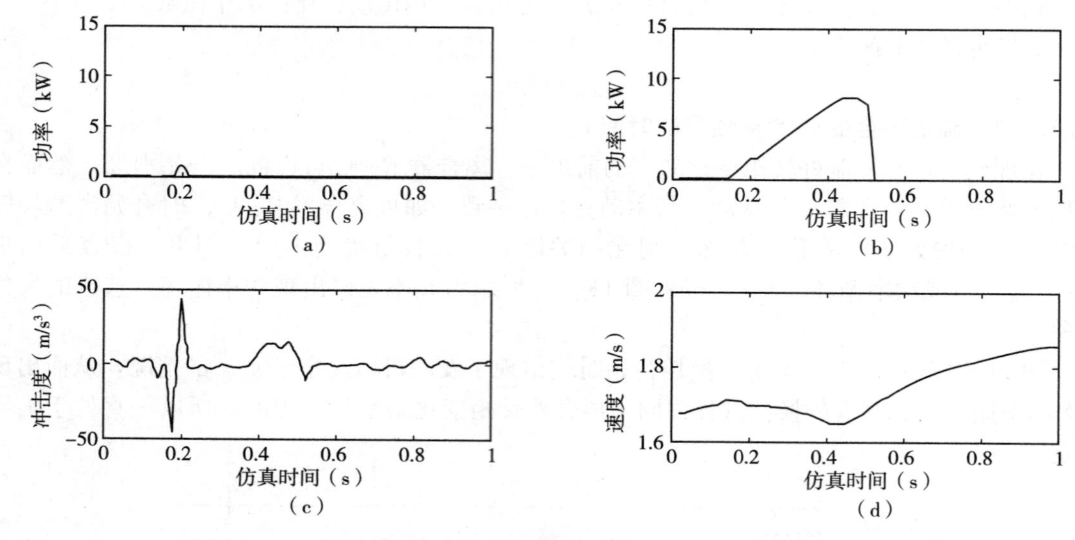

图 11-10 换挡过程中各相关参数的变化情况（单独滑摩时间不足）

（a）离合器 C 的滑摩功率 （b）离合器 B 的滑摩功率 （c）换挡冲击度 （d）车速

t_{cf}决定了 n_e 与 $n_0 i_1$ 的初始差值 Δn，是接合规律中需要首先确定的重要参数。确定 t_{cf}的前提是换挡过程的稳定，即应在保证稳定的前提下尽量缩短 t_{cf}。在理论上，如果离合器 B、C 的转矩配合合理，t_{cf}可以为 0。但是，在换挡过程中拖拉机运行状态的变化使得换挡过程很容易失稳。t_{cf}主要受以下因素的影响：

（1）油门开度变化量 $\Delta\alpha$ 油门开度变化量越大，发动机转速变化越大。当载荷不变时，油门开度正向变化，发动机转速降低；油门开度负向变化，发动机转速升高。因此，油门开度正向变化，t_{cf}加大；油门开度负向变化，t_{cf}减小。

（2）随机载荷变异系数 k_{cv} 拖拉机载荷是连续变化的随机扰动载荷，换挡过程中拖拉机载荷的大小也发生变化。载荷减小，则变速器输出转速增大。随机载荷变异系数越大，意味着在 t_{cf}阶段载荷变化的幅度越大。鉴于随机载荷的不确定性，控制系统很难确定在换挡点载荷变化的方向。为了确保稳定性，随机载荷变异系数越大，t_{cf}越大。

单独滑摩时间由模糊算法来确定。输入语言变量油门开度变化量 $\Delta\alpha$，取值范围为｛负大（NB），负小（NS），零（Z），正小（PS），正大（PB）｝，论域范围为－50～50，隶属度函数如图 11-11（a）所示。输入语言变量随机载荷变异系数 k_{cv}，取值范围为｛小（S），中（M），大（B）｝，论域范围为 1.05～1.35，隶属度函数如图 11-11（b）所示。输出语言变量单独滑摩时间 t_{cf}取∈｛小（S），中（M），大（B）｝，论域范围为 0～0.08。

模糊控制器输入、输出及论域如图 11-11 所示。

11.3.2.3 离合器 B 的全程滑摩时间求解

确定了总换挡时间和单独滑摩时间，即可确定离合器 B 的全程滑摩时间：

$$t_b = t_f - t_{cf} \tag{11-15}$$

11.3.2.4 初定离合器摩擦转矩的变化斜率

假设在 t_{double}时间段内发动机转速保持恒定，则有

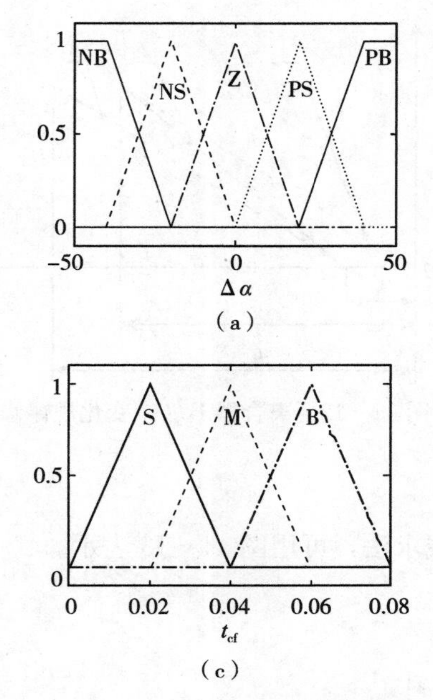

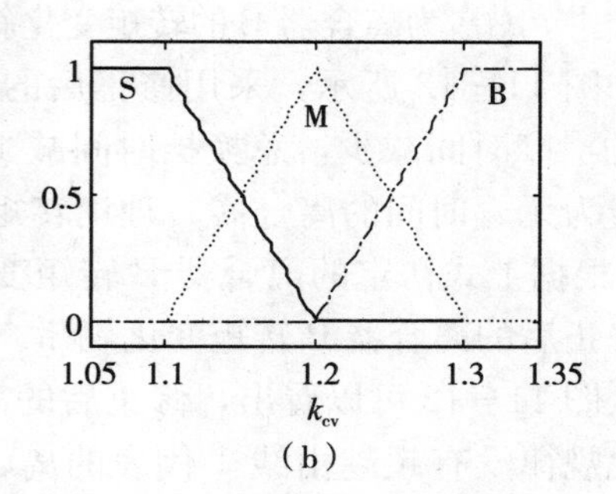

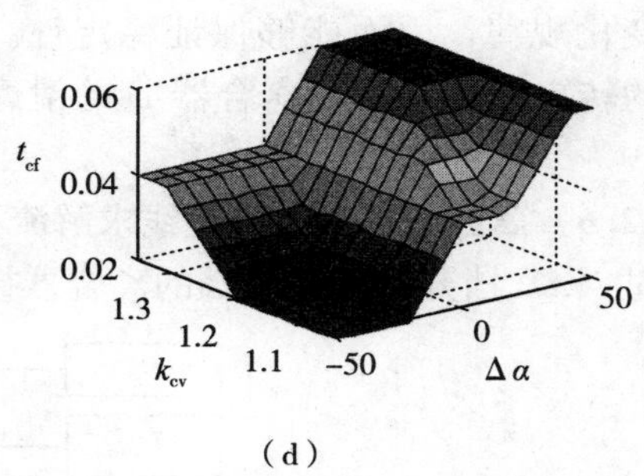

图 11－11 模糊控制器输入、输出及论域

(a) 油门开度变化量输入 (b) 随机载荷变异系数输入 (c) 单独滑摩时间输出 (d) 模糊控制器论域

$$T_e - T_B - \frac{T_C}{i_1} = 0 \tag{11-16}$$

对上式求导，有

$$\frac{dT_B}{dt} = -\frac{dT_C}{dt}\frac{1}{i_1} \tag{11-17}$$

对直线型离合器转矩变化规律，转矩的变化斜率为常数，故有

$$k_{bf} = -\frac{k_{cf}}{i_1} \tag{11-18}$$

在换挡结束时，变速器的输出转矩记为 T_{oend}，则有

$$k_{bf} = \frac{T_{oend}}{i_2 t_b} \tag{11-19}$$

$$k_{cf} = -\frac{i_1 T_{oend}}{i_2 t_b} \tag{11-20}$$

T_{oend} 与换挡前变速器的输出转矩 T_{ostart} 和换挡过程中的油门开度变化量有关：

$$T_{oend} = T_{ostart} + T_e(\alpha + \Delta\alpha, n_e i_2) i_1 - T_e(\alpha, n_e) i_2 \tag{11-21}$$

11.3.2.5 根据单独滑摩时间 t_{cf} 和总换挡时间 t_f 修正离合器 B 的转矩变化斜率

在换挡过程中，变速器输出转矩的稳定性也是需要考虑的指标之一。单独滑摩时间的存在使得离合器 B 损失了一段与离合器 C 同时滑摩的时间，加剧了变速器输出转矩的下降。因此，可对离合器 B 的转矩变化斜率进行修正，适当加大离合器 B 的转矩变化斜率。

$$k_{bfxz} = \frac{t_f k_{bf}}{t_f - t_{cf}} \tag{11-22}$$

式中，k_{bfxd}为离合器B的转矩变化斜率修正值。

如图11－12所示，采用修正后的k_{bfxz}，离合器B的滑摩时间减少，总换挡时间减少为t_{fxz}。图中1线为无t_{cf}时间的离合器B理论转矩变化规律，3线为根据上式初定的离合器B转矩变化规律，2线为修正后的离合器B转矩变化规律。

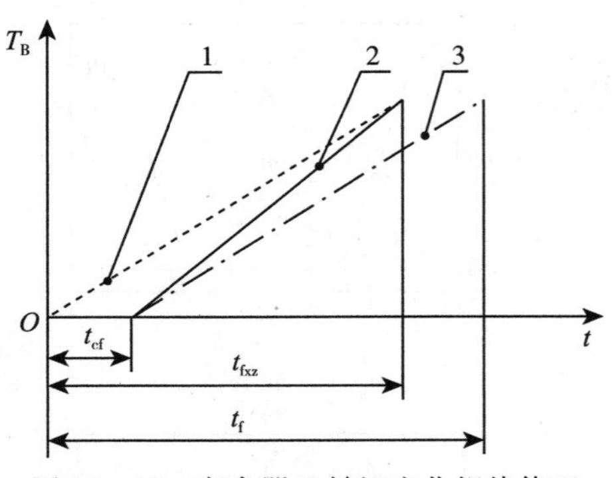

图11－12　离合器B转矩变化规律修正

从图11－12可以看出，修正后的离合器B转矩变化规律没有超越由线1代表的离合器B理论转矩变化规律，因而能够保证稳定性。但采用修正后的转矩变化规律，离合器B的滑摩时间明显缩短。

11.3.2.6　离合器接合规律在线求解流程

对$i(n)$挡升$i(n+1)$挡的离合器接合规律的在线求法，可用图11－13表示。

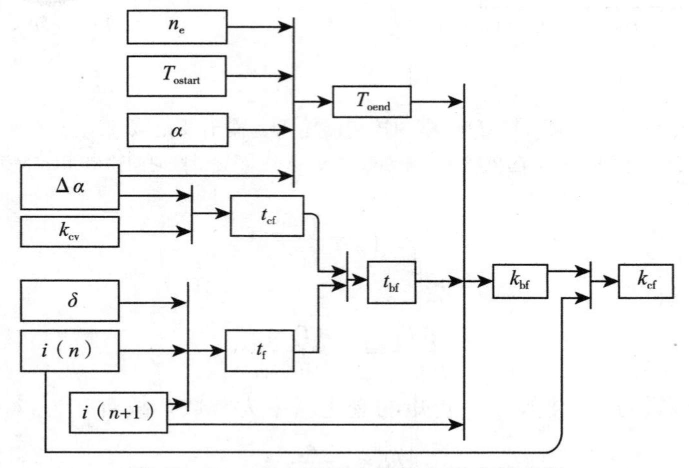

图11－13　离合器接合规律在线求解流程

当控制系统判定需要换挡时，根据滑转率、当前挡位和目标挡位确定总换挡时间t_f，根据随机载荷变异系数和油门开度变化量确定分离离合器的单独滑摩时间t_{cf}，从而再根据总换挡时间和分离离合器的单独滑摩时间确定接合离合器的滑摩时间t_{bf}。根据当前的发动机转速、油门开度、油门开度变化量和换挡前变速器输出转矩确定接合离合器的目标转矩T_{oend}，再由接合离合器的目标转矩、接合离合器的滑摩时间和换挡前后的传动比初定2个离合器的转矩变化斜率k_{bf}。也可以根据总滑摩时间和分离离合器单独滑摩时间对离合器B的转矩变化斜率进行修正。

11.3.3　3种接合规律对换挡过程的影响对比分析

仿真条件设置参照前述，图11－14所示为根据上述离合器在线接合规律求解法制定的离合器接合规律（为与前述方案对比，此离合器接合规律在本文后续章节中简称方案3）。从图11－14可以看出，发动机转速在离合器C单独滑摩时升高，在2个离合器同时滑摩时均匀下

降，但转速开始逐步贴近 $n_0 i_1$，这样既保证了换挡过程的稳定，又能有效控制滑摩功。

图 11-15 所示为在此接合规律下，换挡过程中各相关参数的变化情况。由图 11-15 可知，分离离合器 C 的滑摩功率小，滑摩时间较短，接合离合器 B 的滑摩功率也比方案 2 明显减小。换挡过程中，变速器输入转速与输出转速的比值在离合器 C 单独滑摩时略有上升，在双滑摩时下降比较平稳，在离合器 B 单独滑摩时均匀下降；变速器输出转矩在离合器 C 滑摩期间下降，离合器 B 单独滑摩期间上升；换挡冲击度最大值的绝对值小于 20m/s³，2 个冲击度的峰值分别出现在 2 个离合器单独滑摩与双滑摩状态转换时期。

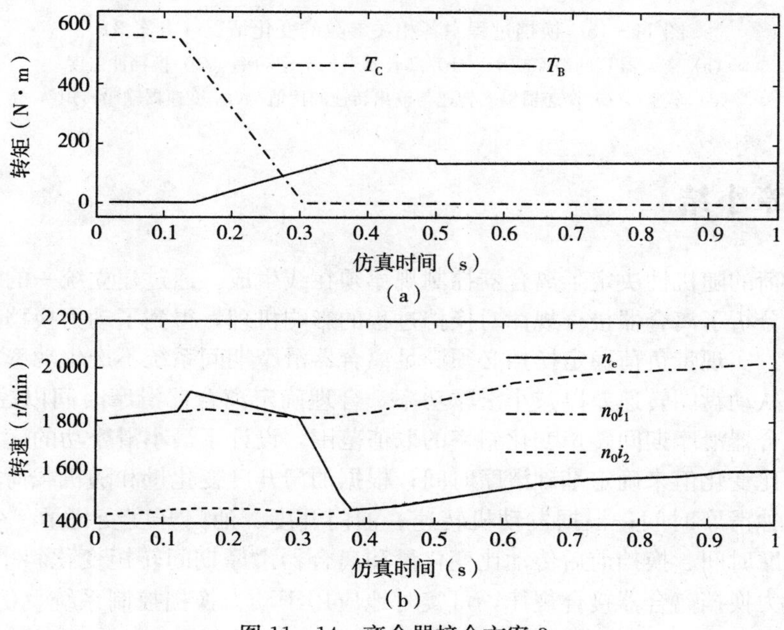

图 11-14 离合器接合方案 3

（a）离合器转矩 （b）发动机转速

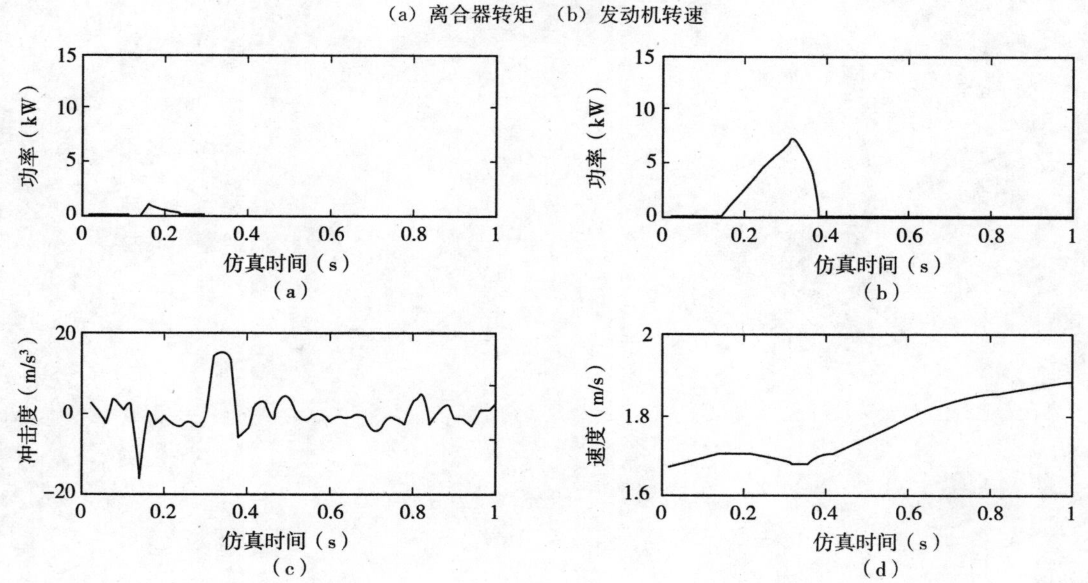

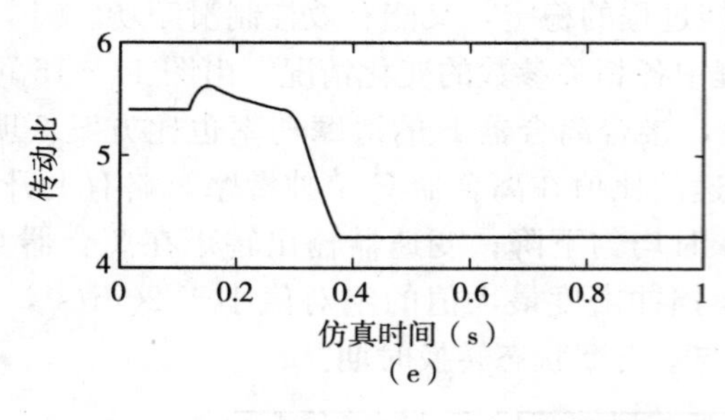

（e）

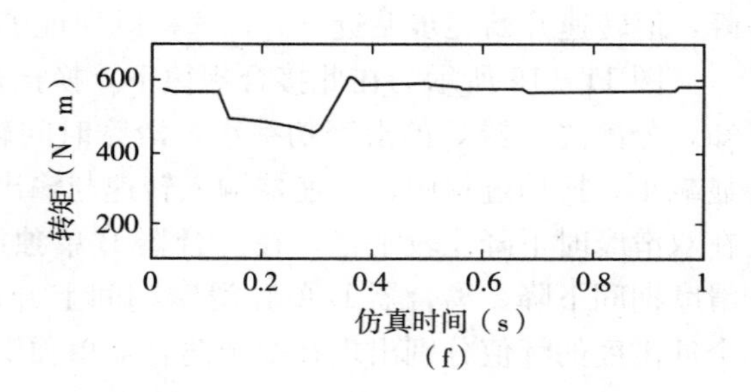

（f）

图 11-15 换挡过程中各相关参数的变化情况（方案 3）
（a）离合器 C 的滑摩功率 （b）离合器 B 的滑摩功率 （c）换挡冲击度
（d）车速 （e）变速器输入转速与输出转速的比值 （f）变速器输出转矩

11.4 本章小结

拖拉机载荷的随机性决定了离合器控制规律须在线生成。通过建立统一的负载换挡过程动力学模型，分析了离合器接合规律对换挡过程的影响机理，得到了动力换挡离合器接合规律的制定原则：实现带负荷稳定换挡必须满足离合器滑摩期间系统不产生功率循环，要尽量减小离合器主从动盘的转速差以减小滑摩功率，合理确定离合器滑摩时间以控制总滑摩功。据此给出了离合器滑摩期间转矩变化斜率的取值范围，设计了最小滑摩功的优化方案。以滑转率值和传动比变化值来确定基础滑摩时间；根据油门开度变化量和随机载荷变异系数确定分离离合器单独滑摩时间；根据发动机转速、油门开度、油门开度变化量、变速器输出转矩、离合器滑摩时间、换挡前后传动比变化量和离合器滑摩期间转矩变化斜率取值范围等，在线求得了动力换挡离合器接合规律，可实时地应用于动力换挡控制系统。仿真分析表明，按此方案的换挡过程，滑摩功减小的同时，换挡冲击度也较低。

第12章 拖拉机PST动力换挡规律

拖拉机动力换挡规律是根据载荷和油门的变化，适时地改变传动比，为拖拉机提供与作业工况相适应的驱动力，保证良好的动力性和换挡稳定性。PST可以实现拖拉机不停车自动负载换挡，其主要性能是换挡过程稳定、无明显冲击，动力无中断。因此，在随机载荷的作用下，拖拉机PST的动力换挡规律除了实现提供匹配的驱动力以外，还应满足换挡过程中驱动力无突变、换挡选择不受随机扰动的影响的要求。

拖拉机作业时的载荷为随机载荷。基于稳态载荷动力学模型建立的控制系统与实际控制过程存在偏差，难以对瞬态载荷进行反馈控制，易造成控制系统抖动，影响控制系统稳定性。通过建立在犁耕作业时随机载荷作用下的拖拉机动力学模型，研究拖拉机传动比、耕深与牵引效率的关系，分析随机载荷与牵引效率和换挡稳定性的关系，制定适于动态控制的动力自动换挡规律。

为满足换挡前后驱动力无突变、换挡选择不受随机扰动的影响的要求，根据换挡曲面误差来源，针对发动机转矩曲面特点，在分片建模的基础上，采用遗传算法求解最佳换挡点，使拖拉机在换挡中车速、滑转率、变速器输出转矩较为平稳。随机载荷引发频繁换挡，传统的降挡延迟策略不能消除全部随机换挡，人为延迟换挡时间会破坏换挡中驱动力无突变的前提条件，加剧换挡过程中离合器的滑摩和冲击。通过制定换挡规律自适应延迟修正策略，分析引发频繁换挡的因素，设计模糊控制器修正升挡规律，避免随机频繁换挡。

12.1 随机载荷作用下的拖拉机动力学模型

拖拉机在作业过程中其性能受到多种因素的影响，并且影响参数之间存在着耦合作用和非线性关系，难以用解析的形式直接表达。分析拖拉机牵引性能和影响参数之间的关系是制定合理的换挡规律的基础。目前，对于拖拉机在稳态平滑载荷下的各项性能研究比较成熟，文献通过试验或仿真证明了拖拉机载荷、滑转率、行驶速度和牵引效率之间的相关性。但以拖拉机稳态载荷动力学模型为基础而设计的控制系统与实际控制环节会存在一定的偏差。为此，本章建立随机载荷作用下的拖拉机动力学模型，为后续动力换挡规律和换挡过程控制提供研究载体。

12.1.1 拖拉机动力学模型

（1）拖拉机驱动力模型　发动机转矩转换到拖拉机驱动轮上的驱动力为

$$F_q(t)=\frac{T_e(t)i_g i_q i_i \eta_n}{r_q} \tag{12-1}$$

式中，$F_q(t)$ 为拖拉机驱动力，N；$T_e(t)$ 为发动机转矩，N·m；i_g 为主变速器当前挡位传动比；i_i 为副变速器当前挡位传动比；i_q 为传动系其他减速环节传动比；η_n 为传动系传动效率；r_q 为驱动轮半径。

（2）滑转率模型　拖拉机驱动轮在行驶过程中对土壤有剪切作用，造成驱动轮接地面处相对于地面向后滑动，形成滑转。其滑转程度用滑转率表征。驱动轮滑转率定义为拖拉机驱动轮理论速度和实际车速之差与驱动轮理论车速的比值。

$$\delta(t)=\frac{v_q(t)-v_t(t)}{v_q(t)} \tag{12-2}$$

式中，$\delta(t)$ 为驱动轮滑转率；$v_q(t)$ 为驱动轮理论速度，m/s；$v_t(t)$ 为驱动轮实际速度，与拖拉机速度相等，m/s。

（3）实际车速模型　发动机转速与拖拉机速度之间的关系为

$$n_e(t)=\frac{i_g i_q i_i v(t)}{0.377 r_q(1-\delta)} \tag{12-3}$$

式中，$n_e(t)$ 为发动机转速，r/min；$v(t)$ 为拖拉机速度，m/s。

（4）发动机转矩模型　发动机转矩与发动机转速的关系为

$$T_e(t)=\sum_{i=0}^{i=4}\sum_{j=0}^{j=4}a_{i,j}[n_e(t)]^j \tag{12-4}$$

式中，$a_{i,j}$ 为拟合系数。

（5）拖拉机的随机牵引阻力模型　牵引阻力即拖拉机载荷，是指拖拉机在作业过程中，农具接触、挤压土壤时受到的反作用力，由滚动阻力、土垡变形阻力和土垡运动阻力构成。对于作业速度为4.2～5km/h的犁耕作业来说，其阻力项中的滚动阻力一般占总阻力的10%，土垡变形阻力占55%，土垡运动阻力一般占35%。犁耕土垡运动阻力随作业速度增加而增大。在普通土壤耕地上作业时，作业速度在基本牵引速度4.2km/h的基础上每增加1km/h，总作业阻力将增加3%～5%。

在作业过程中，由于局部地面不平度、土壤比阻变化和农具运动的平稳性等多种干扰因素的影响，拖拉机所承受的阻力为连续且幅值和频率时变的动态阻力。研究表明，拖拉机的动载荷在同一作业模式和土壤条件下是一个各态历经的平稳随机过程，由缓变的稳态部分和具有零均值并且服从高斯分布的随机扰动部分组成。载荷扰动程度可以由随机载荷变异系数来表征，载荷波动与土壤条件、作业机组状况和作业速度相关。文献以泰山-25拖拉机配LXT25-320悬挂犁进行田间试验，证明随机载荷变异系数随速度提高而增加。当拖拉机以理论速度6.69km/h工作时，随机载荷变异系数在16%～23%；当以理论速度9.71km/h工作时，随机载荷变异系数为20%～30%。

基于以上的分析建立牵引阻力模型。牵引阻力由稳态作业阻力和随机扰动部分组成。稳态作业阻力也可以由土壤比阻、农具参数、耕深和作业速度来确定。

$$FH(t)=nk_0ah\{1+\varepsilon_v[v_t(t)-v_0]\} \tag{12-5}$$

式中，$FH(t)$ 为 t 时刻的稳态作业阻力，N；n 为犁铧数；k_0 为土壤比阻，N/m²；a 为单个犁体耕宽，m；h 为耕深，m；v_0 为基本牵引速度，m/s；ε_v 表示载荷增大系数。

随机扰动部分也与作业速度相关，可表示为

$$\delta F(t)=N[0,\sigma(t)g(t)]\{1+\gamma_{v}[v_{t}(t)-v_{0}]\} \tag{12-6}$$

$$g(t)=\frac{\sqrt{4\pi\alpha_{f}}}{\Delta t}e^{-2\pi\alpha_{f}t}\left(\cos2\pi\beta t+\frac{\sqrt{\alpha_{f}^{2}+\beta^{2}}-\alpha_{f}}{\beta}\sin2\pi\beta t\right) \tag{12-7}$$

式中，$\delta F(t)$ 为牵引阻力的随机扰动部分，N；$N[0,\sigma(t)]$ 表示均值为 0，方差为$\sigma(t)$的白噪声；$g(t)$ 为整形函数；α_{f} 表示随机载荷自相关函数衰减特性指数；β 表示随机载荷自相关函数振荡特性指数；γ_{v} 表示载荷扰动增大系数。

因为随机扰动是一个时间相关的量值，所以总牵引阻力可表示为

$$F(t)=FH(t)+\delta F(t) \tag{12-8}$$

式中，$F(t)$ 为拖拉机总牵引阻力，N。

牵引阻力可分解为水平阻力和垂直阻力，可表示为

$$F_{T}(t)=F(t)\cos\varphi \tag{12-9}$$

$$F_{y}(t)=F(t)\sin\varphi \tag{12-10}$$

式中，$F_{T}(t)$、$F_{y}(t)$ 分别为水平阻力、垂直阻力，N；φ 为坡度角，(°)。

（6）滚动阻力

$$F_{f}(t)=mg\cos\varphi+F(t)\sin\varphi f \tag{12-11}$$

式中，m 为拖拉机总装备质量，kg；f 为综合滚动阻力系数。

可以看出，拖拉机在作业过程中的滚动阻力与拖拉机和作业机组的自身质量及垂直地面方向的阻力相关。

（7）坡度阻力

$$F_{i}=mg\sin\varphi \tag{12-12}$$

（8）拖拉机动力学方程　拖拉机在行驶方向的动力学方程为

$$F_{q}(t)=F_{z}(t)=m\frac{dv_{t}(t)}{dt} \tag{12-13}$$

式中，$F_{z}(t)$ 为拖拉机行驶阻力，N。

把拖拉机在行驶方向的所有阻力整理后得到拖拉机动力学方程（因拖拉机速度较低，忽略空气阻力）：

$$F_{q}(t)=F_{f}(t)-F_{T}(t)-F_{i}=m\frac{dv_{t}(t)}{dt} \tag{12-14}$$

拖拉机工况与结构参数（如发动机转矩方程、拖拉机使用质量、载荷分配系数、驱动从动轮半径、轮胎宽度、拖拉机轴距）、作业参数（如土壤比阻、随机载荷变异系数、载荷频域特征、滚动阻力系数、坡度、耕深、负荷角、发动机油门开度和变速器传动比）有关。结合模型图 12-1 可知，作业过程中可以通过调节油门开度、变速器传动比和耕深，保证拖拉机在目标速度范围内和高牵引效率状态下工作。

12.1.2 拖拉机效率评价指标

（1）滑转效率　滑转效率用于衡量滑转功率损失。

$$\eta_{\delta}(t)=1-\delta(t) \tag{12-15}$$

式中，$\eta_{\delta}(t)$ 为滑转效率。

（2）滚动效率　滚动效率用于衡量滚动阻力造成的功率损失。

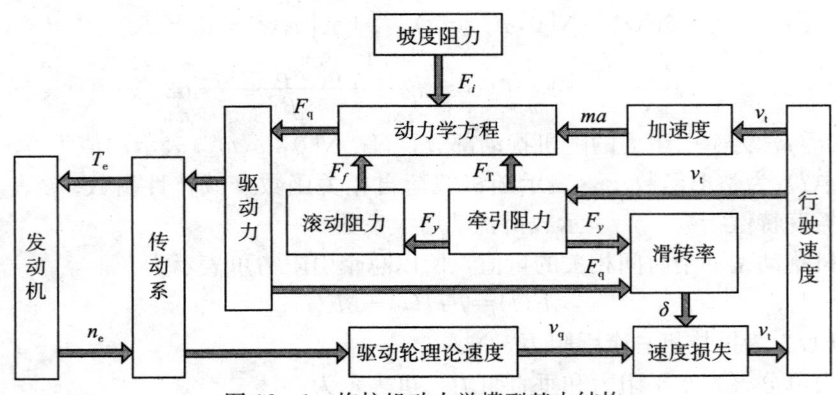

图 12-1　拖拉机动力学模型基本结构

$$\eta_f(t)=\frac{F_T(t)}{F_T(t)+F_f(t)} \tag{12-16}$$

式中，$\eta_f(t)$ 为滚动效率。

(3) 牵引效率　牵引效率用于衡量整个机组的功率损失，是 η_n、η_δ 和 η_f 综合影响的结果，呈现出典型的非线性特点。牵引效率是评价拖拉机牵引性能和燃油经济性的综合指标，等于拖拉机牵引功率与相应的发动机功率之比。对于轮式拖拉机也可以用 η_n、η_δ 和 η_f 的乘积来表示，即

$$\eta_T(t)=\frac{P_T(t)}{P_e(t)}=\frac{F_T(t)v_t(t)}{P_e(t)}=\eta_n\eta_f(t)\eta_\delta(t) \tag{12-17}$$

式中，$\eta_T(t)$ 为牵引效率；$P_T(t)$ 为拖拉机牵引功率；$P_e(t)$ 为相应的发动机功率。

12.2 拖拉机牵引性能仿真

拖拉机的运行状态受到油门开度、挡位、换挡规律、速度、耕深、滑转率、载荷波动等多个因素的影响。这些因素之间互相影响，还存在耦合和非线性的关系。与运输工况相比，拖拉机在田间工作时载荷波动明显，牵引阻力与速度相关性更为显著，滑转率对牵引效率影响大。为了制定出合理的控制策略，通常采用数学建模与仿真结合的方法进行研究，设定典型工况，精确分析系统参数对拖拉机性能的影响，并总结出控制规律。

12.2.1 传动比对牵引效率的影响

仿真工况为：无载荷扰动，油门开度为 0.55，土壤比阻不变，不同传动比。仿真结果如图 12-2 所示。

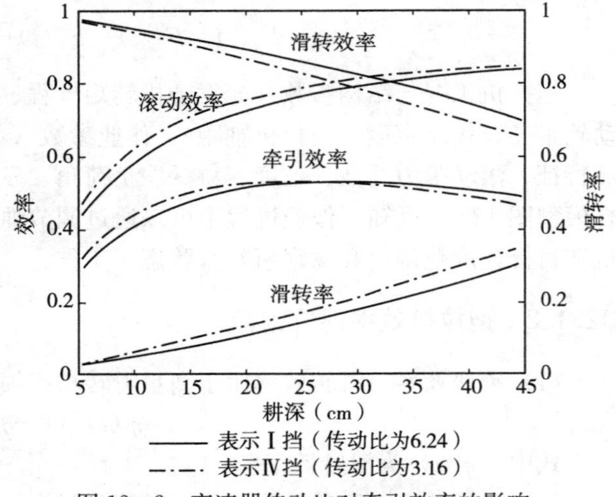

图 12-2　变速器传动比对牵引效率的影响

图 12-2 中实线和点画线分别为Ⅰ挡（传动比为 6.24）和Ⅳ挡（传动比为 3.16）时拖拉机的效率（或滑转率）。可以看出，无论是轻载区还是重载区，传动比越大，滑转效率越高，滚动效率越低。在轻载区，传动比越大，牵引效率越低，而在重载区，则相反。

12.2.2 随机载荷变异系数对牵引效率的影响

随机载荷具有不可控、不可重复性，因此在现实中难以设置可供精确对比分析的试验载荷。采用数学建模的方法进行研究，有利于精确分析系统参数对拖拉机性能的影响。仿真工况为：油门开度为 0.55，土壤比阻的均值不变，耕深逐渐增大，传动比为 6.24，随机载荷变异系数分别为 0.075、0.15。仿真结果如图 12-3 所示。

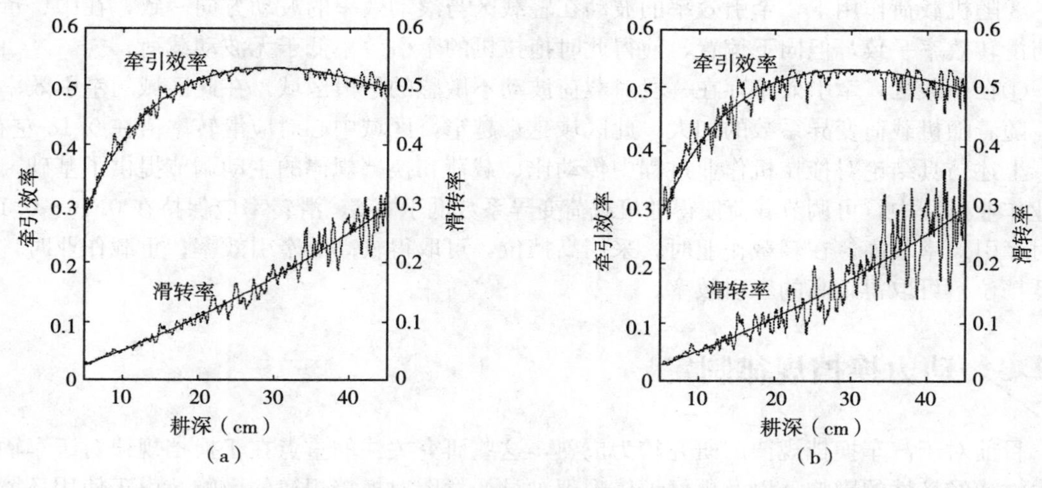

图 12-3 随机载荷变异系数对牵引效率的影响（图中实线为理论曲线，虚线为仿真结果）
(a) 随机载荷变异系数为 0.075 (b) 随机载荷变异系数为 0.15

从图 12-2 和图 12-3 中可以看出，随着载荷增大，滑转率的波动幅度也明显增大。牵引效率的波动在轻载区与滚动效率的波动方向一致，在中、重载区与滑转效率一致，但明显向下偏置，使得此时拖拉机的牵引效率低于无波动载荷。在中载区出现了一段波动影响明显减小的平滑区域。设定波动系数为 0.15，对系统进行 50 次蒙特卡罗试验（即每次重新产生随机载荷样本），该现象一直存在，并且经过对试验结果进行统计，发现牵引效率平滑区对应的滑转率为 0.14～0.21。这一现象是滚动效率和滑转效率的波动相位共同作用的结果。虽然相对于其他参数，波动载荷对中载区牵引效率的影响不大，但其缩小了高牵引效率所对应的滑转率范围。为了进一步研究此现象，设定随机载荷变异系数为 0.2、0.25、0.3、0.32、0.35、0.4，分别进行蒙特卡罗试验，发现随机载荷变异系数越大，中、重载区牵引效率越低，牵引效率平滑区对应的滑转率范围越窄，其中心值在 0.18 左右。对比不同波动系数对系统影响的样本可知，当拖拉机在重、中载且载荷波动较大的工况下作业时，进行载荷主动调节是必要的。在随机载荷变异系数大于 0.3 之后，经 50 次蒙特卡罗试验得到的牵引效率平滑区的平均牵引效率也低于 0.5，因此认为应避免随机载荷变异系数过大的工况。文献在试验中亦发现，在滑转率大于 0.2 的重载区，随着随机载荷变异系数的增大，拖拉机机组的牵引效率明显降低。

随机载荷波动程度影响了拖拉机机组的效率和稳定性。随机载荷变异系数表征了拖拉机实际载荷的特征，应该作为一个重要的控制参数应用于实时控制领域。

12.2.3 拖拉机状态与牵引性能的关系

通过建立在随机载荷作用下的拖拉机动力学模型，仿真分析了拖拉机传动比、耕深与牵引效率的关系，以及随机载荷波动程度与牵引效率的关系，得出以下结论：

①在轻载区域，传动比越小，牵引效率越高，而在重载区域则相反。

②在中载区域，牵引效率最高。

③随机载荷作用下，牵引效率的波动在轻载区与滚动效率的波动方向一致，在中、重载区与滑转效率一致，但向下偏置，使得此时拖拉机的牵引效率低于无波动载荷。

④在中载区，牵引效率存在一段对载荷波动不敏感的平滑区域，在此区域的牵引效率最高。随着随机载荷变异系数的加大，此区域越来越窄，区域中心对应滑转率值在 0.18 左右。

上述仿真结论对拖拉机作业过程中传动比、载荷和换挡规律的主动调节提供了基础。在农业作业过程中，可调节载荷使得随机载荷变异系数低于 0.3，滑转率应保持在 0.16～0.19，此时牵引效率较高。在轻载作业时，采用高挡位，可取得较高的牵引效率；重载作业时，采用低挡位，可取得较高的牵引效率。

12.3 动力换挡规律制定

目前对于汽车换挡规律的研究较为成熟，这些研究关注的重点在于换挡规律对于车辆的动力性或经济性的影响，以及更好地体现驾驶员的意图对换挡规律的影响。由于使用环境的原因，并未关注负载换挡时机对于车辆运行状态的影响。工程车辆也可实现负载换挡，但其配备的液力变矩器使得换挡时转矩可调整，从而避免了车辆运行参数突变。拖拉机动力换挡时无辅助变矩器，带负载，不停车，并进行有级变速，这就存在换挡时动力突变的可能性。不适合的换挡时机会加剧换挡瞬时驱动力、滑转率以及速度的突变，加剧换挡过程中离合器的滑摩和冲击。实现高质量换挡的关键在于换挡时动力平稳，即动力无中断、无突变，尽量减小由换挡引发的动力波动。因此，负载换挡应遵循的原则：使换挡前后的驱动轮驱动力尽可能相等。

国内外目前对拖拉机动力换挡规律的研究有限，其方法都是基于发动机试验数据，建立发动机数学模型，然后在动力约束条件下，利用图解法或解析法，获取相应的换挡规律。这些方法在理论上可以避免传动比变化带来的换挡冲击，但换挡曲面误差和参数检测误差使得实际换挡并不能完全消除换挡冲击。其中，换挡曲面误差的主要来源有发动机建模误差（误差源于发动机转矩模型高度非线性造成的建模精度偏低）。针对上述误差来源，对发动机转矩曲面进行分片建模。分片建模能明显提高建模精度，但结果是在每一个换挡点的驱动力平衡方程都不相同，大大地增加了换挡规律的求解难度。为此，建立了基于边界条件分区的驱动力平衡方程组，并用遗传算法对分区域目标函数进行求解，从而获得了换挡曲面的更为的精确解。

12.3.1 基于发动机一次建模的动力换挡规律

相邻两挡位的换挡条件为换挡前后车辆驱动力相等。在变速器传动比确定的情况下，驱动力是以油门开度、实际车速、滑转率为自变量的函数。换挡规律求解的问题可以转化为在相同的油门开度和滑转率下，求换挡点的车速。即通过对不同油门开度和滑转率进行对应车速求解，即得到由滑转率、油门开度和实际车速构成的最佳三参数换挡规律曲面。

从理论换挡规律求解原理可知，在理论上换挡时只有传动比、发动机的工作区域发生变化，而实际车速、滑转率、加速度以及驱动力在换挡时并不会变化，这样就给动力换挡过程的稳定性提供了前提条件。但由于参数检测误差、换挡曲面的求解误差和对换挡规律的人为修正，实际换挡点与理论换挡点并不相同，此时发动机无法调整到最佳的工作区域，使得换挡前后其驱动力不尽相同，由此造成加速度突变，形成换挡冲击。

12.3.1.1 换挡控制参数确定

（1）*油门开度* 驾驶员通过感觉器官感知拖拉机系统和外部环境变化，然后对油门踏板做出一定的调整。因此，油门开度是最直接有效地反映驾驶员意图的指标。同时柴油机油门开度反映柴油机的输出功率，对车速的调节也比较灵敏。因此，本文选取油门开度作为一个重要的控制参数。

（2）*柴油机转速* 转速是柴油机的重要输出特性之一。由于柴油机上都安装有全程式调速器，当拖拉机遇到外界阻力变化时，由上文关于柴油机的特性分析可知，其实际转速变化不是很大。实际上柴油机的转速受油门的影响较大，由于本文已选油门开度作为控制参数，因此不再选取转速作为控制参数。

（3）*车速* 车速是反映车辆运行状态的重要指标。其求解公式为

$$v=v_t(1-\delta)=0.377(1-\delta)\frac{r_q n}{i_g i_0} \tag{12-18}$$

式中，v 为拖拉机实际行驶速度，km/h；v_t 为拖拉机理论行驶速度，km/h；δ 为驱动轮滑转率；n 为柴油机输出转速，r/min。

车速容易测量且在许多指标测算中均需使用，因此普遍被选作换挡控制参数。本文也将车速作为换挡控制参数。

（4）*加速度* 加速度是反映车辆是否处于稳定状态的变量，在动态三参数换挡规律中被选为关键控制变量。但是笔者认为：加速度是一个过程中间变量，不是直接输入量，并且加速度的测量成本较高、波动性较大，在换挡过程中容易发生突变，测量值并不稳定，因此不适宜作为换挡控制参数。

（5）*挂钩牵引力* 挂钩牵引力是指拖拉机在进行田间作业或道路运输时，农机具或货箱对拖拉机产生的行驶阻力。挂钩牵引力不是每时每刻都存在，比如田间转移、犁耕地头转弯时就不存在，而一个间断性存在的力不适宜作为换挡控制参数。

（6）*滑转率* 滑转率反映速度的损失程度。对在良好道路条件上行驶的车辆而言，滑转率一般不大并且波动较小。但是，拖拉机工况复杂、作业环境恶劣，滑转率可以在一个较大的范围内波动，不能被忽略。同时，滑转率的大小，在一定程度上反映了外界行驶环境的好坏，影响着挡位的选取：当滑转率超过允许值时，则不宜在此土壤条件下工作，应适当减小

负荷；滑转率较小，表示速度损失小，可考虑升挡运行。因此，本文将滑转率作为重要的换挡控制参数。

一般来说，控制参数较少时，换挡规律不能很好地满足使用性能需求；控制参数过多时，系统就会变得复杂，容易造成控制规则的重复、矛盾，并且成本增加。因此，控制参数的选择，应根据实际情况合理选择。本文选取拖拉机车速、油门开度、驱动轮滑转率作为换挡控制参数，制定换挡规律。

12.3.1.2　动力性三参数换挡规律

为了构造目标控制变量与控制参数之间的关系，需要先求出柴油机的稳态输出转矩。柴油机的稳态输出转矩可以看成转速和油门开度的函数。根据柴油机稳态试验数据，通过多项式拟合的方法构造出柴油机稳态输出转矩 T_0 与转速 n 和油门开度 α 之间的函数关系：

$$T_0=a_0+a_1n+a_2\alpha+a_3n^2+a_4n\alpha+a_5\alpha^2+a_6n^3+a_7n^2\alpha+a_8n\alpha^2+a_9\alpha^3 \tag{12-19}$$

式中，a_i 为转矩拟合系数（$i=0, 1, \cdots, 9$），可以通过柴油机试验数据，运用计算机编程拟合求得。

通过拟合得到柴油机稳态输出转矩。当油门开度一定时，柴油机稳态输出转矩 T_0 是柴油机转速 n 的函数，可表示为

$$T_0=f_1(n) \tag{12-20}$$

为研究方便，本文进行二次拟合，表达式为

$$T_0=b_1n^2+b_2b+b_3 \tag{12-21}$$

式中，b_1、b_2、b_3 为拟合系数，可由柴油机稳态输出转矩拟合求得。

因此，当柴油机油门开度一定时，可求得拖拉机牵引力为

$$F_q=\eta\left[\frac{b_1i_g^3i_0^3}{0.377^2r_q^3(1-\delta)^2}v^2+\frac{b_2i_g^2i_0^2}{0.377r_q^2(1-\delta)}v+\frac{b_3i_gi_0}{r_q}\right] \tag{12-22}$$

式中，η 为传动效率。

同时，拖拉机的滑转率和驱动力之间存在如下关系：

$$F_q=\frac{Z_q}{\dfrac{1}{\varphi_0(1-e^{-\delta/\delta_0})}-\dfrac{h_T}{L}}H \tag{12-23}$$

式中，Z_q 为轮式拖拉机施加在驱动轮上的静载荷 [$Z_q=G(L-a)/L$，其中，G 为拖拉机整机重量，a 为拖拉机后轮轮轴到重心的水平距离]，N；L 为拖拉机轴距，m；φ_0 为拖拉机驱动轮最大动载利用系数；δ_0 为拖拉机的特征滑转率；h_T 为拖拉机牵引农机具时牵引点至地面的垂直距离，m。

虽然求得了驱动力与车速、油门开度、滑转率之间的关系，但是，如上文所述，柴油机动态非稳定工况占拖拉机总工况的 60%～80%。因此，在进行仿真计算时，需对柴油机稳态输出转矩进行修正处理，得到其动态输出转矩。

12.3.1.3　最佳动力性换挡规律求解

（1）图解法　拖拉机动力性换挡规律图解法又称动态驱动力法，是通过计算并作出不同滑转率下各个油门开度所对应的车速与驱动力的关系曲线，然后转化为车速与油门开度的关

系曲线，从而求解换挡规律的方法。其核心是利用驱动力与换挡规律控制参数之间的数学关系来绘制换挡曲线。具体求解步骤如下：

①做出一定滑转率和油门开度下，不同挡位的驱动力与车速关系曲线。

②取不同的油门开度，重复步骤①，做出各个油门开度下的驱动力与车速关系曲线。

③将各个油门开度下相邻两挡的交点用平滑的曲线连接起来，将一定滑转率下车速与驱动力的关系曲线转化为车速与油门开度的关系曲线。

④根据实际作业工况，改变滑转率，重复步骤①～③，整理后可得不同滑转率和油门开度下的动力性三参数换挡规律曲线。

（2）解析法　图解法求解换挡规律虽然基本满足拖拉机机组作业质量的需求，但是需要预先求出在各种作业地表条件下拖拉机不同油门开度所对应的滑转率，工作量巨大且精度有限。因此，有必要寻求一种先进的求解办法。随着计算机技术的发展，解析法求解换挡规律显得更加有效可行。

解析法求解换挡规律，需要先作如下假设：

①假定换挡所需时间极短，换挡过程中车速不变。

②换挡过程中，拖拉机外界阻力及各种干扰情况不变。

③假定车辆传动系在换挡前后，无动态变化。

为保证拖拉机传动系传动特性的完整性和换挡过程的平顺性，选取换挡点为相邻两挡驱动力相等处，即相邻挡位驱动力交点：

$$F_{qn}=F_{q(n+1)} \tag{12-24}$$

式中，F_{qn}、$F_{q(n+1)}$ 分别为动力换挡拖拉机第 n、$n+1$ 挡的驱动力。

联合式（12-22）、式（12-24）可得油门开度一定时，第 n 挡到第 $n+1$ 挡的动力性三参数换挡数学模型为

$$\frac{b_1(i_{gn}^3-i_{g(n+1)}^3)i_0^3\eta}{r_q^3 0.377^2(1-\delta)^2}v^2+\frac{b_2(i_{gn}^2-i_{g(n+1)}^2)i_0^2\eta}{r_q^2 0.377(1-\delta)}v+\frac{b_3(i_{gn}-i_{g(n+1)})i_0\eta}{r_q}=0 \tag{12-25}$$

式中，i_{gn}、$i_{g(n+1)}$ 分别为 PST 第 n、$n+1$ 挡的总传动比值。

在求解出换挡数学模型后，只要把模型中的相关参数确定，即可求得换挡时刻点。模型中的相关参数包括拟合系数、传动系总传动比、传动效率、驱动轮半径、驱动轮滑转率。传动系总传动比、驱动轮半径、传动效率随着拖拉机型号的选择，也随之确定。驱动轮滑转率则根据不同地表情况，选取对应的值。

求解的具体步骤如下：

①确定好换挡规律相关参数的值后，代入式（12-25），则原式可化为

$$A_1v^2+B_1v+C_1=0 \tag{12-26}$$

式中，A_1、B_1、C_1 为式（12-25）化简后，方程各项所对应的系数。

求解此方程，便可求得拖拉机相邻挡位的动力性换挡车速 v_d。

求出动力性换挡车速 v_d 后，比较 v_d 与此挡位下的最高车速 $v_{(n)\max}$ 及应换入高挡的最低车速 $v_{(n+1)\min}$ 之间的关系。若满足

$$v_{(n+1)\min}\leqslant v_d\leqslant v_{(n)\max} \tag{12-27}$$

则确定在此油门开度和滑转率条件下的换挡车速为 v_d。

②若求解的换挡车速 v_d 不满足式（12-27）要求，可采用边界点换挡规律确定换挡车速。边界点换挡规律具体原则如下：

若 $n+1$ 挡最小车速处的驱动力大于 n 挡对应车速处的驱动力，选取换挡车速 v_d 为第 $n+1$ 挡对应的最小车速 $v_{(n+1)\min}$。

若 n 挡最大行驶速度处的驱动力大于该速度下 $n+1$ 挡所对应的驱动力，选取换挡车速 v_d 为第 n 挡对应的最大车速 $v_{(n)\max}$。

③改变不同的滑转率和挡位，重复步骤①、②，即可得在确定油门开度下的拖拉机动力性三参数换挡车速。

④改变不同的油门开度，再次重复步骤①～③，即可求得对应各个油门开度的拖拉机动力性三参数换挡速度。

⑤将上述求得的换挡车速按不同油门开度、不同滑转率进行归类，然后利用多项式拟合的办法将换挡车速拟合为油门开度 α 和滑转率 δ 的多元函数。拟合公式为

$$v_d=c_0+c_1\delta^3+c_2\delta^2\alpha+c_3\delta\alpha^2+c_4\alpha^3+c_5\delta^2+c_6\delta\alpha+c_7\delta^2+c_8\delta+c_9\alpha \quad (12-28)$$

式中，c_i 为动力性换挡拟合系数（$i=0$，1，…，9），通过计算机编程拟合求得。

以上求解为拖拉机最佳动力性升挡规律，降挡规律是在对应升挡规律的基础上作一定的换挡延时，换挡延时应略高于载荷波动的标准差所引起的车速变化范围。

12.3.1.4 经济性三参数换挡规律

拖拉机经济性换挡模型是在满足行驶性能的需求下，尽可能降低拖拉机的实际燃油消耗量。因此，本文选取在同等工况和控制参数输入下的小时燃油消耗量 G_h 作为换挡控制目标变量，构建小时燃油消耗量与各控制参数之间的数学模型。

拖拉机小时燃油消耗量 G_h 可以表示为功率和燃油消耗率的乘积。即

$$G_h=P_e g_e \quad (12-29)$$

因此，只需要构造出 P_e、g_e 与各控制参数之间的函数关系即可。当柴油机的油门开度一定时，可以将燃油消耗率和柴油机的功率分别看作转速的函数，即 $g_e=f_2(n)$ 和 $P_e=f_3(n)$。为后续计算方便，仍然对柴油机的功率和燃油消耗率进行二次拟合：

$$P_e=p_1n^2+p_2n+p_3 \quad (12-30)$$

$$g_e=q_1n^2+q_2n+q_3 \quad (12-31)$$

联立式（12-29）、式（12-30）、式（12-31）可得

$$G_h=p_1q_1n^4+(p_1q_2+p_2q_1)n^3+(p_1q_3+p_2q_2+p_3q_1)n^2+p_3q_3 \quad (12-32)$$

式中，p_1、p_2、p_3、q_1、q_2、q_3 为拟合系数，可通过柴油机的稳态试验数据拟合求得。

由上得油门开度一定时，拖拉机的经济性三参数换挡数学模型：

$$G_h=\frac{p_1q_1i_g^4i_0^4v^4}{0.377^4r_q^4(1-\delta)^4}+\frac{(p_1q_2+p_2q_1)i_g^3i_0^3v^3}{0.377^3r_q^3(1-\delta^3)}+\frac{(p_1q_3+p_2q_2+p_3q_1)i_g^2i_0^2}{0.377^2r_q^2(1-\delta)^2}+\frac{(p_2q_3+p_3q_2)i_gi_0v}{0.377r_q(1-\delta)}+p_3q_3 \quad (12-33)$$

最佳经济性换挡规律求解方法有图解法和解析法。

（1）*图解法*　拖拉机最佳经济性换挡规律图解法也称耗油量曲线法，通过计算并作出不同滑转率下各个油门开度所对应的车速与小时燃油消耗量之间的关系曲线，然后转化为车速

与油门开度的关系曲线，从而求解出最佳经济性换挡规律曲线的办法。其核心是利用小时燃油消耗量与换挡规律控制参数之间的数学关系来绘制换挡曲线。具体求解步骤是：

①作出一定滑转率和油门开度下，不同挡位的小时燃油消耗量与车速的关系曲线，即 G_h-v 曲线。

②取不同的油门开度，重复步骤①，作出各个油门开度下的小时燃油消耗量与车速的关系曲线。

③将各个油门开度下相邻两挡的交点用平滑曲线连接起来，将车速与小时燃油消耗量的关系曲线转化为车速与油门开度的关系曲线。

④根据实际作业工况，改变滑转率，重复步骤①～③，整理后可得不同滑转率和油门开度下的经济性三参数换挡规律曲线。

（2）解析法　用解析法求解拖拉机最佳经济性换挡规律和用解析法求解拖拉机最佳动力性换挡规律时所用的方法基本一致。

①根据拖拉机经济性换挡规律理论，为使拖拉机有较低的燃油消耗量，应选取换挡点为相邻两挡燃油消耗量的相等点：

$$G_{h(n)}=G_{h(n+1)} \tag{12-34}$$

由式（12-33）和式（12-34）可得

$$\frac{p_1q_1(i_{gn}^4-i_{g(n+1)}^4)i_0^4v^4}{0.377^4r_q^4(1-\delta)^4}+\frac{(p_1q_2+p_2q_1)(i_{gn}^3-i_{g(n+1)}^3)i_0^3v^3}{0.377^3r_q^3(1-\delta)^3}+p_3q_3$$
$$+\frac{(p_1q_3+p_2q_2+p_3q_1)(i_{gn}^2-i_{g(n+1)}^2)i_0^2v^2}{0.377^2r_q^2(1-\delta)^2}+\frac{(p_2q_3+p_3q_2)(i_{gn}-i_{g(n+1)})i_0v}{0.377r_q(1-\delta)}=0 \tag{12-35}$$

可以将上式看作关于车速的一元四次方程：

$$A_2v^4+B_2v^3+C_2v^2+D_2v+E_2=0 \tag{12-36}$$

式中，A_2、B_2、C_2、D_2、E_2 为式（12-35）化简后，方程各项所对应的系数。

通过计算机编程求解该方程，即可求出拖拉机相邻两挡的经济性换挡车速 v_j。

②若①中求得的换挡车速 v_j 满足 $v_{(n+1)\min}<v_j<v_{(n)\max}$，则选取 v_j 为经济性换挡车速，否则采用边界点换挡规律。

若 $n+1$ 挡最小车速处的小时燃油消耗量小于 n 挡对应车速处的小时燃油消耗量，选取换挡车速 v_j 为第 $n+1$ 挡对应的最小车速 $v_{(n+1)\min}$。

若 n 挡最大行驶速度处的小时燃油消耗量小于该速度下 $n+1$ 挡所对应的小时燃油消耗量，选取换挡车速 v_j 为第 n 挡对应的最大车速 $v_{(n)\max}$。

③改变不同的滑转率和挡位，重复步骤①、②，即可得在确定油门开度下的拖拉机经济性三参数换挡车速。

④改变不同的油门开度，再次重复步骤①～③，可求得对应各个油门开度的拖拉机经济性三参数换挡车速。

⑤将上述求得的换挡车速按不同油门开度、不同滑转率进行归类，然后利用多项式拟合的办法将经济性换挡车速拟合为油门开度 α 和滑转率 δ 的多元函数。拟合公式为

$$v_j=c_0+c_1\delta^3+c_2\delta^2\alpha+c_3\delta\alpha^2+c_4\alpha^3+c_5\delta^2+c_6\delta\alpha+c_7\alpha^2+c_8\delta+c_9\alpha \tag{12-37}$$

式中，c_i 为经济性换挡拟合系数，$i=0$，1，…，9（c_i 可以通过计算机编程拟合求得）。

按照上述步骤，可求得拖拉机最佳经济性三参数换挡规律。

12.3.2 基于遗传算法的最佳换挡点求解

基于边界条件分区建模的拖拉机负载换挡规律求解的难点在于，发动机的拟合方程采用分段函数的形式，拟合得到的函数在拟合域外无效。另外，这些分段函数的边界动态改变，从而函数在整个速度域内并非是单调函数，且多次穿越横轴线，因此会产生多个无法区分的无效解，造成方程 $\min(X)=0$ 求解困难。

遗传算法是借鉴生物自然优化选择和遗传变异机制的随机搜索算法。目前该算法已经比较成熟，被应用于车辆控制策略优化。一般在遗传优化过程中，自变量区间和对应目标函数已知。而基于边界条件分区建模的最佳换挡点速度 v_t 并不能事先确定在哪个分段函数区间，且函数的边界随油门开度和滑转率的变化而变化。因此，其优化过程中还需要进行边界计算和目标函数判断。

分段遗传优化原理如图 12-4 所示。由图 12-4 知，分段遗传优化的特殊之处是对初始种群进行解码后，不是立即进行适应度计算，而是根据解码结果对种群进行分区。在分区后，遗传算子根据所属区域利用不同的目标函数计算适应度。在获得个体的适应度后，再把所有的遗传算子汇总进行适应度排序，从中选取适应度高的遗传算子。

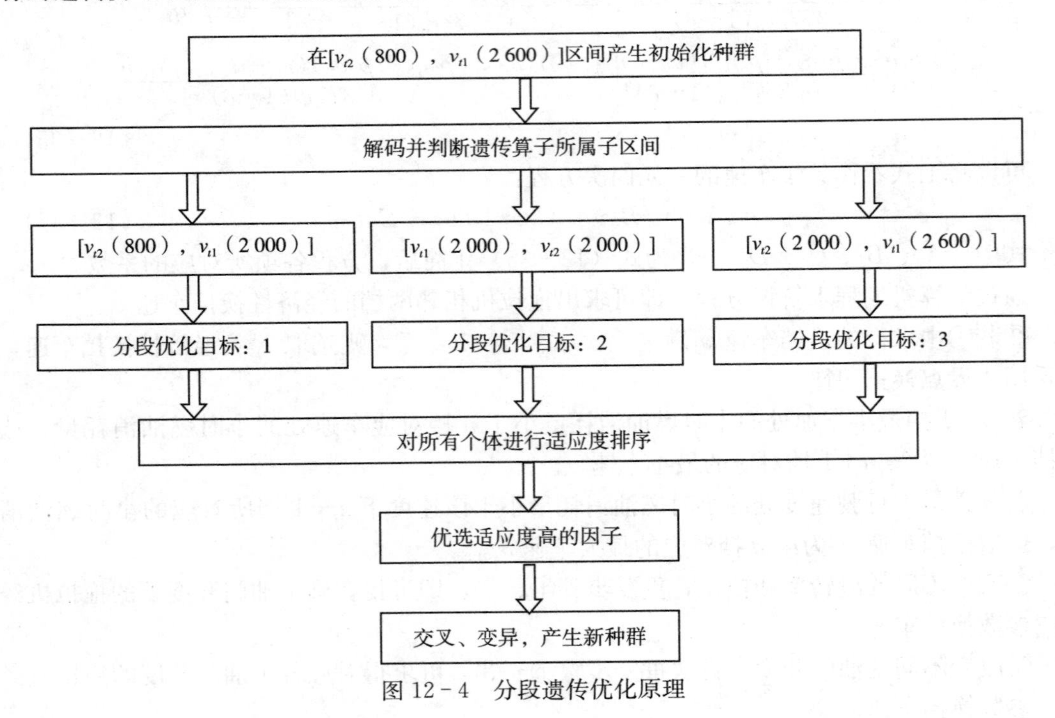

图 12-4　分段遗传优化原理

分段遗传优化求解的具体计算步骤如下：

①首先设定传动比、滑转率和油门开度，并求得在此前提条件下的速度域边界值 v_{t2}（800）、v_{t1}（2 000）、v_{t2}（2 000）和 v_{t1}（2 600）。此时的速度域边界值随传动比和滑转

率变化而动态变化。

②以速度域 [v_{t2} (800), v_{t1} (2 600)] 为区间边界，根据精度要求，确定基因长度，并产生数量为 n 的初始化种群。

③对种群内的个体依次进行解码，判断其所对应的速度域区间，根据区间映射相应的目标函数，并计算适应度。在初始化条件下，种群内的个体随机分布在 3 个区间内，在计算适应度之前求解程序并不知道最优解属于哪一个区间。目标函数的 3 个速度区间分别为 [v_{t2} (800), v_{t1} (2 000)]、[v_{t1} (2 000), v_{t2} (2 000)] 和 [v_{t2} (2 000), v_{t1} (2 600)]。

④对种群内的个体进行适应度排序。此时，接近最优解的个体适应度高。求解程序选择适应度高的个体，淘汰适应度低的个体。随着遗传进化的进行，种群内的个体在最优解所属区间的概率逐渐变大。

⑤为了防止优选出来的个体过早收敛于非成熟解，对这些个体以设定概率实行交叉、变异，得到新一代种群并以之取代上一代种群，并返回到第②步继续循环执行。

⑥选取各代群体中适应度最大点所对应的个体，解码得到 v_t 值并带入目标函数。鉴于目标函数组成项较多且为非单调函数，易造成过早收敛，应检测目标函数是否满足趋近于 0 的收敛条件。若满足则进行下一步；若不满足则说明此次优化求得的是局部最优解，程序返回第②步，重新生成初始化种群并加大变异系数重新优化。

⑦不断改变油门开度和滑转率，并重复步骤①～⑥，获得换挡曲面点集。

⑧改变传动比，重复步骤①～⑦，获得换挡曲面组。

基于遗传算法求解相比一般方程求解的优势：对于具有高阶多项式形式的复杂的函数方程有良好的适应性，效率较高。同时，此算法把目标函数限定在单调、有效的区间，避免了无效多解和虚数解的问题。

12.4 随机载荷作用下的拖拉机动力换挡规律的模糊修正

求解的换挡规律，是基于传统换挡理论得到的，主要考虑的是车辆行驶状态，对行驶环境和驾驶员意图考虑较少。由于拖拉机机组是一个复杂的控制系统，其工作过程中面临的工况比汽车及其他工程车辆更加复杂多变，主要表现在以下几方面：

①拖拉机主要工作在田间，路面经常会出现树根、杂石、植物等障碍物，田间洼地、坡地、凹凸不平路面为常见路况。

②当遭遇雨雪等恶劣天气时，由于其大部分工况处于田间，其驱动轮滑转率的变化更大，最终会出现拖拉机实际速度不断变化的情况。

③拖拉机机组挡位较多，相邻挡位速度差很小，如果控制策略设计不当，则容易出现频繁换挡的问题。

④拖拉机会牵引不同的农机具进行作业，牵引阻力会不断变化。

因此，基于传统换挡理论求解的换挡规律，就不一定能很好地解决各特殊工况下遇到的频繁换挡问题、安全性问题、燃油经济性问题。本节将针对上述问题，运用模糊控制的办法进行自适应修正。

12.4.1 模糊控制理论简介

模糊逻辑控制理论是由美国的L. A. Zadeh于1965年首次提出的，1974年英国工程师E. H. Mamdani首次将之应用于蒸汽机的控制，在此后的40多年里获得了飞速发展，应用于各行各业。模糊逻辑控制理论简称模糊控制理论，提出的背景是传统控制办法对复杂的或难以精确描述的系统，显得力不从心，也即现实世界中的复杂事物很难用具体、准确的表达式来定义系统的运动状态。

一个模糊控制系统的设计一般有定义控制变量、变量模糊化划分、控制规则制定、模糊推理和反模糊化5个阶段。定义控制变量即确定模糊控制器的输入、输出对象。一般根据实际情况，选取对控制系统影响权重较大的因素作为输入量，追求的控制目标作为输出量。变量模糊化划分是指在用通俗的语言将各输入、输出量划分为数个模糊子集的同时，将输入、输出量按设定的比例转化到各对应子集的过程。控制规则制定是指用一条条控制语句来描述控制的目标和策略。模糊推理类似于模仿人类做决定，是结合控制规则，运用控制算法得到模糊化结论的过程，这是模糊控制的精髓。反模糊化就是将模糊推理的结果转化为具体控制信号的过程。

12.4.2 随机载荷导致随机频繁换挡

拖拉机阻力是基频较低的随机载荷，在载荷波动较大的情况下，拖拉机性能参数也随之波动。在理论动力性换挡规律下，随机载荷使得系统在临界换挡状态时会出现短时间内多次穿越换挡曲面的情况，从而引发随机频繁换挡。

当滑转率出现波动时，速度换挡线也相应地出现同方向波动，说明理论三参数换挡规律本身也具有一定的适应系统波动的能力。但系统在处于临界换挡状态时，动载荷的波动超过了换挡规律的抗波动能力，从而造成了速度曲线多次穿越换挡线导致随机换挡。

12.4.3 降挡延迟策略

应对上述这种随机频繁换挡的传统方法为降挡延迟。即将理论换挡规律设为相邻两挡位间的升挡规律，降挡规律是在理论换挡规律基础上降低速度0.3～0.5km/h。

降挡延迟策略的缺点是下降速度事先确定，无法适应不同的工况和作业环境。如果设定的降挡速差过小，则不能完全消除随机换挡；而如果降挡速差过大，出现延迟换挡，可能引发换挡冲击，进而给作业造成不良的后果。

降挡延迟消除了一部分随机换挡，但仍有部分随机换挡未能消除，且在部分换挡点滑转率出现了突变。这是因为在油门或外在载荷急速增大时，拖拉机的状态参数变化也随之加快。此时，如果人为地改变换挡规律（如提前换挡或延迟换挡），改变了两挡间驱动力相等的前提条件，则换挡时的状态与理论换挡状态差距很大，会导致拖拉机驱动力突变，换挡时驱动力、滑转率和速度会产生跳跃，从而加剧换挡过程中离合器的滑摩和冲击。同时，按照传统降挡延迟理论，当系统处于临界换挡点时，其更倾向于选择两挡中的高挡，这是沿用了汽车对换挡规律的处理方法。拖拉机在轻载阶段，高挡位的牵引效率较高，而当滑转率大于0.18以后，低挡位的牵引效率较高。拖拉机田间作业时，大部分时间阻力较大，发动机处

于大负荷状态。此时，采用低挡位的控制策略可以取得较高的牵引效率。因此，拖拉机在轻载、低滑转率运行时，换挡规律的修正可以参考汽车，采用降挡延迟。而在田间作业负荷较大的工况，应采用升挡延迟。

12.4.4 换挡规律模糊自适应修正策略

通过前述分析可以得出如下换挡规律的修正原则：

①对于随机载荷引发的随机频繁换挡，换挡规律的修正量能够随着载荷的波动产生变化，使之能够完全消除随机频繁换挡。

②对于油门和牵引阻力变化引发的换挡，尽量不改动理论换挡规律，以保证换挡平稳。

③对于轻载工况，应修正降挡曲面，即降挡延迟；对于重载工况，应修正升挡曲面，即升挡延迟。

上述原则中，表面上看①和②是矛盾的，实际上只要能区分随机换挡和正常换挡，就可以两者兼顾。随机换挡引发的机理是在换挡临界区域油门和牵引阻力的变化缓慢，随机载荷的干扰强度较大。而对于工况使得系统三参数状态快速穿越换挡曲面而引发的换挡，则可以认为系统快速变化的影响抵消了随机载荷的影响。

因为拖拉机大部分工况为中重载作业，所以根据上述分析提出一种自适应升挡延迟修正方法，通过引入工作参数反映系统变化。修正原理如图 12-5 所示。

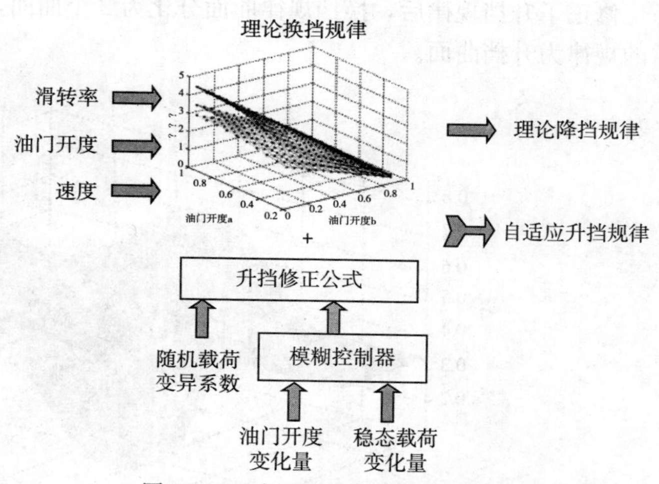

图 12-5 自适应升挡规律修正原理

采用 3 个修正参数（随机载荷变异系数 k_{cv}、随机载荷稳态值变化量 ΔFH 和油门开度变化量 $\Delta\alpha$）来识别系统状态。控制系统传感器信号的采样频率为 50Hz，换挡控制器的计算频率为 1Hz，可设定 k_{cv} 为换挡前 0.25s 内的随机载荷标准差与随机载荷稳态值的比，ΔFH 为 2 次换挡计算时的稳态载荷差值，$\Delta\alpha$ 为 2 次换挡计算时的油门开度差值。识别原理为：随机载荷波动越大，换挡规律修正量越多，此时系统油门和牵引力变化的速度可以抵消载荷波动的修正量。以犁耕工况为例，此时牵引阻力较大，对升挡曲面做延迟处理，即在理论换挡规律的基础上上升一定速度 Δv。Δv 是以 ΔFH、$\Delta\alpha$ 为自变量的函数，记为

$$\Delta v = k_{xz} k_{cv} v_s [1 - f_{xz}(\Delta FH, \Delta\alpha)]$$

式中，k_{xz} 是比例系数，取 1.2；v_s 是此时换挡曲面对应的换挡速度值。

Δv 是一个大于等于 0 的值，与载荷标准差线性相关，即载荷波动越大，升挡延迟量越大。Δv 与 ΔFH 和 $\Delta\alpha$ 的关系呈现典型的非线性特点，与 ΔFH 和 $\Delta\alpha$ 的正负值以及这 2 个系数的组合关系有关。$f_{xz}(\Delta FH, \Delta\alpha)$ 表征的是系统状态变化的影响。

非线性的映射关系 $\Delta z=f_{xz}(\Delta FH，\Delta\alpha)$ 很难用具体的函数表达式表征，因此采用输出域时变的模糊规则表示。考虑到拖拉机嵌入式控制系统的计算能力和修正参数的特点，选择输入变量 ΔFH 和 $\Delta\alpha$ 的词集分别为“负大”（NB）、“负小”（NS）、“零”（Z）、“正小”（PS）、“正大”（PB），输出变量的词集为“零”（Z）、“小”（S）、“中”（M）、“大”（B），输出变量的最小值为 0，最大值为 1。通过对拖拉机进行动力学分析可知，ΔFH 增加，速度减小；$\Delta\alpha$ 增加，速度增大。ΔFH 和 $\Delta\alpha$ 反向变化时，系统的状态变化最快；ΔFH 和 $\Delta\alpha$ 同向变化时，系统状态变化相对较小；ΔFH 和 $\Delta\alpha$ 不变时，系统稳定。对于引发系统升挡的因素，根据系统的变化速度予以补偿；对于引发降挡的工况，输出变量统一设为“小”（S）。据此设计的模糊推理规则如表 12－1 所示。

系统实时检测 ΔFH 和 $\Delta\alpha$，模糊控制器在线输出 Δz，计算升挡修正量。模糊控制器论域见图 12－6。

修正了升挡规律后，换挡规律曲面分化为 2 个曲面，即理论换挡规律为降挡曲面，修正后的规律为升挡曲面。

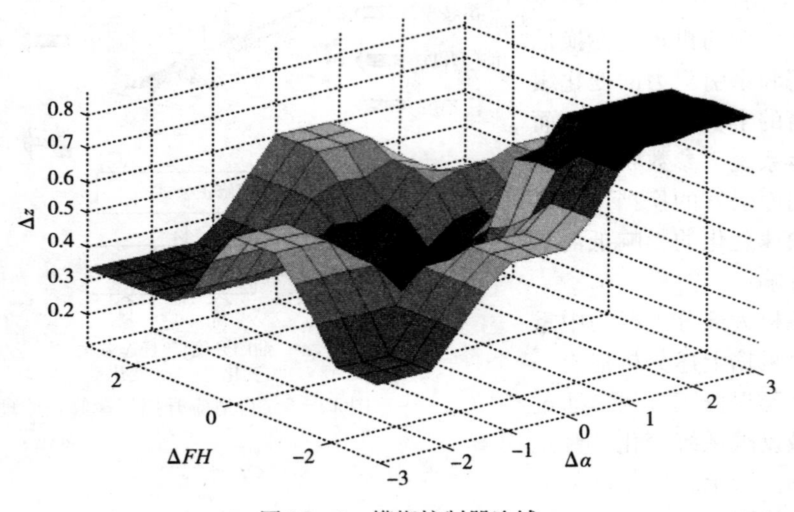

图 12－6　模糊控制器论域

表 12－1　模糊推理规则表

Δz		Δα				
		PB	PS	Z	NS	NB
ΔFH	PB	S	M	M	S	S
	PS	M	S	S	S	S
	Z	M	S	Z	S	M
	NS	B	B	S	S	M
	NB	B	B	M	M	S

12.5 动力换挡规律试验验证

虽然能够通过数学建模与仿真来验证换挡品质控制策略的动态特性，但是因为仿真模型的简化以及作业参数的选择与拖拉机传动系实际运行情况总存在误差，所以需要通过台架试验来验证换挡控制策略的合理性和有效性。

PST 台架试验所用的试验台如图 12－7 和图 12－8 所示。试验台主要由驱动设备、加载及能量回馈系统、ECU、测试系统等组成。其中，驱动设备采用四极变频调速电动机。它模拟发动机的动力输入，额定功率为 250kW，额定转速为 1 500r/min，调速范围为 0～3 000r/min，电机特性满足低速大转矩要求，能够包络发动机近似输出特性。加载及能量回馈系统采用变频交流电动机模拟载荷大小，载荷吸收的功率由加载逆变单元转化为与电网频率、相位相同的交流电，并回馈到电网，实现能源的再生利用。ECU 由驱动电机转速控制单元、加载电机转矩控制单元和变速器控制单元组成。变速器控制单元主要是由个人计算机来执行试验程序，将换挡控制策略所产生的控制信号经功率放大后输出到变速器换挡电磁阀，控制离合器接合油压变化，实现换挡。测试系统由 dSPACE 控制器经信号调理测试单元采集各传感器数据，测量换挡过程中变速器输入与输出的转矩和转速、离合器接合油压以及液压系统压力流量等。

图 12－7 PST 台架试验的试验台实物图

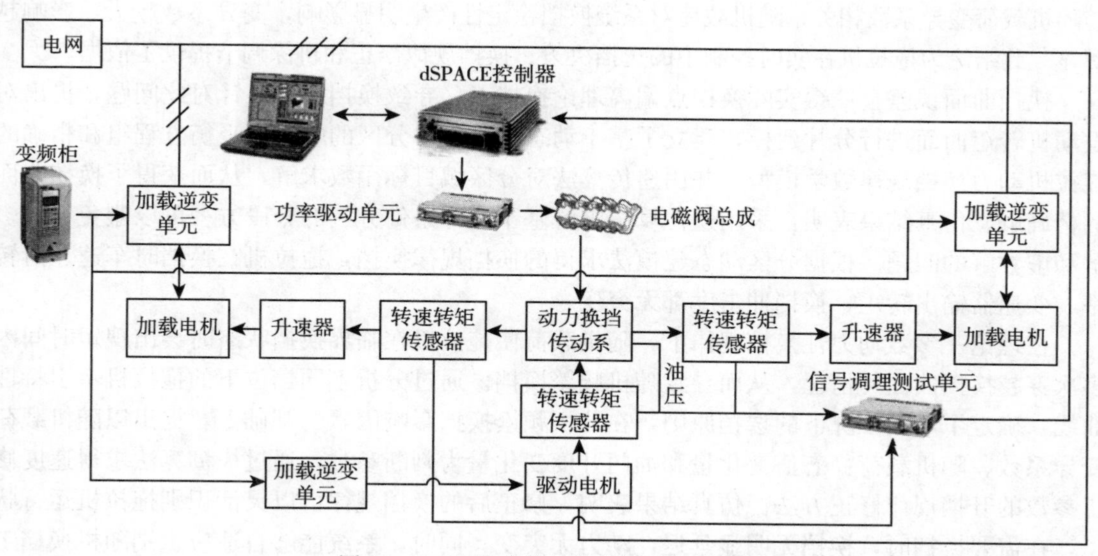

图 12－8 PST 台架试验的试验台结构图

试验方案：为便于比较试验结果和仿真结果，分别采用简单换挡离合器控制方法和重叠换挡控制方法对换挡过程中的半轴转矩与离合器接合或分离油压变化情况进行测试。试验时，驱动电机转速取 2 200r/min，然后采用恒转矩模式通过加载电机对半轴进行加载，载荷为 1 500N·m。手动调节副变速机械挡为 3 段，采用简单换挡离合器控制方法时，换挡开始后图 12-9 所示的离合器 C 和 B 同时开始充油和泄油，离合器 B 在换挡开始后 0.5s 时泄压为 0，离合器 C 在换挡开始后 0.7s 时接合油压达到最大值 2MPa。

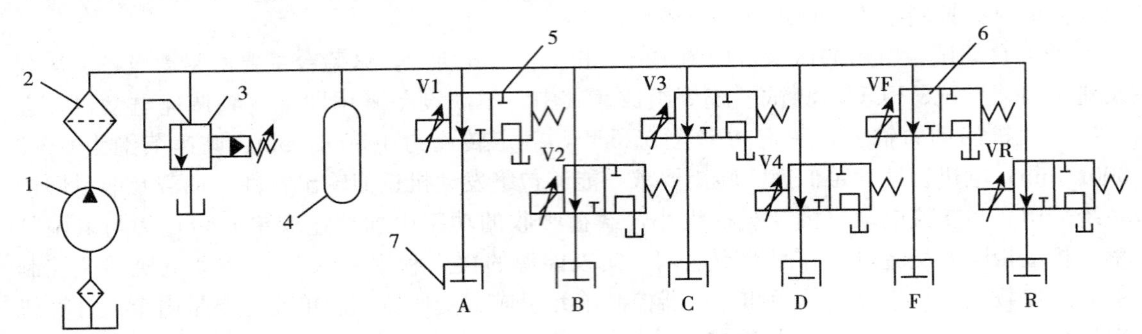

图 12-9 换挡控制系统原理图

1. 液压泵 2. 精过滤滤心 3. 压力控制阀 4. 蓄能器 5. 速度换挡阀 6. 换向阀 7. 换挡离合器

12.6 本章小结

本章建立了在随机载荷作用下的拖拉机动力学模型，通过仿真分析了拖拉机传动比、耕深与牵引效率的关系，随机载荷与牵引效率和换挡稳定性的关系。仿真结果表明，拖拉机传动比对牵引效率的影响程度与拖拉机的载荷相关。在确定的油门开度和传动比下，随机载荷波动越大，拖拉机牵引效率越低；在中载区牵引效率有一定的抗波动自平滑能力，自平滑的范围大小与随机载荷变异系数相关；随机载荷对系统换挡稳定性产生明显影响，变异系数越大，影响越明显。此结论为拖拉机在实时控制中的选挡决策、换挡规律修正和耕深调节提供了依据。

换挡曲面误差会使得实际换挡点偏离理论换挡点，导致换挡冲击。针对此问题，提出对发动机转矩曲面进行分片建模，建立了基于动态边界条件分区的驱动力平衡方程组和精确的拖拉机动力换挡规律数学模型，并用遗传算法对分区域目标函数求解，从而获得了换挡曲面的精确解。仿真结果表明，采用遗传算法求解基于边界条件分区的分段方程可以避免无效多解和虚数解的问题。根据分区动态建模法求得的换挡规律换挡，拖拉机在换挡时车速、滑转率、变速器输出转矩、换挡冲击度都无突变。

在理论三参数动力性换挡规律下，随机载荷使拖拉机在临界换挡状态时会出现短时间内多次穿越换挡曲面的情况，从而导致随机频繁换挡。通过分析不同挡位下的拖拉机牵引特性曲线，确定了不同工况下的选挡原则，在分析频繁换挡影响因素的基础上，提出以随机载荷变异系数、随机载荷稳态值变化量和油门开度变化量为判断参数，通过模糊算法求得速度修正参数的升挡规律修正方法。仿真结果表明，修正后的换挡规律可以灵活识别拖拉机运行状态，在需要换挡时，换挡无明显延迟，动力无突变；同时，系统能够自适应识别随机换挡工况，可自动选择并保持牵引效率高的挡位，并通过提升升挡曲面屏蔽随机载荷造成的换挡，保证了系统的稳定性。

参 考 文 献

曹青梅，2018. 拖拉机 PST 控制系统关键技术研究［D］. 西安：西安理工大学.

丁金全，2012. 拖拉机电控机械式自动变速器换挡执行机构设计研究［D］. 洛阳：河南科技大学.

冯春凌，2018. 动力换挡拖拉机传动系模块化设计研究［D］. 洛阳：河南科技大学.

符冉，2015. 拖拉机动力换挡变速器换挡规律研究［D］. 洛阳：河南科技大学.

高爱云，付主木，张文春，2006. 拖拉机电控机械式自动变速器模糊换挡策略［J］. 农业机械学报，37（11）：1-4.

刘继国，徐立友，刘宗剑，等，2014. 拖拉机 AMT 系统换挡控制策略研究［J］. 农业装备与车辆工程，52（3）：22-26.

刘卫强，2014. 拖拉机电控机械式自动变速器电控系统设计研究［D］. 洛阳：河南科技大学.

刘益滔，2012. 拖拉机 AMT 动力学仿真及有限元分析［D］. 洛阳：河南科技大学.

刘宗剑，2013. 拖拉机电控机械式自动变速器控制策略研究［D］. 洛阳：河南科技大学.

莫恭武，赵海瑞，魏国俊，2012. 拖拉机动力换挡技术［J］. 江苏农机化（5）：47-50.

施信信，2018. 大马力拖拉机动力换挡变速器控制系统研究［D］. 合肥：合肥工业大学.

王笛，2014. 拖拉机双离合器自动变速器换挡控制技术研究［D］. 洛阳：河南科技大学.

王粉粉，2014. 拖拉机电控机械式自动变速系统设计研究［D］. 洛阳：河南科技大学.

王霜，王明章，2014. 拖拉机动力换挡变速箱的工作原理［J］. 安徽农业科学（10）：3122-3123.

王伟，2015. 拖拉机动力换挡变速器电控系统设计研究［D］. 洛阳：河南科技大学.

王伟，周志立，赵剡水，等，2016. 拖拉机动力换挡自动变速器电控系统硬件设计［J］. 中国农机化学报，37（6）：168-171.

席志强，2016a. 拖拉机动力换挡变速器控制系统研究［D］. 西安：西安理工大学.

席志强，周志立，张明柱，2016b. 拖拉机动力换挡自动变速器经济性换挡规律研究［J］. 机械传动，40（11）：144-150.

席志强，周志立，张明柱，等，2016c. 拖拉机动力换挡变速器换挡特性与控制策略研究［J］. 农业机械学报，47（11）：350-357.

邢明星，2012. 拖拉机电控机械式自动变速器换挡规律研究［D］. 洛阳：河南科技大学.

徐立友，2007. 拖拉机液压机械无级变速器特性研究［D］. 西安：西安理工大学.

徐立友，刘海亮，魏明亮，2015a. 拖拉机双离合器自动变速器传动系统建模与仿真分析［J］. 农机化研究（11）：236-242.

徐立友，刘海亮，周志立，等，2015b. 拖拉机双离合器自动变速器换挡品质评价指标［J］. 农业工程学报（8）：48-53.

徐立友，王心彬，曹青梅，等，2016. 拖拉机 DCT 换档执行机构设计［J］. 中国农机化学报，37（5）：146-149，163.

徐立友，游昆云，张俊香，2015c. 拖拉机双离合器自动变速器硬件系统设计［J］. 农业装备与车辆工程，53（4）：6-10.

徐立友，张洋，刘孟楠，2017. 拖拉机传动特性研究现状［J］. 农机化研究，39（12）：224-230.

徐立友，周志立，张明柱，等，2006a. 拖拉机液压机械无级变速传动系统速比匹配策略［J］. 中国农业大学学报，11（4）：94－98.

徐立友，周志立，张明柱，等，2006b. 拖拉机液压机械无级变速传动系统与发动机的合理匹配［J］. 农业工程学报，22（9）：109－113.

徐立友，周志立，张明柱，等，2006c. 拖拉机液压机械无级变速器的特性分析［J］. 中国农业大学学报，11（5）：70－74.

徐立友，周志立，张明柱，等，2006d. 拖拉机液压机械无级变速器设计［J］. 农业机械学报，37（7）：5－8.

闫祥海，2013. 基于DSP的拖拉机AMT控制器硬件系统设计与实现［D］. 洛阳：河南科技大学.

游昆云，2014. 基于DSP的拖拉机DCT控制器硬件系统设计［D］. 洛阳：河南科技大学.

张静云，2013. 基于DSP/BIOS的拖拉机AMT电控系统软件设计研究［D］. 洛阳：河南科技大学.

张静云，徐立友，闫祥海，2018. 拖拉机AMT代码自动生成应用技术研究［J］. 拖拉机与农用运输车，45（4）：29－33.

张迎军，2003. 拖拉机电控机械式自动变速器起步控制研究［D］. 洛阳：河南科技大学.

赵研科，2012. 基于起步工况的AMT拖拉机离合器接合规律研究［D］. 洛阳：河南科技大学.

图书在版编目（CIP）数据

拖拉机自动变速器结构与控制技术 / 徐立友著. —北京：中国农业出版社，2022.4
ISBN 978-7-109-30296-9

Ⅰ.①拖…　Ⅱ.①徐…　Ⅲ.①拖拉机—自动变速装置—构造②拖拉机—自动变速装置—控制　Ⅳ.①S219.03

中国版本图书馆CIP数据核字（2022）第235074号

拖拉机自动变速器结构与控制技术
TUOLAJI ZIDONG BIANSUQI JIEGOU YU KONGZHI JISHU

中国农业出版社出版
地址：北京市朝阳区麦子店街18号楼
邮编：100125
责任编辑：刘　伟　胡烨芳　　加工编辑：赵星华
责任校对：周丽芳
印刷：北京中兴印刷有限公司
版次：2022年4月第1版
印次：2022年4月北京第1次印刷
发行：新华书店北京发行所
开本：787mm×1092mm　1/16
印张：12.5
字数：305千字
定价：78.00元
